Python 在大气与环境科学中的应用

毕 凯 著

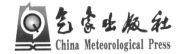

气象出版社
China Meteorological Press

内容简介

书中详细介绍了 Python 在大气和环境科学领域的应用。全书共三部分,第一部分介绍了 Python 基础知识,包括各操作系统中的安装步骤、基本编程语法等;第二部分介绍了大气和环境科学领域数据文件读写、数据处理和绘图等操作;第三部分为实战应用,以实际外场特种观测设备数据为例介绍了 10 余种 Python 的应用。书中个例和数据均来自于真实观测数据的应用,实用性强,可移植使用,部分示例脚本和数据可下载。该书适合大气和环境科学专业及其他地学专业本科及研究生学习使用,也可供相关科研业务人员参考使用。

图书在版编目(CIP)数据

Python 在大气与环境科学中的应用 / 毕凯著. —
北京 :气象出版社,2020.9(2021.10 重印)
　　ISBN 978-7-5029-7275-2

　　Ⅰ.①P… Ⅱ.①毕… Ⅲ.①软件工具-程序设计-
应用-大气科学②软件工具-程序设计-应用-环境科学
Ⅳ.①P4②X

　　中国版本图书馆 CIP 数据核字(2020)第 173057 号

Python 在大气与环境科学中的应用

Python zai Daqi yu Huanjing Kexue zhong de Yingyong

出版发行:气象出版社			
地　　址:北京市海淀区中关村南大街 46 号		**邮政编码**:100081	
电　　话:010-68407112(总编室)　010-68408042(发行部)			
网　　址:http://www.qxcbs.com		**E-mail**：qxcbs@cma.gov.cn	
责任编辑:张　媛		**终　　审**:吴晓鹏	
责任校对:张硕杰		**责任技编**:赵相宁	
封面设计:地大彩印设计中心			
印　　刷:三河市君旺印务有限公司			
开　　本:787 mm×1092 mm　1/16		**印　　张**:19.25	
字　　数:431 千字		**彩　　插**:4	
版　　次:2020 年 9 月第 1 版		**印　　次**:2021 年 10 月第 3 次印刷	
定　　价:120.00 元			

前　言

随着大数据信息时代的来临,自然科学领域的发展越来越依赖于技术手段的进步,大气科学与环境科学的发展也不例外,如何高效地对大气科学与环境科学中的大量数据进行挖掘分析和可视化成为很重要的问题。因此,熟练掌握一门数据处理与绘图的编程语言是开展科学研究工作的基础。

Python 已经成为最热门的编程语言之一,是公认的数据处理与绘图的编程利器,受到越来越多的业务和科研人员的青睐。长期以来,作者深感国内缺乏一本书,能够使读者系统地了解如何编写完整的程序来解决大气与环境科学业务和科研工作中的实际应用问题。于是,决定编写一本专门针对大气与环境科学领域 Python 应用的书。

本书根据作者多年来在大气与环境科学业务和科研实践中使用 Python 编程的经验,以实战实用为原则,系统介绍了 Python 编程环境的搭建、基本编程语法、数据读取与处理、绘制图形等知识及应用,同时以大量完整的应用实例介绍了 Python 在气溶胶和云降水观测数据中的应用。本书对基础知识的介绍重点涉及了日常业务和科研中常用到的内容,案例讲解代码完整,注释详细,便于读者更好地理解与应用,同时相应知识点官方详细学习资料的地址,也在本书中列出,请读者自行参考使用。

本书主要面向大气与环境科学领域的业务人员、科研人员、高校师生等。本书简洁而严谨,适合初学者使用。通过本书的阅读和学习,使得读者能够初步了解 Python 的基本语言知识,使其能够编写完整的大气与环境科学领域的代码程序,对业务和科研中遇到的数据能够利用现有的模块进行读取、处理运算,并通过合适的图形展示出来。

本书的撰写和出版得到了云降水物理与云水资源开发北京市重点实验室、北京市人工影响天气办公室、中国气象局华北野外基地的大力支持。在此,特别感谢国家自然科学基金(项目编号:41775138、41930968、41675138 和 41375136)、北京市科技计划项目(项目编号:D171100000717001)和国家重点研发计划项目(项目编号:2019YFC1510301)对本书编著的资助。本书中所表达的所有观点、结论或建议仅代表作者的个人观点,并不代表上述单位的观点。

最后,特别感谢北京市人工影响天气办公室丁德平主任、何晖副主任、黄梦宇副主任对本书撰写的大力支持。在本书撰写过程中,北京市人工影响天气办公室的陈羿辰高级工程师提供了地面气象站的数据(第9章),何晖研究员提供了模式的数据(第11章),刘全博士提供了气象观测数据(第13章),周嵬高级工程师提供了机载云物理与云雷达数据(第12章),马新成研究员提供了微波辐射计(第14章)和云探测(第13章)数据,陈云波工程师提供了雾滴谱仪器的数据(第15章),京津冀环境气象预报预警中心李梓铭提供了底图数据,感谢他们的支持和帮助。此外,感谢周琦女士和周玉芹女士,她们参与了大量有价值的讨论;感谢责任编辑张媛,她始终对我的工作进展保持跟踪,确保该书及时完成,最终成稿。

希望大气与环境科学工作者在本书的帮助下将宝贵的经验分享出来,共同推动学科的建设与发展。由于作者水平有限,书中难免会有不足之处,欢迎读者指正,请将您的意见发送至我的邮箱(bikai_picard@vip.sina.com)。

毕　凯

2020 年 6 月于北京

目　录

第三部分　实战应用

第一部分　Python 基础与入门

Python 指的是 Python 编程语言和编译环境，它能够读取 Python 编写的源代码，并执行命令。本书的第一部分主要介绍 Python 基础知识，共 3 章。第 1 章为 Python 的简介、Python 的特点及在大气与环境科学领域的应用、初学者提高 Python 学习效率的建议等。第 2 章介绍如何下载、安装和配置 Python 运行环境、集成开发环境的选择、安装常用的大气领域程序扩展包等。第 3 章主要介绍 Python 编程的基础知识，包括程序、变量、数据类型、数据结构、表达式与编程控制结构、函数、模块和包等。

本部分重点介绍的是与大气与环境科学领域数据处理应用关联性强的基础知识点，并附有官方学习文档地址，读者可以根据需要进行详细学习。通过本部分的学习，使读者对 Python 常用的基础知识点有初步认识，为后面进行深入学习打下基础。

第 1 章　Python 简介

1.1　Python 的历史

Python 是一门解释性、面向对象的、开源的高级程序设计语言，其官方网页为：http://www.python.org。Python 由荷兰人 Guido van Rossum 于 1989 年发明，取名来自于英国超现实主义喜剧团体"Monty Python"，而不是来源于"蟒蛇"（英文单词：python）。Guido 设计 Python 的初衷是希望它既能像 C 语言那样可以全面调用计算机的功能接口，又能像 UNIX 系统的解释器 shell 一样通过调用命令轻松编程，且功能全面、易学易用、可拓展。

1991 年第一个公开发行的编辑环境 Python 1.0 版本诞生。2000 年，Python 2.0 版本发布。2008 年 12 月，Python 3.0 版本发布，但是 Python 3.x 版的代码不向下兼容 Python 2.x 版代码。2020 年 1 月 1 日，Python 2.x 版已停止更新，Python 2.7 为最后的版本。截至 2020 年 6 月，Python 3.x 最新的版本为 Python 3.8.5 版。

Python 广受欢迎得益于其开源免费的特点，Python 及标准库的功能强大是整个社区开发者的共同贡献的结果，使得 Python 集成了来自不同领域的优点。2004 年以后 Python 用户量暴增，随后持续增长。随着大数据和人工智能等领域的兴起，Python 应用越来越广，已经成为全世界最流行的程序设计语言之一。根据 2020 年 6 月 TIOBE 开发语言排行榜（https://www.tiobe.com/tiobe-index/）的统计，Python 排名第 3，仅次于 C 语言和 Java 语言，Matlab 排名第 15，Fortran 排名第 37，IDL 排名 50 名以外。

1.2　Python 的特点

Python 是一门易用、强有力的高级编程语言，具有进行数学计算、文本处理、文件操作的通用操作命令。此外，Python 可以调用很多标准程序包，来执行数据可视化、数组运算等科学计算高级功能。Python 提供的交互式解释器可以输入命令并立刻执行，而 Fortran、C 语言等程序在执行前需要进行编译，然后才能将运行生成的编译程序去执行。

Python 的优势主要体现在以下几个方面：

（1）应用平台广。可广泛应用于 Windows，Linux/Unix，MacOS 等操作系统。

（2）语言简洁，易于上手。Python 是一门更易学、更严谨的程序设计语言，代码规则清晰，相对 C 语言来说易于编程，易读性强，容易上手，更易维护。非常适合编程初学者作为启蒙语言。

（3）扩展性强。Python 被称为"胶水语言"，能够方便调用 C、C++、Fortran 等编程语言的模块进行高效工作。

（4）支持更多的扩展包。Python 的标准程序包和第三方扩展包数量众多，功能强大，目前超过 15000 个。

（5）平台独立，开源、免费。Python 编译环境、模块和扩展包的代码开源，吸引了大量用户参与共同改进 Python 的性能。

由于 Python 是一个解释型语言，通常运行效率低于 C、C++、Fortran 等汇编型语言。但是由于 Python 容易上手，能够为一线业务和科研人员节省大量的编写代码的时间，提高工作效率。针对运行效率的问题，Python 有大量的工具包来解决，例如 NumPy、SciPy 和 Matplotlib 等专用包，为 Python 提供了高效快速数组处理、数值运算及绘图功能。Jupyter Notebook 等交互环境的成熟，极大地方便了工程技术、科研人员处理实验数据、制作图表。对于大气和环境领域的业务和科研日常工作来说，Python 优势明显。

1.3　Python 在大气与环境科学中的应用潜力

1.3.1　Python 的应用

Python 在大气科学与环境领域的应用越来越广。常见的应用包括：

（1）自动化与批处理。爬虫自动下载气象数据；对大批量观测数据的批处理运算。

（2）文件读写。能够便携访问、读取和输出保存各种类型数据文件的相关气象数据。

（3）数据处理。对读取的数据进行计算，从简单的时间序列的平均值运算，到统计分析，到复杂的神经网络学习等。

（4）绘图。选取数据通过 Matplotlib 等扩展包进行绘图展示并保存。

本书的侧重点是数据处理与绘图，是基于已经存在的数据的分析。本书中的数据来自外场观测试验或出自发表的文章。涉及的数据应用主要包括读取数据、进行数据操作、数据可视化和保存数据等。

1.3.2　常用的气象 Python 程序包

随着 Python 的应用越来越广，很多专用程序包被开发出来。例如，GitHub 网站上的"大气与海洋科学 Python 应用"社群 PyAOS 介绍了常用于大气与海洋科学领域中的扩展包，具体查看网站 http://pyaos.github.io/packages/。

本小节介绍如下几种大气与环境领域常用的程序包。

1.3.2.1　PyNGL 和 PyNIO

PyNGL 和 PyNIO 是由美国国家大气研究中心计算与信息系统实验室(National Center for Atmospheric Research Computational and Information Systems Laboratory , NCAR CISL)开发的,是用来实现 NCL(NCAR Command Language)功能的 Python 扩展包。PyN-GL 是专门用来进行科学数据可视化和绘图的模块,PyNIO 用来读写各种科学数据。2019年,NCL 官方网站(以下简称"官网")发布通告,不再更新 NCL,转而向 Python 发展。PyNGL 和 PyNIO 两者的结合几乎能够替代 NCL 所有的功能。详细介绍请查看官网:https://www. pyngl. ucar. edu/。

1.3.2.2　CDAT

CDAT(Community Data Analysis Tools)是由美国劳伦斯·利弗摩尔国家实验室的气候模式诊断与相互验证项目(Lawrence Livermore National Laboratory's Program for Climate Model Diagnosis and Intercomparison, LLNL PCMDI)开发的产品。集成了 NumPy、Matplotlib、Jupyter notebook、iPython、VTK 可视化工具包等工具,主要用来对大尺度气候数据进行模拟、处理、分析、可视化绘图。详细介绍请查看官网:https://cdat. llnl. gov/。

1.3.2.3　WRF-Python

WRF-Python 是针对中尺度天气预报模式(Weather Research Forecast,WRF)输出数据进行开发的一种诊断和分析工具模块,对运算过程进行了大量的封装,可以更加高效地针对 WRF 模式进行后处理。它提供了超过 30 种数据诊断计算方法,以及多种插值、绘图等功能。详细介绍和下载安装请参考网站:https://wrf-python. readthedocs. io/en/latest/。

1.3.2.4　Py-ART 和 pycwr

Py-ART(the Python ARM Radar Toolkit)是专门用于对天气雷达数据进行读取、可视化、校准、分析等处理应用的 Python 扩展工具包。最初是针对美国能源部项目 ARM(Atmospheric Radiation Measurement Climate Research Facility)开发的,后来经过改进已经适用于其他降水雷达和云雷达数据。该工具包基于 NumPy、SciPy、Matplotlib 等基础包,使用 Cython 作为界面调用已编写好的 C 语言雷达处理程序进行快速处理(Helmus et al. , 2016)。关于 Py-ART 程序包的详细介绍和下载请参考网站:https://arm-doe. github. io/pyart/。

中国天气雷达工具包(The China Weather Radar Toolkit)pycwr 是由南京信息工程大学大气物理学院针对国内常见的雷达格式开发的一款开源的数据处理和图形显示工具包,它也提供了兼容 Py-ART 等开源扩展包的接口。程序包代码的使用说明和下载地址请查看:https://github. com/YvZheng/pycwr。

1.3.2.5　Iris

Iris 包是一种用来高效处理分析和可视化地球科学领域数据的 Python 扩展包。Iris 扩展包能够处理包括 NetCDF、GRIB 等在内的多种数据格式,基于 NumPy、Matplotlib、cartopy 等基础包开发,它能够高效处理数组运算,同时能够绘制气象学、海洋学领域的专业图形。详细使用介绍、个例代码等请参考官方网站:https://scitools.org.uk/iris/docs/latest/。

1.3.2.6　CoPAS

CoPAS(Community Packages for Airborne Science)是用于云降水物理和实时飞机探测数据的 Python 扩展包集成安装工具,它集成了不同科研团队开发的国际上广泛应用的、开源的用于分析机载探测设备的数据处理工具。它的主要功能包括根据用户设置对涵盖的不同机载数据处理模块进行安装、设置、附属扩展包下载等。CoPAS 的介绍及代码下载请参考网站:https://github.com/daviddelene/CoPAS。

CoPAS 中主要的机载数据分析工具包括:

(1)ADPAA 和 ADTAE

机载数据处理与分析包(Airborne Data Processing and Analysis,ADPAA)和机载数据质控包(The Airborne Data Testing and Evaluation,ADTAE)是美国北达科他州立大学大气科学学院开发的专用于机载数据处理分析与绘图的开源工具包,最初用于该校的科研探测飞机(North Dakota Citation Research Aircraft)的数据处理,改进后可用于多种飞机平台。ADPAA 程序包的核心代码最初由 IDL(Interactive Data Language)软件编写,后改写为 Python 语言。

美国北达科他州立大学旗下的科学工程公司(Science Engineering Associates,Inc.)开发的 M300 数据采集系统(数据保存为.sea 格式)已广泛用于国际上机载设备的数据采集。ADPAA 包含了完整的数据处理程序,尤其擅长处理.sea 格式数据,从 M300 系统的.sea 格式文件提取设备原始数据、处理保存为高级的 ASCII 码(American Standard Code for Information Interchange,美国信息交换标准代码)格式数据或者 NetCDF 格式数据,能够自动提取数据,进行数据质控,并调用 Cplot 可视化工具进行图形展示等。

ADPAA 可处理的探测设备包括云滴散射探头(FSSP 和 CDP)、云图像探头(1-DC、2-DC、HVSP、CIP、PIP)、云凝结核(CCN)计数器、粒子计数器(CPC)、机载气象探头(AIMMS20)等。不同设备的数据处理流程请查看:https://adpaa.sourceforge.io/wiki/index.php/Main_Page。

关于 ADPAA 程序包的详细介绍,请参考文章(Delene,2011)介绍,程序包的下载和使用说明请查看:https://sourceforge.net/projects/adpaa/files/。ADTAE 程序包的下载请查看:https://sourceforge.net/projects/adtae/。

(2)SODA

光学阵列机载数据分析系统(System for OAP Data Analysis,SODA)是由美国国家大气研究中心(National Center for Atmospheric Research,NCAR)开发的开源的机载设备分析处理软件。核心程序由 IDL 语言编写,CoPAS 可自动汇集下载所有 SODA 代码,最新版本是 SODA2 版,可在安装有 IDL 编程环境的计算机上运行。程序代码下载地址为:https://github.com/abansemer/soda2。

（3）UIOPS

美国伊利诺伊州立大学光学阵列设备数据处理软件（University of Illinois OAP Processing Software, UIOPS）是一款开源的机载光学阵列探头数据处理工具包, 由 Matlab 和 Python 程序编写而成。最初由美国伊利诺伊州立大学开发维护, 下载地址为：https://github.com/weiwu5/UIOPS。后来由美国俄克拉何马州立大学升级与维护, 可以处理的机载探测设备型号为 2DS、HVPS、CIP、PIP、2DC、NCAR 的 Fast2DC、以及 2DP。最新版本程序包代码的下载地址为：https://github.com/joefinlon/UIOPS。

（4）SAMAC

机载气溶胶和云探测分析软件（Software for Airborne Measurements of Aerosol and Clouds, SAMAC）是加拿大达尔豪斯大学物理与大气科学学院开发的一款开源的处理多种气溶胶和云降水机载数据的 Python 程序包, 能够对不同飞机平台的探测数据进行读取数据、快速查看数据集、对比不同的云体、计算物理参量、绘图显示、存储等（Gagné et al., 2016）。程序包代码的下载地址为：https://github.com/StephGagne/SAMAC。

1.3.2.7　CPI3V

三视角云粒子图像处理程序包（Cloud Particle Imager 3View processing code, CPI3V）是由英国曼彻斯特大学的 Paul Connolly 在 2018 年 5 月发布的一款开源的专用于处理美国 SPEC 公司生产的云粒子成像仪（CPI 或 3VCPI）的图像.roi 数据文件的 Python 独立工具包, 同时也包含 Matlab 版的源代码。该工具包能够从.roi 原始文件中提取数据矩阵并保存、处理图像数据并提取粒子特征值、保存.png 格式粒子图片、计算生成粒子浓度的时间序列值等。2020 年 4 月作者对 Python 版的程序进行了更新, 添加了机器学习图像识别的代码内容。CPI3V 工具包的使用说明和下载地址为：https://github.com/UoM-maul1609/CPI-3V-processing。

1.4　示例和数据

在开始阅读本书前读者需要下载所需的数据文件和相关材料, 地址为：https://github.com/bikai-picard/Python-Book/tree/master。下载的材料请放到相应的英文地址下, 并把代码中文件路径修改为存放的地址。

运行本书的程序需要读者安装 python 编程环境, 本书中的代码适用的版本为 Python 3.6 及以上, 需要安装 Anaconda 编程环境, 同时需要包括 Numpy, matplotlib, Scipy, Basemap 等 Python 扩展包。使用的集成开发环境为 Jupyter Notebook 和 Spyder。具体的设置方法请参考第 2 章。

本书的示例来自于作者编写, 知识点的讲解附带了真实应用场景, 本书中实战部分的数据来自于真实外场的观测, 部分来自于已经发表的文章中。通过实际案例的代码讲解, 帮助读者熟悉编程思路。本书在代码部分添加了详细的注释, 帮助读者快速上手。

本书在编写中使用了一些字体和格式来增加可读性。而 Python 的代码只包含纯文本，没有格式。因此，在输入代码时，无需担心格式问题。

本书图像的显示为灰度图，为了方便读者查看，书后附上了对应章节的彩图，读者可以根据需要自行查询。

1.5　初学者如何提高 Python 学习效率

Python 是一门全栈开发语言，具备同时利用多种技能独立完成产品的能力。在网络爬虫、网站开发、人工智能、数据分析、自动化等方面都有广泛的应用。作为一名初学者，很容易在浩如烟海的 Python 知识中迷茫，学习效率低下，无从下手。那么如何才能提高 Python 学习效率呢？

1.5.1　了解学习需求

作为一名初学者，在短期内全方位精通 Python 是非常困难的事情，也完全没有必要。

Python 作为一门计算机编程语言，是一门工具。作为大气与环境领域的科研与业务人员，学习 Python 的目的很大程度上是要解决日常工作中碰到的问题，而不是为了学习语言而学习。因此，首先要明确学习 Python 的目的：是为了爬虫下载数据，还是大批量处理外场观测数据，是为了数据质控，还是为了画图，等等。实际上，从需要和兴趣出发即可，明确了学习目标，就可以针对目标来搜索学习相关内容。一名初学 Python 的业务与科研人员，基本的目标通常是下载数据、读取数据、处理数据、绘图，这也是本书重点讲解的内容。

1.5.2　了解 Python 的基本语法知识

在明确了学习目标后，首先要系统了解 Python 编程的基本语法规则，较为系统地了解 Python 的数据类型、变量、数据结构及操作、编程中的循环语句、条件语句、函数的编写、使用模块和包等知识点。有些概念在其他编程语言中也有涉及，这个阶段主要了解 Python 这门语言的自有的语法规则。

在学习基本编程知识时，建议使用 Jupyter Notebook 等交互式编程环境，能让你每次执行一条 Python 命令，并立即显示结果，通过练习来熟悉语法规则。

本书的第 3 章给出了日常常用的语法知识，也可以参考其他任何 Python 的书，这一部分知识点都是相通的。

1.5.3　了解行业常用的程序包

面对业务和科研中复杂的问题，有时使用基本的编程规则难以快速解决实际问题。这时，可以借助众多专业的模块和扩展包。在大气与环境科学领域，学者们开发了很多专用的程序包来解决通用的问题。有的包是用来数据处理的，有的是绘制各种图形的。比如使用 Py-ART 扩展包能够直接读取处理雷达数据并绘图，而不需要从零开始编写数据处理代码，大大提高了解决问题的效率。

1.5.4　大量的编程练习

学习一门编程语言最有效的方式是"学以致用",通过大量的练习来了解 Python 的运行规则。单独浏览本书的内容是很容易的,但很快就会忘掉了。作为一本编程语言,如果缺乏练习,本书的作用将非常有限。在本书中,要着重强调手敲代码练习的重要性。在实践中学习是最有效的学习方法。在跟着本书的介绍敲代码并运行的过程中,可能会碰到大量的错误,如,中英文标点、忘记")"、缩进错误等等,而解决这些错误也会让你深入理解这门语言,学到很多。

1.5.5　熟悉获取帮助的途径

在学习 Python 的过程中,碰到问题是很正常的。解决问题的过程中,也是提高编程能力的过程。本节将介绍几种常用的解决问题的方法。相信读者熟悉了获取帮助的途径,面临的问题将会获得很好的解决。

(1)搜索官方文档

可以搜索官方文档,文档以在线方式提供,地址是:https://docs.python.org/zh-cn/3/search.html?q= 。例如,搜索 datetime 函数的用法(图 1.1):

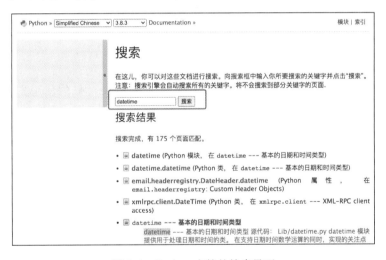

图 1.1　Python 文档的搜索界面

在使用其他函数或模块时碰到问题,建议查看官方文档。尤其是有的扩展包不是 Python自带的模块,无法在 Python 的官方文档中找到,这时请查看对应扩展包的官方文档,这是最好的学习资料。

(2)离线文档 API(应用程序接口)查询工具

对于初学者来说,官方文档存在交互不够友好、搜索不便的问题。而有些离线文档无论是易用还是实用性，都极其强大，这些查询工具则大大提高了搜索效率。其中最常用的是 Ma-cOS 操作系统的 Dash 软件工具和 Windows 与 Linux 系统下载 Zeal 软件工具。例如，在 dash 工具中搜索"plot"，出现如图 1.2 的内容：

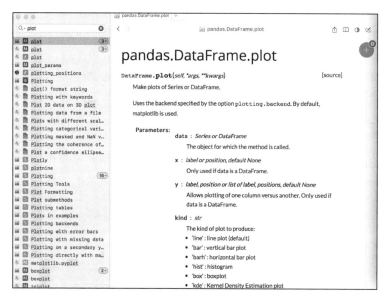

图 1.2　Dash 文档搜索工具

（3）Python 的内置帮助函数

可以在编辑器内使用 Python 的内置帮助函数来获取相关对象的使用方法。例如，想了解"time"模块的用法，可以使用：

```
import time ♯导入 time 模块
help(time) ♯查看 time 模块的使用方法
dir(time) ♯查看 time 模块中包含的属性和方法
```

（4）网络搜索

当遇到问题时可以利用搜索引擎尝试寻找答案。通常情况下，你会发现许多人已经遇到过相同的问题，并且已经解决。如果找不到有用的答案，可以网上论坛提问。最著名的网上代码论坛为 Stack Overflow 网站(https://stackoverflow.com/)；也可以使用中文的 CSDN 网站(https://www.csdn.net/nav/python)。论坛中可以提出任何层次的问题，陌生的热心人会免费提供帮助，但是你可能需要很长时间才能得到反馈。但通常情况下，可能你的问题已经被别人问过并得到解答和归档，这样就会直接得到答案。开始学习阶段，很多编程时间会花在使用搜索引擎获取帮助上。

（5）请教经验丰富的人

请教身边经验丰富的朋友，有时候别人的经验能够帮助你节省大量的时间，事半功倍。请记住,我们的目的是为了解决问题,知识的增长和技能的提高只是伴随解决问题而来的结果与收获,而不是目的。作为初学者,没有必要为了一个简单问题而耽误半天的宝贵时间,通过沟通交流请教,提高解决问题的效率。通过任何一种方法都好过不断碰壁。虽然最终你还是要依靠自己去解决问题,但该过程并非一蹴而就。

（6）记录编程问题日志

学习过程中,每次解决问题后,应该把做法记录下来。日后查看日志比重新编写代码容易的多。把自己编写的程序存好档,做好注释,方便后期阅读代码。每次编程都是为了下一次能直接使用现成的代码段。

1.5.6　学习优秀的代码

（1）经常查看优秀的代码

通过学习别人编写的完整代码,学习别人编程的优点。把其中好的编程思路和代码块学习记录,做好笔记,当以后用到时可以参考编写使用。在 Github 网站,有大量的优秀的适合大气与环境科学领域应用的完整代码模块。读者可以经常搜索查看学习,Github 网站为:https://github.com/。

（2）图书

初学者可以学习 Johnny-Lin 编写的图书《A Hands-On Introduction to Using Python in the Atmospheric and Oceanic Sciences》,电子版开源供免费下载,网址为:http://www.johnny-lin.com/pyintro/。

美国哥伦比亚大学地球科学计算研究课程教师 Ryan Abernathy 和 Kerry Key 也推出了开源的电子版图书《Earth and Environmental Data Science》,下载网址为:https://earth-env-data-science.github.io/intro。

（3）优质培训课程

随着 Python 在大气科学领域中的广泛应用,部分国外机构针对大气与海洋科学领域开展了开源免费实用的 Python 培训课程。

初学者可以学习 Unidata Python Training 的 Python 课程,这是他们为地球科学教育和研究开展的一站式教学网站,地址为:https://unidata.github.io/python-training/。

如果有一定的 Python 学习基础,可以学习在线课程 "Python for Atmosphere and Ocean Science",网址为:https://carpentrieslab.github.io/python-aos-lesson/。

美国得克萨斯州农工大学的海洋学院也提供了半学期长的课程"Python for the Geosciences"。课程资料下载地址为:https://github.com/kthyng/python4geosciences。

（4）自媒体平台

随着全媒体平台的发展,国内众多优秀的自媒体平台浮现出来,如,"气象家园""气象学家"等微信公众号平台,他们不定期分享优秀的代码和最近的行业内 Python 应用动态,读者可以根据需要进行关注学习。

第 2 章　搭建编程环境

本章介绍数据处理与分析的 Python 编程环境的搭建，包括 Python 解释器的下载与安装、发行版本的安装、通用程序包的安装、本书所用的扩展包的安装等。Python 支持 Windows、MacOS 和 Linux/Unix 等多种操作系统。Python 在不同操作系统的安装网络上和市面上已经有大量详实的资料，读者可以自行搜索，本章仅挑选部分重点内容介绍。

2.1　Python 下载安装

Python 版本指的是解释器的版本，解释器是读取并运行 Python 代码的计算机程序(Jacqueline,2017)。Python 解释器(本书中简称 Python)主要有两个版本：Python 2.X 和 Python 3.X。Python 3.X 破坏了向后兼容。2020 年 1 月 1 日起 Python 2.X 停止了更新。本书推荐使用 Python 3.X,本书使用的是版本是 Python 3.6 版本。

2.1.1　下载

从官网下载相应操作系统对应的 Python 软件，截至 2020 年 6 月，最新版本是 3.8.5,下载地址为:https://www.python.org/downloads/。

如果您是 Windows 操作系统用户，建议下载.exe 格式的可执行安装包，即文件名为 Windows x86-64 executable installer(64 位的安装程序)或 Windows x86 executable installer(32 位的安装程序)。

Linux/Unix 操作系统用户，可以通过命令行按照下面方法下载到指定文件夹并解压缩：

```
cd /usr/local
mkdir Python3
wget https://www.python.org/ftp/python/3.8.5/Python－3.8.5.tgz
tar － zxvf Python－3.8.5.tgz
```

2.1.2　安装

对于 Windows 系统用户，双击运行下载的.exe 软件安装包即可开始安装(图 2.1)。首先在弹出的对话框中注意勾选 Add Python 3.8 to PATH 选项,把 Python 命令工具目录添加到系统的环境变量,这样就可以在 Windows 的命令提示符窗口中与 Python 交互。接下来在 Customize installation 选择安装路径,请使用英文路径,并避免路径中有特殊符号,尽量避免安装在 C 盘;其他选择默认即可;然后点击 Install ,等待几分钟可完成安装。

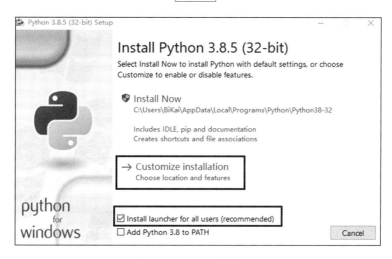

图 2.1　Python 安装界面

MacOSX 系统的 Python 安装均选择默认即可。

Linux/Unix 操作系统用户安装时,先进入到 2.1.1 中的解压的目录,配置安装目录。

cd Python3.8.5

./configure − −prefix = /usr/local/python3.8.5

接下来,进行编译、安装,并设置软链接和环境变量。

make
make install
ln − s /usr/local/python3.8.5/bin/python3 /usr/bin/python3
export PATH = $ PATH: $ HOME/bin:/usr/local/python3.8.5/bin

2.1.3　测试

对于 Windows 操作系统用户,使用 Win + R 快捷键打开运行窗口,输入"cmd",回车。在打开的命令提示符窗口中,输入"python"后回车,如果显示 Python 版本和 Python 提示符">>>",则安装成功,如图 2.2 所示。

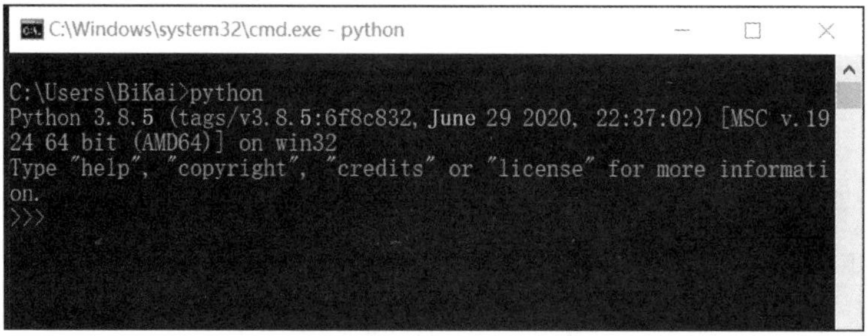

图 2.2   Windows 操作系统 Python 运行测试

如果没有出现 Python 提示符"〉〉〉",可能是在安装时没有勾选 Add Python 3.8 to PATH ，可以重新安装或手动设置环境变量。

在 MacOS 操作系统下，使用 Command ＋ Space 空格键，在弹出的搜索框中输入"终端.app"，回车。打开 Terminal 终端模拟器。在终端窗口输入"python"命令，回车。查看是否已经成功安装 Python 以及 Python 的版本。安装成功后如图 2.3 所示：

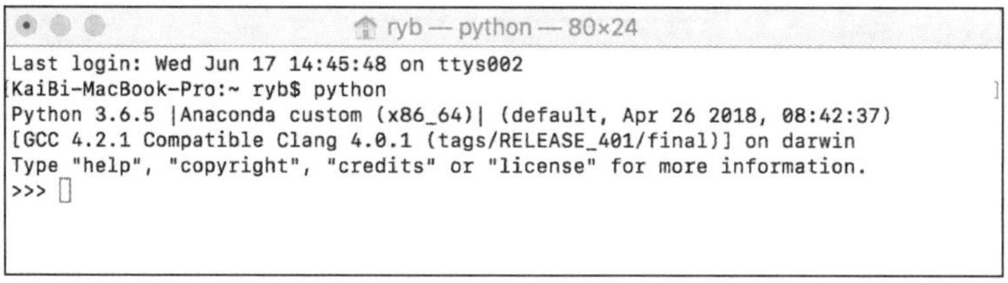

图 2.3   MacOS 操作系统 Python 安装测试

Python 成功安装后会生成一个交互式解释器 shell 和一个简易开发环境 IDLE。Python 程序有 2 种运行方式：交互式和文件式。交互式是利用交互式解释器即时响应用户输入的代码，给出输出结果；文件式是将 Python 程序写在一个或多个".py"格式的文件中，通过命令执行整个文件中的代码。详细使用方法见官方文档：https://docs.python.org/3/library/idle.html。

2.2   Python 发行版本

Python 的核心版本只包含了通用编程的基本特性，并未包含数组和矩阵等高效数据处理的程序包。这些众多专业化程序扩展包由第三方开发与维护，在使用前需要进行一一下载收集并安装，耗时耗力。

为了使用方便，某些 Python 发行版本会集成多种配套的扩展程序包。由 Continuum Analytics 公司发行的 Anaconda 是最受欢迎的发行版编译环境之一，是一款专业的科学计算编程环境,能够管理程序包,且支持 Windows、MacOS 和 Linux/Unix 操作系统,已经集成了 Python 语言、超过 180 个科学包及其依赖项、Spyder 等众多集成开发环境(IDE),使用方便,非常适合大气与环境科学领域业务和科研人员使用。

2.2.1　Anoconda 下载与安装

Anaconda 官方的下载地址为:https://www.anaconda.com/products/individual。最新的版本为 2020 年 2 月发布的 Anaconda 3。有些扩展包不支持最新的版本,读者也可以下载之前的版本(推荐 Anaconda 3 的 5.2.0 版),不同版本的汇集见:https://repo.anaconda.com/archive/。

对于 Windows 和 MacOS 操作系统用户,推荐使用图形界面安装(Graphical Installer)版本(图 2.4),下载后直接双击安装。在安装期间,可以选择同意 Anaconda 对环境变量路径的修改,勾选 Add Anaconda to my PATH environment variable ,其他选择默认即可。读者也可以不勾选自动添加环境变量,安装完毕后自行添加,环境变量的添加方法在网络上有丰富的教程,请搜索查看。

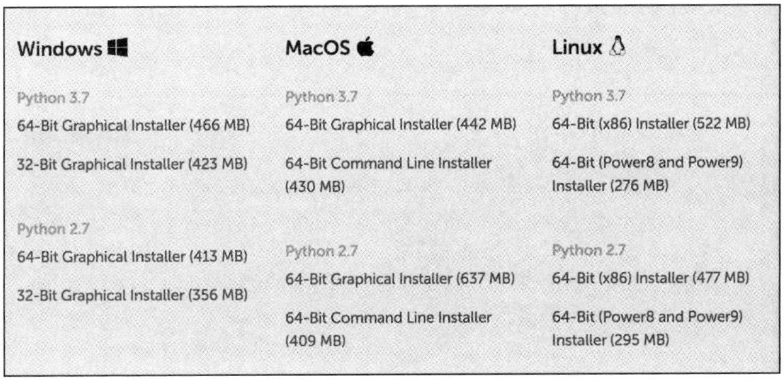

Windows ⊞	MacOS	Linux ⌂
Python 3.7	Python 3.7	Python 3.7
64-Bit Graphical Installer (466 MB)	64-Bit Graphical Installer (442 MB)	64-Bit (x86) Installer (522 MB)
32-Bit Graphical Installer (423 MB)	64-Bit Command Line Installer (430 MB)	64-Bit (Power8 and Power9) Installer (276 MB)
Python 2.7		
64-Bit Graphical Installer (413 MB)	Python 2.7	Python 2.7
32-Bit Graphical Installer (356 MB)	64-Bit Graphical Installer (637 MB)	64-Bit (x86) Installer (477 MB)
	64-Bit Command Line Installer (409 MB)	64-Bit (Power8 and Power9) Installer (295 MB)

图 2.4　Anaconda 的各种安装版本

Linux/Unix 操作系统 Anaconda 的最新安装版本为 Anaconda3-2020.02-Linux-x86_64,通过命令行下载:

(1)打开终端,"cd"命令进入下载文件的位置。

(2)使用 bash 命令安装 Anaconda。

```
bash Anaconda3 - 2020.02 - Linux - x86_64.sh
```

(3) sudo apt-get update 更新系统。

Anaconda 安装完毕后,升级扩展包,在 Windows 的命令提示符窗口或 MacOS 系统的终端,输入:

```
conda upgrade - - all
```

等待升级完毕扩展包。通过 Windows 系统安装程序菜单中"Anaconda Navigator"快捷方式打开 Anaconda 主界面(图 2.5)。Anaconda 中包括了 Jupyter Notebook、Spyder 等适合大气与环境科学中数据处理的编译环境。

图 2.5　Anaconda 编程环境主界面

2.2.2　查看扩展包

Anaconda 安装时自动加载了多种程序包,在主界面左侧的"Environments"中查看当前编译环境下的安装包(图 2.6)。

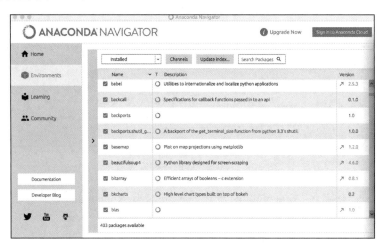

图 2.6　Anaconda 程序包清单界面

另一种查看安装包的方式是通过命令行,在 Windows 系统的命令提示符窗口和 MacOS 系统的终端串口输入:

```
conda list
```

上述代码中的"conda"是 Anaconda 中的程序包管理系统和环境管理系统,用于安装多个版本的程序包及依赖项,并在不同版本之间切换环境,例如,可以设置使用不同版本的 NumPy

和 SciPy。关于 conda 的更多信息,请查看官方说明文档:https://docs.conda.io/en/latest/。

2.3　集成开发环境

Python 自带的的交互式解释器 shell 和自带的开发环境 IDLE 适合简单的程序。如果要提高程序开发和代码管理的效率,就需要选择合适的集成开发环境(IDE)工具或代码编辑器。

本节介绍大气与环境科学领域中 2 个常用的 Python 集成开发环境(IDE)工具,Jupyter Notebook 和 Spyder。

2.3.1　**Jupyter Notebook**

Jupyter Notebook 是一款网页版的开源应用程序,可以在网页页面中直接进行 Python 代码编写、公式编辑、数据可视化和文本编辑等,代码运行结果直接在当前代码下显示,广泛用于数据处理、数值模拟、统计分析、可视化绘图、机器学习等领域。详细功能和使用方法请查阅官方文档:https://nbviewer.jupyter.org/。

如果读者安装了 Anaconda 编程环境,那么 Jupyter Notebook 已经同时被自动安装。可以通过 Anaconda 安装程序的快捷方式点击打开(图 2.7)。

图 2.7　菜单栏中 Jupyter Notebook 快捷方式

另一种打开方式是通过命令行打开。在 Windows 系统的命令提示符(cmd)、MacOS 系统或 Linux/Unix 系统的终端窗口中输入:

```
jupyter notebook
```

回车运行。在终端窗口中会显示一系列服务器连接信息,同时在浏览器中启动 Jupyter Notebook 的主页面。在主页面右上角的 New 下拉菜单中打开 Python 3 新建一个编辑器(图 2.8)。

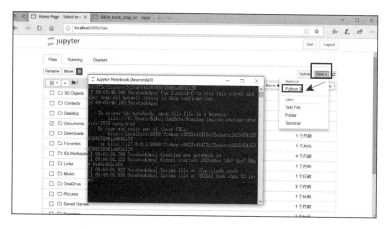

图 2.8　菜单栏中 Jupyter Notebook 主界面

在编写程序前,通常需要设置路径,最简便的方式是在程序编辑界面的开头设置文件操作的路径。如下:

```
import os #导入系统模块
os.chdir(r"E:\BIKAI_books") #设置路径
os.getcwd() #获取路径
```

设置路径前要求在对应的目录下建立文件夹。执行运行命令的快捷键是 Shift + Enter,程序即时输出运行结果,上述代码的结果输出如图 2.9 所示:

图 2.9　Jupyter Notebook 路径设置

在当前编辑文件下,使用"%history"命令,可以获得文件中之前所有使用的命令并汇集输出,然后把代码复制到 Spyder 等集成开发环境(IDE)中作为完整的程序代码运行。

```
% history
```

2.3.2　Spyder

Spyder(https://www.spyder-ide.org)是一款强大的专用于科学计算的 Python 编程集成开发环境(IDE),集成了高级代码编辑、交互式运行测试、代码调试、综合开发等特性,广泛用于数据探索、人机交互、深度学习和科学包的可视化等领域场景。Spyder 支持 Windows 系统、MacOS 系统和 Linux/Unix 系统。

Spyder 的特色之一是能够实时查看数据变量内容,这一特点极大地方便了大气与环境科学领域从事数据处理分析的业务与科研人员使用。

如果用户安装了 Anaconda,则 Spyder 已经同时被自动安装。可以通过 Anaconda 的主界面中双击打开,或者图 2.7 那样从程序菜单栏中的快捷方式打开。

另一种打开方式是通过命令行打开。在 Windows 系统的命令提示符(cmd)、MacOS 系统或 Linux/Unix 系统的终端窗口中输入:

spyder

回车运行。弹出 Spyder 集成开发环境界面。

Spyder 的工作界面由多个面板(pane)组成,在下拉菜单栏 View 中的 Window layouts 菜单中可以选择 Matlab layout ,将模仿 Matlab 的工作面板的显示布局样式。Spyder 面板的布局也可以根据读者的喜好进行调整。例如,图 2.10 的形式。

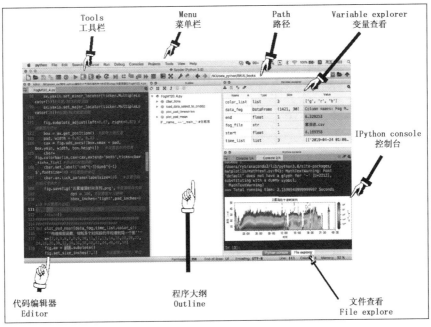

图 2.10　Spyder IDE 运行界面及主要面板

图 2.10 中标出了 Spyder 界面中几个主要的面板。其主要功能见表 2.1。

表 2.1 Spyder IDE 界面主要的面板及用途

面板名称	用途
代码编辑器(Editor)	代码编辑区,可编辑多个程序,以标签页形式显示
控制台(IPython console)	控制台相当于命令行解释器,能以交互的方式执行输入的 python 命令,也可以以标签页的形式打开多个控制台,每个控制台独立执行程序
变量查看器(Variable explorer)	查看内存中的变量名称、属性、值等
文件查看(File explore)	快速查找文件
程序大纲(Outline)	程序大纲,显示编程中的主要框架
工具栏(Tools)	常用工具快捷按钮
菜单栏(Menu)	菜单栏
路径(Path)	查看文件路径

双击打开变量浏览器(Variable explorer)中的变量"data_fog",直观显示变量中的具体数值,如图 2.11 所示:

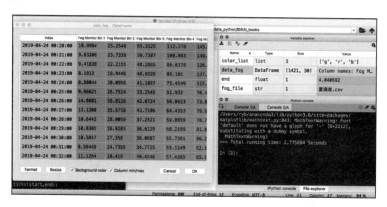

图 2.11 变量数据的查看

Spyder 中常用的快捷方式:

(1)程序运行:快捷键 F5 ;

(2)注释: Ctrl +1;

(3)新建程序编辑文档: Command +"N";

(4)新建程序控制台: Command +"T";

(5)程序编辑窗口 Ctrl +变量名、函数名或模块名等,可快速跳转到定义位置,如果在别的文件中定义的,则会打开另一个文件。

2.3.3　其他集成开发环境

根据 Python 的应用场景和使用者的个人喜好,也可以选取其他的集成开发环境(IDE)。表 2.2 列出了其他几种常见的 IDE 和代码编辑器及官方文档地址,如下:

表 2.2　常见的 IDE 和代码编辑器

集成开发环境(IDE)名称	官方网页
Pycharm	https：//www.jetbrains.com/pycharm/
Atom	https：//atom.io/
Vim	https：//www.vim.org/
Sublime Text	https：//www.sublimetext.com/3
Notepad＋＋	https：//notepad－plus－plus.org/
WingIDE	https：//wingware.com/
Visual Studio	https：//www.visualstudio.com/vs/

2.4　Python 扩展包的安装

2.4.1　通用扩展包的安装

Python 的软件包通常来自扩展包仓库 PyPI(https：//pypi.org/),含有超过 19 万个开源的包供用户安装使用,任何人都可以下载第三方库或上传自己开发的库到 PyPI。

pip(Python Install Packages)是通用的 Python 包管理工具,“pip”和“conda”是 Python 中最常用的安装软件包的工具。如果从 PyPI 在线安装程序包,需要连接互联网。

2.4.1.1　用 pip 安装

例如,安装数值计算的 Numpy 包,在 Windows 系统的命令提示符(cmd)、MacOS 系统或 Linux/Unix 系统的终端中输入:

```
pip install numpy
```

如果要更新包:

```
pip install numpy －U
```

2.4.1.2　用 conda 安装

如果安装了 Anaconda 发行版,可以使用自带的安装管理器 conda 安装扩展包:

```
conda install basemap
```

2.4.1.3　国内镜像站

在国内直接安装第三方安装包的时候,有时下载速度慢或者其他原因导致下载失败,可以使用国内镜像下载安装包。例如,使用清华镜像地址安装 basemap 包:

```
pip install basemap - i https://pypi.tuna.tsinghua.edu.cn/simple
```

2.4.2　本书中使用的扩展包的下载与安装

本书中的程序除了 Anaconda 自带的程序外,还用到了以下的程序包。大多数程序包直接可以使用,但有些需要进行进一步的设置。本节介绍这些工具包的安装与设置方法。

2.4.2.1　csdapi 模块

在进行天气分析的时候经常用到欧洲中期天气预报中心(European Centre for Medium-Range Weather Forecasts,ECMWF)的再分析数据(ERA5,https://confluence.ecmwf.int/display/CKB/ERA5％3A＋data＋documentation)。官方网站提供了使用气候数据存储(Climate Data Store,CDS) API 进行单个数据文件的下载方法。

第一步:安装 CDS API 密钥(key)。

如果没有账户,需要首先到官网注册(https://cds.climate.copernicus.eu/#!/home)。注册完毕后登陆密钥账户(https://api.ecmwf.int/v1/key/),把网址(url)和密钥(key)拷贝到文本文件中,修改文件名为.cdsapirc(注意字符串前面必须有".")。url 是固定的内容,第二key 每个账户都不同。内容示例如下(以下非真实账号,仅提供示例):

url:https://cds.climate.copernicus.eu/api/v2
key:37208:c999a6de-058a-4781-ad01-c75686362669
把密钥文件放入对应的路径。

Windows 操作系统密钥文件存放地址为 C:\users\〈用户名〉\.cdsapirc;

Unix/Linux 操作系统密钥文件存放地址为 $ HOME/.cdsapirc;

MacOS 操作系统密钥文件存放地址为 /Users/〈用户名〉/.cdsapirc。

第二步:安装 Python 的 csdapi 模块。

通过 Windows 操作系统的命令提示符窗口 cmd 或 MacOS 操作系统的终端窗口内安装,如下:

pip install cdsapi

安装完毕后,窗口显示安装成功提示信息,如下:

```
Successfully built cdsapi
Installing collected packages:cdsapi
Successfully installed cdsapi-0.3.0
```

2.4.2.2　NetCDF4 模块

NetCDF4 模块能够方便读取 netCDF4 格式和 HDF5 格式的气象数据、分析数据结构、存储数据文件。Python 的 netCDF4 模块可以通过 pip 或者 conda 安装：

pip install netCDF4

关于 NetCDF4 模块的详细使用方法请参考官方文档：https://unidata.github.io/netcdf4-python/netCDF4/index.html。

安装完毕后提示信息：

Installing collected packages：cftime，netCDF4
Successfully installed cftime-1.1.3 netCDF4-1.5.3

在使用时导入即可：

```
from netCDF4 import Dataset ＃导入 nc 读取模块
```

需要注意的是如果在导入 netCDF4 过程中显示如下的错误：

ValueError：numpy.ufunc size changed，may indicate binary incompatibility. Expected 216 from C header，got 192 from PyObject

这说明，安装的 numpy 模块版本过低，需要进行升级更新，使用 pip 更新：

pip install ——upgrade numpy

2.4.2.3　PyPDF2 模块

PyPDF2 是处理 PDF 文件的模块。在 Windows 操作系统的命令提示符窗口或 MacOS 操作系统的终端窗口内安装，如下：

pip install PyPDF2

安装完毕后，窗口显示安装成功提示信息，如下：

Successfully built PyPDF2
Installing collected packages：PyPDF2
Successfully installed PyPDF2-1.26.0

2.4.2.4　Windrose 模块

风玫瑰图是气象中常用来绘图风向风速的图形，风玫瑰图可以通过 Windrose 程序包方便地绘制（https://github.com/python-windrose/windrose/），Windrose 底层框架采用 matplotlib 绘图，数据可以为 numpy 数组或者 pandas 的数据框（DataFrame）格式。

Windrose 程序包已经纳入 PyPi 的程序库，可以使用 pip 直接安装：

pip install windrose

或者通过 github 安装最新的版本：

pip install git＋https://github.com/python-windrose/windrose

安装完毕后提示：

Successfully installed windrose-1.6.7

在使用前首先导入 Windrose：

```
from windrose import WindroseAxes
```

2.4.2.5　Basemap 的下载安装

Basemap 是 matplotlib 子包，也是 Python 中最常用、最方便的地理数据可视化工具之一。安装说明见官方文档：http://matplotlib.org/basemap/users/installing.html。Python 中的 Basemap 是基于图形引擎 GEOS（Geometry Engine - Open Source）的，需要先安装 geos。在 Windows 操作系统的命令提示符窗口或 MacOS 操作系统的终端窗口内安装，如下：

pip install geos

安装完毕后提示：

Successfully installed geos-0.2.2

另外，还需要提前安装投影程序包 PROJ4（Cartographic Projection Library）：

pip install pyproj

安装完毕后提示：

Installing collected packages：pyproj
Successfully installed pyproj-2.6.1.post1

最后安装 Basemap 包，pip 安装时通常报错，因此推荐使用 conda 安装：

conda install basemap

使用时首先导入：

```
from mpl_toolkits.basemap import Basemap
```

初次使用 basemap 时常会报错，错误显示"PROJ_LIB"，这是因为没有自动配置环境变量 "PROJ_LIB"，可以使用系统模块添加环境变量即可。如下：

```
import os
os.environ['PROJ_LIB'] = 'D:\\anaconda3\\Library\\share #设置绘图环境变量,设置"epsg"文件所在的
目录
from mpl_toolkits.basemap import Basemap　#导入包
```

2.4.2.6　Imageio 和 FFmpeg

利用 Python 的 Imageio 模块可以方便的把多个图片制作成 gif 动画，快捷、方便、gif 设置灵活。Imageio 模块可以使用 pip 安装：

pip install imageio

或者使用 anaconda 安装：

conda install -c conda-forge imageio

另外,FFmpeg 也可以制作动画图片,FFmpeg 是用于创建视频的开源编码器,是一个强大的开源命令行多媒体处理工具,但是 FFmpeg 不是 Python 的组成部分,anaconda 也不提供,需要单独下载。

(1)下载存放。官方网站地址为:https://ffmpeg.zeranoe.com/builds/。下载对应版本的软件,解压缩。本书中下载的是“ffmpeg-20200626-7447045-win64-static”版本。

(2)找到加压缩文件中的 ffmpeg 执行包的目录,如:

'D:\\ffmpeg-20200626-7447045-win64-static\\bin\\ffmpeg'

(3)Python 调用 FFmpeg 进行 gif 动画绘图。通过 Python 的 subprocess 模块进行调用 ffmpeg,相当于直接在命令行中使用 ffmpeg。利用 ffmpeg 绘制 gif 图的代码如下:

```
shell_input = ['D:\\ffmpeg-20200626-7447045-win64-static\\bin\\ffmpeg', #输入 ffmpeg 安装地址
               '-r',
               str(1), #设置编码帧率
               '-i',
               '%d.png', #设置输入的图片的特征
               '动画.gif'] # #保存的 gif 文件名称
gif = subprocess.Popen(args = shell_input, stdin = subprocess.PIPE, stdout = subprocess.PIPE, stderr = subprocess.PIPE, universal_newlines = True) #调用子进程
```

个例应用介绍见 7.7 节。

2.4.2.7 WRF-Python 安装

WRF-Python 包是针对中尺度天气预报 WRF 模式结果进行诊断和插值分析的扩展包,提供了超过 30 种诊断方法和插值方法,使得读者能够方便地使用 cartopy、basemap 或 PyNGL 绘图。WRF-Python 包使用方法与 NCL WRF 包相同,详细内容请参考官方网站:https://wrf-python.readthedocs.io/en/latest/。

利用 Python 的 WRF-Python 包可以方便,WRF-Python 扩展包可以使用 conda 安装:
conda install -c conda-forge wrf-python
anaconda 会同时安装与 WRF-Python 相关的环境,安装完毕后提示:

```
done
```

第 3 章　Python 编程基础

前面已经初步搭建了 Python 的编程环境,下面学习一些 Python 的基础知识。Python 的语法与 Matlab、IDL 等现代编程语言有一定的相似性。本章主要介绍 Python 的基本编程规则,包括 Python 程序的组成、基本数据类型、变量、数据结构、编程控制结构,以及函数、模块和包等内容。本章学习过程中代码练习推荐使用 Jupyter Notebook。

3.1　程序的基本组成

Python 是一门面向对象的语言,Python 中所有事物皆对象。对象把事物静态的特征和动态的行为封装到一起。对象是通过类(Class)来定义的,对象的特征称为"属性",对象的行为称为"方法"。使用类创建的对象叫做这个类的一个实例对象。创建一个对象,也叫类的实例化。可以通过"dir()"命令查看任一对象关联的属性(数据)和方法(函数)。

程序就是由多条语句和表达式构成,是计算机执行任务的流程及方法。语句由一个词或句法上有关连的一组词构成。表达式是以计算为目的的数字、运算符、分组符号(括号)、变量等的有序排列组合。Python 语言有自己的语法,用于构建表达式和语句。程序通常由 3 部分组成,输入数据、处理数据、输出数据。另外,为了增强程序可读性通常需要添加程序注释。

3.1.1　输入数据

输入数据的方式主要有:键盘输入,文件读入和设备传输。

键盘输入接收任意输入,将所有输入默认为字符串处理,并返回字符串类型。例如:

```
unit_name = input("请输入单位:") #读入的作为字符串看待,并赋值到 unit_name
```

数据也可以从文件中读入,例如:

```
import os #导入系统模块
os.chdir(r"E:\BIKAI_books\data\chap3") #设置路径
os.getcwd() #获取路径
data = open("Grimm 180 - MC_receive2019 - 5 - 6.txt","r") #从文本中读取数据
```

另外,数据也可以使用串口通讯方式从虚拟仪器中传入数据。

3.1.2　处理数据

数据处理是程序对输入数据进行计算,产生输出结果的过程。计算机对问题的处理方法统称为"算法"。算法是一个程序的灵魂,是程序最重要的组成部分。处理数据常构建函数来完成,函数是一种专门用来完成特定的功能语句。

3.1.3　输出数据

输出数据是程序展示运算成果的方式。程序的输出方式包括:控制台输出、图形输出、文件输出、网络输出等。

```
print(301 + 289)    #" + "对数字来说是数值运算
print('BACIC_' + 'Cloud_' + 'Chamber')    #对字符串来说是连接
print(2 + 3,'weather' + '' + 'modification')    #","分割开表达式,可以是不同的类型
print(str(254) + '个/L')#同一个表达式数据类型需要一致,254 转为字符串
```

结果输出为:

```
590
BACIC_Cloud_Chamber
5 weather modification
254 个/L
```

3.1.4　注释

添加注释的目的是增加代码可读性。注释有 2 种方式,一种是"#"为开始的单行注释,一种是三引号('''或""")包含的多行字符串。

单行注释:使用"#",Python 会忽视一行中"#"号之后的内容。注释可以从一行的开始位置,也可以从中间位置。Spyder 中,有些注释"#"后接 2 个"%"(即"#%%"),可以把代码划分为可独立运行的单元,方便调试代码,快捷键 Ctrl + Enter 可以执行当前单元的代码。

例如,在程序文件的开头添加编码注释:

```
#!/usr/bin/env python3
#  -*- coding: utf-8 -*-
```

多行注释:使用 3 个单引号/双引号。如果三引号出现在程序文件的开始位置或者函数定义之后,Python 把三引号中的字符串当作文档字符串(docstring),这是一种特定类型注释。Python 把文档字符串看作自定义模块或函数的帮助信息,作为使用 help()函数查询时的显示内容。如果使用了三引号的多行字符串用于文中的其他任何位置,Python 会按普通字符串处理。

所有的程序,无论是简单的还是复杂的,基本都包含以上这几个内容。因此编程的过程就是把一个复杂的任务转变为多个小的、子任务的过程,直到子任务能够用基本的语法结构来完成。

3.2　变量

变量是计算机内存中的一块区域,存储规定范围内的值。Python 中的变量不需要像 Fortran 语言那样进行类型声明。Python 是一门动态语言,变量通过赋值指定数据类型,变量的类型取决于值的变化。每个变量使用前必须赋值,使用"="赋值,"="左侧为变量名,右侧为变量值。

3.2.1　变量赋值

```
file_name = 'weather.txt'                    #字符串变量赋值

rv = 461.5 #J/kg/K 水汽比气常数      #浮点型变量赋值
cloud_type_1, cloud_type_2 = 'stratus cloud','layer cloud' #多变量同时赋值
```

3.2.2　变量命名规则

Python 变量的命名必须以字母或下划线"_"开头,后跟字母、数字或下划线。Python 区分大小写,"Cloud"和"cloud"代表不同的变量。

在命名变量时,如果使用了如"a"这种通用变量名称,在程序的其他位置可能会重复赋值,从而产生冲突。因此命名时尽量使用长的、能够反映出变量的用途的名字,提高代码的可读性。

变量名的长度没有限制,但变量命名不能出现空格和标点。通常小写字母开头,因为大写字母通常用来定义类(Class)。下划线("_")也可以用在变量名中,通常放在不同的名称单词之间。例如:"INP_measurement"。下划线"_"也可用在开头,但通常不这么做。

3.2.3　常用命名法

驼峰命名法:

小驼峰式命名法:第一个单词小写字母开始,第二个单词首字母大写,如"continuousFlowDiffusionChamber"。

大驼峰式命名法:每个单词的首字母都大写,如"BeijingWeatherModificationOffice"。

下划线命名法:用下划线"_"链接所有的单词,本书中大部分命名方式为下划线命名法,如"weather_file_names"。

3.3　数据类型

　　数据类型指的是变量值的类型,主要有字符串、整型、浮点型、布尔型和空值等。查看数据类型使用内置函数 type(),用来判断括号中对象的数据类型。

3.3.1　字符串

　　字符串(str)是 Python 中最常用的数据类型,由字母、数字、下划线组成的一组字符。字符串详细介绍请查看官方文档:https://docs.python.org/3/library/string.html。

3.3.1.1　创建字符串

　　字符串用两个单引号(' ')或者双引号(" ")创建,但 2 种引号不能混合使用。

```
str_1 = 'Beijing Meteorological Service'
str_2 = "Beijing Weather Modification Office"
```

　　如果字符串跨越多行,如 3.1.4 节所讲,使用 2 个三引号("' "'或""" """)表示。
　　通过字符串函数 str() 能把其他类型数据转为字符串,type()函数可以查看数据类型。

```
num = 3.1415926       # 浮点类型数值
str_2 = str(num)      # 利用字符串函数 str()把数值转为字符串类型
print(type(num),type(str_2)) # 输出数据类型
```

　　结果输出为:

```
〈class 'float'〉〈class'str'〉
```

3.3.1.2　字符串运算

　　字符串最常用的运算为多个字符串的拼接,使用"+"。

```
str_1 = 'Ice'
str_2 = 'Nucleus'
str_3 = str_1 + ' ' + str_2 # 使用"+"拼接字符串
print(str_3)
```

　　输出结果为:

```
Ice Nucleus
```

　　另外,Python 有多种内置函数进行字符串运算,例如,获取字符的分割(split)、大小写的转换(swapcase)、字符串搜索替换(strip)等。通过 dir() 函数可以查看字符串的内置函数种类。详细的字符串运算内容请参考官方文档:https://docs.python.org/3/library/string.html。

3.3.1.3　提取字符串

字符的排列位置序号称为索引。从字符串中提取字符元素使用方括号按照索引和切片的方法。

```
a[start:end:step]    ♯ 从索引 start 开始,到 end-1 结束,按照步长间隔 step 取样.
```

索引从 0 开始,如果 start 或者 end 为负数,则从末尾开始。

从图 3.1 中的字符串"Weather Modification"中提取不同位置的字符串,如下:

```
str_1 = 'Weather Modification'
print('str_1[2]:',str_1[2])                ♯ 提取索引为 2 的字符
print('str_1[-6]:',str_1[-6])              ♯ 提取索引为 -6 的字符
print('str_1[8:15]:',str_1[8:15])          ♯ 提取索引 8~14 的字符
print('str_1[2:15:3]:',str_1[2:15:3])      ♯ 提取索引 2~14 按照 3 的间隔提取字符
```

输出结果为:

```
str_1[2]: a
str_1[-6]: c
str_1[8:15]: Modific
str_1[2:15:3]: aeMic
```

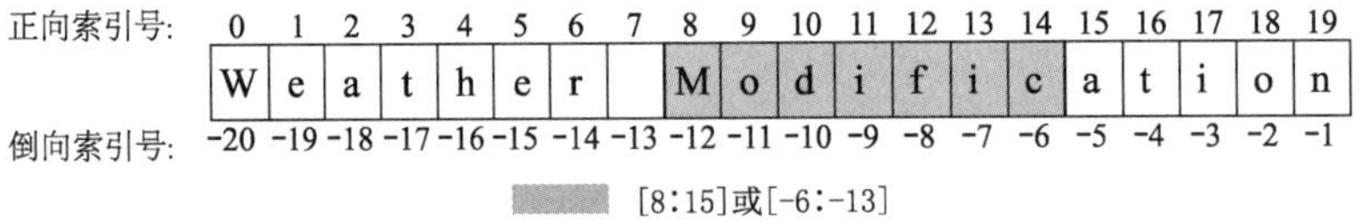

图 3.1　字符串索引示意图

3.3.1.4　字符串转义

Python 中使用反斜杠"\"转义特殊字符。常用的转义字符串有:换行符"\n"、水平制表符"\t"、反斜线"\\"、单引号"\'"等。

Windows 操作系统的路径中文件夹的间隔是反斜杠("\"),因此如果文件名为 n,t 等字母开头时,Python 会识别为转义字符导致路径识别错误。因此可以使用反斜线的转义字符"\\"替换,常用于程序开头的路径设置。

```
os.chdir("E:\\BIKAI_books")    ♯ 设置路径,使用"\\"进行反斜杠字符转义
os.getcwd() ♯ 获取路径
```

3.3.1.5　格式化字符串

(1)"%"格式化字符串

Python 中通常用占位符来设置字符串格式,常用的占位符类型有字符串占位符("%s")、

整型占位符("%d")和浮点型占位符("%f"),占位符宽度可以设置。基本语法如下:

```
print('占位符'%变量)
```

对于多变量的输出,变量排列顺序必须与对应的占位符的顺序一致。

例如,在环境颗粒物粒径谱仪(Grimm180)的数据读取后保存为.txt 格式,最后的输出格式代码如下:

```
# 本例中参量的读取和计算略
f.write('%10s%10s%8.1f%8.1f%8.1f\n' % (date,time,PM_10,PM_2_5,PM_1))    # 表示把 date,
time,PM_10,PM_2_5,PM_1 这 5 个变量分别按照 10 个字符位、10 个字符位、含 1 位小数的 8 个字符位、含 1 位
小数的 8 个字符位、含 1 位小数的 8 个字符位."\n"为转义字符串,表示换行,本例中每输出完毕一组变量后
换一行继续输出
```

数据文件中输出结果为:

```
2019/5/6    0:00:33    11.8      6.8      5.4
2019/5/6    0:01:33    14.4      7.5      5.2
2019/5/6    0:02:33    27.2     11.2      5.7
```

(2)format 格式化字符串

另一种常用的格式化字符串的方法为使用字符串函数".format()",它增强了字符串格式化的功能,基本语法是通过 string.format(value),将 ralue 格式化并插入到字符串的占位符(用"{:}"表示):

```
# 把字符串'layer cloud'按照 20 个字符的形式输出
print('云的类型为:{0:20}'.format('layer cloud')) # 式中"0"表示变量的位置,如果只有 1 个变量
则省略,如"{10}"、"{10s}"
```

```
# 把'20000'按照 2 位小数的 10 个字符宽度浮点型形式输出
print('云滴数浓度为:{0:10.2f} 个/L'.format(20000))    # 式中"0"表示变量的位置,如果只有 1 个
变量则省略,如"{10.2f}"
```

```
# 把'200'按照 10 个字符宽度的整数形式输出
print('第三档云滴数量为:{0:10d} 个'.format(200)) # 式中"0"表示变量的位置,如果只有 1 个变量则省
略,"{10.2f}"
```

输出为:

```
云的类型为:layer cloud
云滴数浓度为:20000.00 个/L
第三档云滴数量为:200 个
```

使用".format()"函数在输出多个变量为字符串时,变量位置顺序不受限制,通过索引定位位置。

```
name_list = ['2019 - 05 - 06','08:10:20',11.8,6.8,5.4]　# 把要输出的变量放入列表
print('日期:{0[0]:12s}\n 时间:{0[1]:10s}\nPM10:{0[2]:8.1f}\nPM2.5:{0[3]:8.1f}\nPM1:{0[4]:
8.1f}'.format(name_list)) # 根据变量在列表 list 中的位置分别调用对应变量,设置相应的格式."\n"为
转义字符串,意思是换行,本例中每输出一个变量换一行继续输出
```

输出结果为:

```
日期:2019-05-06
时间:08:10:20
PM10:     11.8
PM2.5:      6.8
PM1:       5.4
```

3.3.2　浮点型和整型

浮点型(float)即带小数点的数值类型,是大气与环境科学领域业务和科研中最常见的数据类型。数值计算时如果变量存在浮点型数据,则最后结果为浮点型。

```
float(3)
3.14 + 5
```

输出结果为:

```
3.0
8.14
```

整型(int)即整数类型。Python 中 int()函数可以把浮点型数据(小数)数据转为整型,采用向下取整的方式,即直接去掉小数部分。round()函数采用四舍五入的方式。

```
print('int(3.14) = ',int(3.14))
print('round(3.14) = ',round(3.14))
print('round(3.8) = ',round(3.8))
```

输出结果为:

```
int(3.14)=3
round(3.14)=3
round(3.8)=4
```

Python 的 Math 模块中也可以实现取整,但返回的是浮点型的数据。其中,floor()函数是向下取整,ceil()函数是向上取整。

```
import math
bottom_num = math.floor(3.14)
ceil_num = math.ceil(3.14)
```

```
print('3.14 向下取整：',bottom_num)
print('3.14 向上取整：',ceil_num)
```

输出结果为：

```
3.14 向下取整：3
3.14 向上取整：4
```

3.3.3　布尔型

布尔型（Boolean）包含 2 种逻辑状态，分别是"True"和"False"两种，注意首字母须大写。在编程中，布尔型变量常与逻辑运算（"and""or""not"）连用在条件语句和循环语句中。表达式中，空字符串、0 值、空元组、空字典和空列表相当于布尔值的"False"，其余对应布尔型的"True"。最常使用的是 1 代表"True"，0 代表"False"。

3.3.4　时间类型

Python 中有 3 种表示时间的方式：时间戳（timestamp）、时间元组（struct_time）和格式化（format string）的字符串。

时间戳表示的是从 1970 年 1 月 1 日 00：00：00 开始按秒计算的浮点数据，是计算机能够直接识别的时间。Python 中 time 模块的 time 函数可以获取当前的时间戳：

```
import time  # 引入 time 模块
print (time.time())
```

输出为：

```
1592900875.6043499
```

时间元组是用来操作时间的，用一个元组封装起来的 9 组数字处理时间（年、月、日、小时、分钟、秒、一周的第几天、一年的第几天、夏令时）。通过 time 模块的 localtime 函数能够把时间戳转为时间元组，例如，把 68400533 转为时间元组：

```
import time  # 引入 time 模块
target_time = time.localtime(68400533)
print ("68400533 对应的时间元组为：", target_time)
```

输出为：

```
68400533 对应的时间元组为：time.struct_time(tm_year=1972, tm_mon=3, tm_mday
=3, tm_hour=0, tm_min=8, tm_sec=53, tm_wday=4, tm_yday=63, tm_isdst=0)
```

格式化的时间字符串是希望获得的标准格式时间，例如，"2019-10-01 09：00：00"。可以通过 time 模块的 strftime 函数来把时间元组格式化为字符串时间。

```
import time   # 引入 time 模块
```

```
print (time.strftime("%Y-%m-%d %H:%M:%S", time.localtime(68400533)))
```

输出为：

```
1972-03-03 00:08:53
```

格式化的字符串也能够通过 strptime 函数转为时间元组,时间元组通过 mktime 函数转为时间戳。

```
date_time = '2020-01-01 08:00:00'
turple_time = time.strptime(date_time, '%Y-%m-%d %H:%M:%S')    # 字符串转格式为时间元组
print('2020-01-01 08:00:00 的时间元组为:', turple_time)
timestamp = time.mktime(turple_time)    # 时间元组转为时间戳
print('时间戳为:',timestamp)
```

输出结果为：

```
2020-01-01 08:00:00 的时间元组为: time.struct_time(tm_year=2020, tm_mon=1,
tm_mday=1, tm_hour=8, tm_min=0, tm_sec=0, tm_wday=2, tm_yday=1, tm_isdst=
-1)
时间戳为: 1577836800.0
```

除了 time 模块以外,datetime 模块也能够进行时间类型转换。详细用法请参考官方文档:https://docs.python.org/3/library/datetime.html。

3.3.5　空值

Python 中的"None"是一个特殊的常量,表示不存在,数据类型为 NoneType。"None"不是 0,也不是空字符串。

空值(NoneType)在数据质控时广泛使用。在数据处理中常把异常值设置为"None",防止影响正常值的计算结果。

```
activated_temperature = [-25.5, -25.6, -99999, -28]    # '-99999'为异常值
mean_temp_1 = sum(activated_temperature) /len(activated_temperature)    # 求平均值
activated_temperature[2] = None    # 把异常值设置为空值"None"
result = list(filter(None, activated_temperature))    # 去除"None"
mean_temp_2 = sum(result)/len(result)    # 计算质控后的平均值
print(mean_temp_1)    # 输出质控前计算结果
print(mean_temp_2)    # 输出质控后计算结果
```

结果显示为：

```
-25019.525
-26.366666666666664
```

在科研数据应用中,常用 NumPy 扩展包中的"nan"进行异常值替换,"np. nan"相当于"None"。上述个例可改写为:

```
import numpy as np                                          # 导入数据处理模块
import pandas as pd                                         # 导入数据处理模块
activated_temperature = pd.Series([ - 25.5, - 25.6, - 99999, - 28])       # '-99999'为异常值
mean_temp_1 = activated_temperature.mean()                       # 求平均值
activated_temperature[activated_temperature = = - 99999] = np.nan       # 设置为空值
mean_temp_2 = activated_temperature.mean()                 # 计算质控后的平均值
print(mean_temp_1)                                       # 输出质控前计算结果
print(mean_temp_2)                                       # 输出质控后计算结果
```

结果显示为:

```
-25019.525
-26.366666666666664
```

3.4　数据结构

计算机编程的强大优势之一是能进行批量数字处理,在处理之前首先需要把数据汇集在一个数据结构中。Python 有 4 种内置的数据结构,分别是列表(list)、元组(tuple)、字典(dictionary)和集(set)。除了内置的数据结构,在数据处理时最常用的数据结构还包括数组(Numpy 的 Ndarray)和数据框(Pandas 的 DataFrame)。集(set)在大气与环境科学领域应用很少,本书中不作介绍,读者可以查看其他资料。

3.4.1　列表

列表是一系列对象有序排列的集合,相当于 C 语言里面的数组。Python 的列表可以存储多种不同类型的数据,包括字符、字符串和数字等,甚至可以潜嵌套列表。列表用方括号("["和"]")把数据包含在内,数据之间用"'"分隔。列表的数据元素可以更改。

3.4.1.1　列表创建

```
list_1 = [3,'cloud','3.14']      # 直接输入数据,可以包含不同的数据类型

print(list_1)
list_2 = list('fog')               # 使用 list()函数把数据转为列表
print(list_2)
```

输出结果为:

```
[3, 'cloud','3.14']
['f','o','g']
```

3.4.1.2　数据提取

列表数据的提取也是通过索引和切片的方式,与字符串元素的提取类似。列表中数据元素的索引从"0"开始。

```
list_1 = [3,'cloud','3.14']        # 直接输入数据,可以包含不同的数据类型
list_1[0]                          # 使用索引进行提取列表数据
```

输出结果为:

```
3
```

3.4.1.3　数据添加

```
list_1 = [3,'cloud','3.14']        # 直接输入数据,可以包含不同的数据类型
list_1.append('fog')               # 使用.append()函数添加单个数据
print(list_1)
list_1.insert(1,'BJWMO')    # 在列表索引为 1 的位置插入字符串'BJWMO'
print(list_1)
```

输出结果为:

```
[3, 'cloud', '3.14','fog']
[3, 'BJWMO', 'cloud', '3.14', 'fog']
```

3.4.1.4　数据替换

```
list_1 = [3,'cloud','3.14']        # 直接输入数据,可以包含不同的数据类型
list_1[1] = 'stratus cloud'        # 替换索引为 1 的数据
print(list_1)
```

输出结果为:

```
[3, 'stratus cloud', '3.14']
```

3.4.1.5　数据删除

```
list_1 = [3,'cloud','physics','enviroment','3.14',535] # 直接输入数据,可以包含不同的数据
类型
del list_1[1]              # 删除列表中索引为 1 的数据
del list_1[1:2]            # 删除列表中索引为 1~2 的数据
list_1.pop()              # 删除最后一个元素,并返回该元素的值
list_1.remove('3.14')     # 删除"3.14"
print(list_1)
```

输出结果为:

```
[3, 'environment']
```

3.4.1.6　列表操作符

```
list_1 = [3,8,9,23]     #直接输入数据,可以包含不同的数据类型

print(len(list_1))     #查看列表中元素的数量
print(max(list_1))     #返回列表中最大值
print(min(list_1))     #返回列表中最小值
print(['weather'] + ['modification'])   #可以使用"+"连接多个列表.
print(['kk'] * 4)      #列表中添加多个重复元素
print(3 in [1,2,3])    #成员运算符表达式的判断
```

输出结果为:

```
4
23
3
['weather','modification']
['kk','kk','kk','kk']
True
```

3.4.2　元组

元组(Tuple)可存储的数据内容与列表相似,使用方法也基本相同。主要差别是元组的元素不可改变,用"()"标示,在创建后无法更改其中的元素。

```
tuple_1 = ('cloud',range(3),3.14)
print(tuple_1[1])
```

输出结果为:

```
range(0, 3)
```

3.4.3　字典

字典是一种无序的结构化的数据集。由键(key)和值(values)组成,基本语法结构形式为:{key:value,key1:value1},每个对之间用","分隔,其中键不能重复,值则不必;键可以是字符串、数值或元组;值是任意类型。在数据绘图时,可以把绘图参量(颜色、线条尺寸、线条宽度等)存储为字典类型,在使用时直接调用即可。

可用"{}"直接创建字典。

```
fig_info_dict_2 = { 'color':'k','ls':' - ','lw':1}
print(fig_info_dict_2)
```

数据输出为：

```
{'color': 'k','ls':'一','lw': 1}
```

创建字典也可以用 dict 函数。

```
fig_info_dict_1 = dict(color = 'k',ls = '－',lw = 1)
print(fig_info_dict_1)
```

数据输出为：

```
{'color': 'k','ls':'一','lw': 1}
```

```
fig_info_dict = {}
fig_info_dict['color'] = 'k' #和列表赋值写法一样,都是方括号
fig_info_dict['ls'] = '－'
fig_info_dict['lw'] = 1
print(fig_info_dict)
```

数据输出为：

```
{'color': 'k','ls':'一','lw': 1}
```

读取字典内容：dict['key']

```
fig_info_dict['ls'] #查看'ls'的值
```

查看所有的键：

```
fig_info_dict.keys()
```

3.4.4　数组

　　数组是用于数值计算的最方便的数据结构。由于数组中数据类型相同,能够在整个数组上进行运算,极大地方便了数值计算。Python 的 NumPy 扩展包提供了高效数组计算的类。NumPy 不是 Python 标准的模块,使用时需要安装。如果使用的是 Anaconda 编程环境,则已经集成了 NumPy 模块,使用时直接导入即可。

```
import numpy as np
```

使用 array 函数能够把数据直接转为数组,使用内置属性 dtype 查看数据类型。

```
import numpy as np
str = np.array(['BMS','BWMO','LCPW'])
str.dtype
```

结果输出为：

```
dtype('<U4')
```

U 表示 Unicode 数据类型。

Numpy 内置了多种函数,极大地提升了数组的计算效率。比如,平均值的计算。

```
import numpy as np              ♯ 导入 numpy 模块
float_1 = np.array([1,2,3])     ♯ 转为数组
float_1.dtype                   ♯ 查看数组类型
float_1.mean()                  ♯ 计算数组平均值
```

结果输出为:

```
2.0
```

Python 是面向对象的语言,Numpy 模块中对象的属性和方法在调用时有差别。属性代表了对象的特征,可以是各种类型,无需参数输入,直接使用属性名称,比如查看数组类型使用的是 float_1.dtype。方法代表了对象动态功能,需要参数输入,后面接"( )",例如,上例中平均值调用的是 float_1.mean()。读者可以通过 dir() 查看所有的属性和方法。NumPy 的详细使用,请参考官方网站文档:https://numpy.org/。

3.4.5　数据框

在大气与环境科学领域使用的数据中,带标签的数据结构是最为常见的。Pandas 是专用于处理带标签的数据结构的程序包,Pandas 提供了适合带标签的数据分析的数据结构,并且加入了方便数据处理、数据组织和数据操作的函数。

数据框(DataFrame)是一种 Pandas 扩展包中定义的数据类型,是一个二维的带标签的数据结构,它的列可以是不同类型的数据。

Pandas 的数据框中,行数据通过索引获得,而列通过列名获得。例如,data_inp.loc[1∶5]表示数组数据的第 2～5 行,data_inp['数浓度'] 表示标签为"数浓度"的列。Pandas 在数据处理中的常用方法见第 5 章,更详细内容请参考官方文档:https://pandas.pydata.org/。

3.5　表达式运算

3.5.1　算数表达式

算数表达式通常指四则运算,如果含有浮点型变量,那么最终的值也是浮点型。常用的运算符有加("+")、减("-")、乘("*")、除("/")、取余("%")、取整("//")和乘方("* *")等。例如,根据每一档的云滴数浓度和档粒径数据计算液态水含量,公式如下:

$$lwc = \frac{\pi}{6} \times 10^{-6} \times N_{con} \times D_p^3 \times \rho_w \tag{3.1}$$

式中,lwc 为当前测量档的液态水含量,单位为 $g \cdot m^{-3}$;N_{con} 为这一档的数浓度,单位为 cm^{-3};

D_p 为第这一档的中值尺度,单位为 μm;ρ_w 为水的密度,单位为 g·cm^{-3}。

```
import math                              # 导入数值计算模块
data_con_bin = 100                       # 分档浓度,单位为 cm⁻³
FCDP_Bincenters = 14                     # 粒径尺度,单位为 μm
lwc = data_con_bin * (math.pi/6) * (FCDP_Bincenters) ** 3 * (10 ** -6)   # 根据公式转为程序数
学表达式
print(lwc)
```

结果输出为:

0.14367550402417317

3.5.2 逻辑表达式

逻辑表达式的运算结果"True"或"False"。常作为条件语句或循环语句中的判断条件使用。常用的逻辑表达式由变量和运算符组成。

```
变量 1 运算符 变量 2
```

常用的逻辑表达式运算符有比较运算符、逻辑运算符、成员运算符、身份运算符等。

比较运算符:等于("==")、大于(">")、小于("<")、不等于("!=")、大于等于(">=")、小于等于("<=")。

逻辑运算符:常用于多个比较运算表达式的连接,常用的有"and""or""not"。"and"相当于"并且",只有两侧的表达式都为"True"时结果才为"True",否则为"False"。"or"相当于"或",只有只有两侧的表达式都为"False"时结果才为"False",否则为"True"。"not"相当于"非",与相连的表达式逻辑运算结果相反。

成员运算符:常用于判断字符串或者数值等变量是否在数据中,有两个运算符,"in"和"not in"。例如,在处理颗粒物粒径谱仪的数据时,需要根据数据行中"N_,"字符串来提取质量浓度。

```
str_1 = ['2019/5/6 0:00:33; N_,   118    68    54 '
result = 'N_,' in str_1              # 判断是否有目标字符串 'N_,' 存在
print(result)
```

结果显示为:

True

Python 中表达式运算符的执行按照一定的优先级顺序,首先执行圆括号"()"内的。与数学运算不同,Python 中方括号("[ ]")和花括号("{ }")被保留于其他目的。

第一优先级:指数运算("**");

第二优先级:乘("*")、除("/")、取余("%")、取整("//");

　　第三优先级：比较运算符，包括等于（"＝＝"）、大于（"＞"）、小于（"＜"）、不等于（"！＝"）、大于等于（"＞＝"）、小于等于（"＜＝"）；

　　第四优先级：成员运算符，"in" "not in"；

　　第五优先级：逻辑运算符，"and" "or" "not"。

3.6　编程控制结构

3.6.1　条件语句

　　Python 的条件语句是通过一条或多条语句的执行结果（"True"或"False"）来决定执行的代码块。以"if"开头，行末尾为冒号"："。以缩进作为代码块识别，结尾无需"endif"行。

3.6.1.1　单条件结构

　　单条件结构是只有单一判断条件的语句。基本语法为：

```
if 判断条件：
    执行语句
else：
    执行语句
```

　　在处理二维雨滴谱仪（2DVD）的数据时，10 mm 的分档处由于数据位数的限制，导致与前面字符连接为一体，在数据读取时无法进行。需要对数据处理，在 10.00 前添加空格。可以通过 if 语句实现：

```
# 原始格式：08:12:00 ->08:13:00   9.80->10.00 mm    n =   0.0000000/m³ mm
# 目标格式：08:12:00 ->08:13:00   9.80->10.00 mm    n =   0.0000000/m³ mm（新的格式需要"->"和 "10.00"之间插入空格）
# f1 为 txt 数据读取后的对象，读取过程略
# f2 为新建 txt 数据的对象
list = []
original_type = '->10.00'
for line in f1: # 循环读取数据中每一行
    if original_type in line: # 如果当前行字符串中存在'->10.00'，则执行下面的命令
        before_str,after_str = line.split(original_type) # 整行字符串以'->10.00'为界分为两部分
        f2.write(before_str + '-> 10.00' + after_str) # 重新组合字符串，前后字符串与修正后的'-> 10.00'拼接为新数据
    else : # 如果不存在'->10.00'，则整行代码直接写入新文件
        f2.write(line)
```

3.6.1.2　多条件结构

当判断条件为多个时,使用 elif(相当于 else if)。连续流量扩散云室冰核观测仪(CFDC)数据解析时,其中一个步骤是判断设备状态,根据阀门的状态参数判断设备是阀门关闭、供氮气还是抽真空。需要构建一个状态函数,使用多重条件语句判断执行。

```
def Overflow(Valve_N2,Valve_Vacu):
    '''
    构建设备状态函数,输入参数为三通阀阀门 Valve_N2 通道和 Valve_Vacu 通道的状态
    Valve_N2 为氮气控制通道,1 表示状态为关闭,0 表示状态为开启
    Valve_Vacu 为真空控制通道,1 表示状态为关闭,0 表示状态为开启
    因此,设备的状态为共有 3 种. 第 1 种:两者都关闭(Valve_N2 = 1,Valve_Vacu = 1),代码为 3;第 2
种:氮气关闭、真空打开(Valve_N2 = 1,Valve_Vacu = 0),代码为 2;第 3 种,氮气打开、真空关闭(Valve_N2 = 1,
Valve_Vacu = 0),代码为 1
    '''
    if (Valve_N2 = = 1) and (Valve_Vacu = = 1): ♯2 个通道都关闭
        return 3 ♯关闭
    elif (Valve_N2 = = 1) and (Valve_Vacu = = 0): ♯氮气通道关闭,真空通道打开
        return 2 ♯抽真空
    else:　♯氮气通道打开,抽真空通道关闭
        return 1 ♯氮气供气
inst_state = Overflow(1,0)♯调用函数判断设备状态
print(inst_state)
```

结果显示为:

```
2
```

上例中,当 if 有多个条件时可使用"()"来区分判断的顺序,优先执行"()"内的判断。另外,">""<""=="的优先级高于"and"和"or"。

3.6.2　循环语句

程序在一般情况下是按顺序执行的。循环语句允许我们按所需的次数重复执行一系列操作。Python 提供了 for 循环和 while 循环。

3.6.2.1　for 循环

Python 的 for 循环语句用来重复执行某些代码,可以遍历任何序列对象,如一个列表或者一个字符串。

标准的 for 循环语句基本语法如下:

```
for i in list1:　　♯ "for"开头,i 为列表中数据元素,list1 为迭代循环的列表,结尾为":"
    重复执行语句　　♯代码缩进
```

　　在数据处理应用中,for 循环常用的场景是对数组的数据进行循环计算,通常使用 range (len( ))函数把数据的数量转为索引列表,根据索引进行循环迭代。

　　例如,空气动力学粒径谱仪(APS)的分档数据名字符串转为浮点型数据。

```
headerpsd = ['0.3','0.542','0.583','0.626','0.673','0.723','0.777','0.835','0.898','0.965','
1.037','1.114','1.197','1.286','1.382','1.486','1.596','1.715','1.843','1.981','2.129','2.
288','2.458','2.642','2.839','3.051','3.278','3.523','3.786','4.068','4.371','4.698','5.048
','5.425','5.829','6.264','6.732','7.234','7.774','8.354','8.977','9.647','10.37','11.14','
11.97','12.86','13.82','14.86','15.96','17.15','18.43','19.81']
```

```
new_bin = [] #新建空白列表
for i in range(len(headerpsd)): #for 循环语句,循环次数为 headerpsd 列表的数据数量
    float_bin = float(headerpsd[i]) #每次循环,把对应索引的字符串使用 float()函数转为浮点型
    new_bin.append(float_bin) #类型转换完毕后添加到新的空白列表中
print(new_bin) #输出新的列表
```

　　结果显示为:

```
[0.3, 0.542, 0.583, 0.626, 0.673, 0.723, 0.777, 0.835, 0.898, 0.965, 1.037,
1.114, 1.197, 1.286, 1.382, 1.486, 1.596, 1.715, 1.843, 1.981, 2.129, 2.288, 2.458,
2.642, 2.839, 3.051, 3.278, 3.523, 3.786, 4.068, 4.371, 4.698, 5.048, 5.425, 5.829,
6.264, 6.732, 7.234, 7.774, 8.354, 8.977, 9.647, 10.37, 11.14, 11.97, 12.86, 13.82,
14.86, 15.96, 17.15, 18.43, 19.81]
```

　　上例中应用了内置函数 range()和 len() ,函数 len() 返回列表中数据元素的数量。通过列表的索引迭代转换数据类型,添加到新列表中。

3.6.2.2　while 循环

　　while 循环用于循环次数未知而只知道满足某些条件下重复处理的相同任务。在给定的判断条件为"True"时执行循环体,否则循环结束。while 循环的基本形式为:

```
while 判断条件:
    执行语句……
```

　　在读取环境颗粒物粒径谱仪(Grimm180)的原始数据时,使用 while 循环语句读取文本数据,并保存到新的文本文件中。

```
import os #导入系统模块
os.chdir(r"E:\BIKAI_books\data\chap3") #设置路径
os.getcwd() #获取路径

data_grimm = open('Grimm 180 - MC_receive2019 - 5 - 6.txt',"r") #打开数据文件
file_new = open(chap3_grimm.txt,"w") #新建数据文件
```

```
while 1: ♯while 循环,判断条件为常量 1 表示循环一定成立
    line_str = data_grimm.readline() ♯以字符串形式读入数据文件的一行
    if not line_str: ♯条件语句,判断是否有数据,如果没有,执行下面语句
        break        ♯终止循环,并且跳出整个循环
    linesplit = line_str.split() ♯读入的整行字符串进行分割
    if 'N_,' in line_str: ♯条件语句,判断是否有目标字符串 'N_,'存在
        linesplit[1] = linesplit[1][0:len(linesplit[1]) - 1] ♯ 去掉时间末尾的标点
        PM_10 = float(linesplit[3])/10.0 ♯计算 PM_{10}
        PM_2_5 = float(linesplit[4])/10.0 ♯计算 PM_{2.5}
        PM_1 = float(linesplit[5])/10.0 ♯计算 PM_1
        file_new.write('{0:10}\t{1:10}\t{2:8.1f}\t{3:8.1f}\t{4:8.1f}'.format(linesplit[0],
linesplit[1],PM_10,PM_2_5,PM_1)) ♯格式化输出字符串到新的文件


file_new.close() ♯关闭新建数据文件
data_grimm.close() ♯关闭原始数据文件
```

while 语句中有 2 种方法跳出循环,分别是"break"和"continue"。"break"用于退出整个循环,常与常值判断条件连用,如上例中 while=1 表示循环一定成立,当数据中没有新的行字符串时,则执行"break"退出循环。"continue"用于跳过本次循环,执行下一次循环。常与非常量判断条件连用。如果编程中进入了无限循环,使用 Ctrl + C 快捷键来中断。

3.7　函数、模块、包

为了使程序的代码更为简单,需要把复杂的程序分解为较小的组成部分,简称为模块。Python 有 3 种不同层次的模块,分别为函数、模块和包。

3.7.1　函数

函数就是把代码打包成不同的模块,使用时直接调用。Python 的函数运行原理与 Fortran 的函数与子函数相似。读取输入参数,最后返回函数值。Python 中函数几乎无所不能,可以执行数学运算、绘制图形、读写文件及其他功能。Python 中很多内置函数,每个包也有很多函数。读者也可以根据需要解决的问题自定义函数。

3.7.1.1　内置函数

```
data = [1,2,3]

print(type(data))  ♯内置函数 type 查看对象的类型
print(len(data))   ♯内置函数 len 查看对象的数据长度
```

结果显示为:

```
〈class 'list'〉
3
```

3.7.1.2 自定义函数

自定义函数 就是由程序员自主创建的函数,如果解决问题时没有现成的函数可用,可以自定义。当需要完成同样的某个功能时,就可以去调用。另外,编程时多使用自定义函数也能够增加程序可读性。

函数使用关键词"def"定义。基本语法如下:

```
def 函数名(参数): #定义函数名,def 顶格,后接空格,后接函数名,"()"中为输入参数,行末尾为":"
    '''函数功能介绍的文档字符串, '''
    函数运算    # 函数内部都需要缩进


    return(函数值) #返回函数值
```

函数名同样需要符合变量名规范,定义一个具有描述性的名字。函数定义后使用文档字符串(''')注释描述函数功能和所需参数。Python 的函数,通常需要向调用函数返回值。如果没有指定的返回值,则返回 None。

举例说明函数如何被定义和使用的,程序文档见 temp_cal.py。

```
#!/usr/bin/env python3
#  -*- coding: utf-8 -*-
"""

temp_cal.py
演示 python 中函数的使用
作者:毕凯,bikai_picard@vip.sina.com
日期:2019 年 11 月
"""
def Celsius_to_Fahrenheit(Celsius_degree): #定义函数.def 定格写.括号中是函数读入参量."":"结尾.
    '''
    构造函数转变摄氏温度为华氏温度,读入摄氏温度值,输出华氏温度值 #描述函数的注释
    '''
    Fahrenheit = Celsius_degree * 1.8 + 32 #计算公式
    return(Fahrenheit) #返回华氏温度值


def Celsius_to_Kelvin(Celsius_degree):
    '''
    构造函数转变摄氏温度为绝对温度,读入摄氏温度值,输出绝对温度值
    '''
```

```
Kelvin_T = Celsius_degree + 273.15
return(Kelvin_T)
```

```
if __name__ = = '__main__':  # 主程序部分.改行顶格写,":"为结尾
    Celsius_degree = 35 # 设置需要转换的设施温度
    Fahr_T = Celsius_to_Fahrenheit(Celsius_degree) # 调用函数计算华氏温度
    print('摄氏温度{0:- 4d}= 华氏温度{1:8.2f}'.format(Celsius_degree,Fahr_T)) # 格式化输出
    Kelvin_T = Celsius_to_Kelvin(Celsius_degree) # 调用函数计算绝对温度
    print('摄氏温度{0:- 4d}= 绝对温度{1:8.2f}'.format(Celsius_degree,Kelvin_T)) # 格式化输出
```

结果显示为：

> 摄氏温度 35 = 华氏温度 95.00
> 摄氏温度 35 = 绝对温度 308.15

上述程序中首先进行了编码提示和标题注释,介绍程序的功能等基本信息。接下来构造了两个温度转换的函数,最后在主程序部分进行调用函数计算数值。

Python 使用下划线(__)表示私有变量,在外部调用编程任务时不会用到。上述程序中"__name__"是表示模块运行环境的私有变量。如果模块以脚本形式运行,"__name__"为"__main__"。如果模块是被导入的,"__name__"就是导入模块的名字。这样设置使得这部分代码只有在当前脚本独立运行的时候才执行,而被其他模块导入时不运行。

为了方便程序维护,每一个函数定义后都要添加文档字符串,用来介绍函数的功能,如数参数,输出变量等。

3.7.2　模块

模块是以.py 为扩展名结尾的单个代码文件,是一个包含了一系列定义和赋值的脚本,通常包含函数和变量的定义,以及众多有效的 Python 语句。

Python 有大型的开发人员社群,提供大量有用函数的软件模块,使用这些函数需要在环境中导入模块。如果读者想在多个脚本和交互式对话中调用同一个函数,可以创建一个模块,在同一个.py 文件中定义多个函数。

调用使用另一个模块中的函数或者变量,必须导入该模块,使用 import 导入。

```
import math # 导入计算模块 math
```

导入模块后就能够使用模块中的变量和函数。调用方式同类中属性和方法的调用。通过指定"模块名称 . 函数名称",即使用小数点"."＋变量或函数名调用模块中的函数。例如：

```
import math # 导入计算模块
x = math.pi # 调用 pi 变量
y = math.log10(10)   # 调用函数 log 计算 log10
```

```
print('math.pi = ' + str(x) )  # 输出计算结果
print('math.log10(10) = ' + str(y))  # 输出计算结果
```

输出结果为：

```
math.pi＝3.141592653589793
math.log10(10)＝1.0
```

使用 import 也可以导入自定义的模块,在使用自定义模块时,应将模块的定义文件与脚本置于同一目录中,如果在 spyder 中运行,则两个文件放到一个文件夹即可。如果在 Jupyter Notebook 中运行,把"temp_cal.py"文件放置到 Jupyter Notebook 的启动目录,与正在编辑的.ipynb 文件在同一个目录。例如,导入上例中的模块,并计算 50 ℃ 对应的华氏温度。

```
import temp_cal  # 导入 temp_cal 模块 ,模块内容见 temp_cal.py
Celsius_degree = 50  # 设置需要转换的摄氏温度
Fahr_T = temp_cal.Celsius_to_Fahrenheit(Celsius_degree)  # 调用函数计算华氏温度
print('摄氏温度{0:-4d} = 华氏温度{1:8.2f}'.format(Celsius_degree,Fahr_T))  # 格式化输出
Kelvin_T = temp_cal.Celsius_to_Kelvin(Celsius_degree)  # 调用函数计算绝对温度
print('摄氏温度{0:-4d} = 绝对温度{1:8.2f}'.format(Celsius_degree,Kelvin_T))  # 格式化输出
```

输出结果为：

```
摄氏温度　50 ＝ 华氏温度　122.00
摄氏温度　50 ＝ 绝对温度　323.15
```

上述程序导入自建的 temp_cal 模块后,直接调用模块中的函数进行计算和显示。因此在函数调用时需要使用 temp_cal.Celsius_to_Fahrenheit(),表示调用 temp_cal 模块的 Celsius_to_Fahrenheit() 函数进行运算。由于是调用模块进行计算,因此模块中"if __name__ == '__main__':"后面的代码没有被执行,仅仅调用了函数。

使用 dir 可以查看当前模块中所有可用的函数和常量。

如果在自定义模块中更改了一个函数,再次调用时就需要进行更新。"import"只会加载 Python 尚未导入的模块,而并不会更新模块。一种方法是重启 spyder,另一种有效方法是使用 reload 函数：

```
from imp import reload
reload(模块名)
```

3.7.3　包

包(package)是一系列模块的集合,是含有多个 Python 模块的文件夹,能够组织大量的模块。其中必须包含一个名为"__init__.py"的文件。例如,数值计算常用的 NumPy(Nummerical Python)就是一个 Python 的包。

　　关于包的自定义编写本书中不作讨论,仅使用现有的库进行导入和应用。

　　"import"可以为导入的包赋予一个通用的昵称:

```
import matplotlib.pyplot as plt
import numpy as np
import pandas as pd
import scipy as sp
```

　　以下几种方式是通用的:

　　第一种:导入完整的模块或包。

```
data = [1,2,3]
import numpy
numpy.mean(data)  # 使用函数需名称前添加包的名称
```

　　第二种:导入完整的模块或包,赋予一个昵称。

```
data = [1,2,3]
import numpy as np
np.mean(data)  # 使用函数需名称前添加包的昵称
```

　　第三种:使用"from"导入完整的模块或包中的函数。

```
data = [1,2,3]
from numpy import *    # "*"是通配符,是指全部函数
mean(data)  # 已经导入函数,使用函数直接使用函数名即可.但当多个模块的函数名相同时容易导致麻烦.比如 math 模块也有 mean 的函数
```

　　第四种:使用"from"只导入用到的函数名。

```
data = [1,2,3]
from numpy import mean
mean(data)  # 已经导入函数,使用函数直接使用函数名即可
```

　　由于包和模块的用法一致,本书中在代码讲解时把模块和包统称为"模块"。

第二部分　数据解析与可视化

　　数据解析与可视化是 Python 在大气与环境科学领域中最广泛的应用,也是业务与科研人员使用 Python 最主要的目的。本书第二部分利用 4 章内容介绍如何使用 Python 进行数据处理分析与绘图展示。

　　第 4 章将主要介绍如何使用 Python 对数据进行读写与存储。它包括在 Python 中如何根据需要生成列表、数组与数据框数据,文件路径与批量处理,数据下载,如何读写与存储 txt 格式、excel 格式、csv 格式和 nc 格式的数据,以及 pdf 文件的编辑处理等。

　　第 5 章将介绍读取数据后常用的数据分析的方法,包括时间数据的格式处理与类型转换、异常值的处理、不同数据之间的拼接对齐操作、时间序列数据的平均值与插值处理、单变量数据的计算、多变量数据的计算、数据的统计、数据的拟合等。

　　第 6 章和第 7 章将介绍 Python 中进行数据可视化的方法,包括绘图的基础知识、模块化绘图法、业务科研中常用图形的绘图方法等。

　　各章都提供了基于真实观测数据的 Python 示例代码(包括所需的数据),希望通过本部分的学习,读者初步掌握使用 Python 对数据进行处理与绘图的方法,并应用到研究领域。

第4章　数据获取、读写与存储

用正确的格式读取数据是数据处理工作的基础,本章将介绍如何方便地把数据读入 Python 并最终保存为需要的格式。首先介绍如何利用列表、数组和数据框生成数据,以及进行数据结构转换;然后介绍文件路径和批量处理等方法;然后介绍如何从常文件中读取与存储常见格式的数据类型;最后介绍 PDF 文件的编辑方法。本书无法涵盖所有的数据输入方式,而是尝试以常见的真实外场观测数据格式为例,启发读者探索各自研究领域的数据读取与存储应用。

4.1 数据生成

4.1.1 一维数据

Python 的内置函数 range() 可以创建一个一维整数列表,一般用在 for 循环语句中。

range(开始值,结束值,步长)

整数列表计数的开始值,默认为 0 开始。整数列表计数不包含结束值。步长默认为 1。

range(0,10,2) ♯从 0 开始,间隔 2,计数到 10(不包含 10)
range(3) ♯相当于 range(0,3),从 0 开始,计数到 3(不包含 3),间隔为 1

实际应用中 range 常用于循环结构中根据数据量确定循环次数,常与 len() 组合使用。例如,在雾滴谱仪(Fog Monitor 120,FM-120)数据处理时,需要根据分档粒径的上下限尺寸确定每一档的档宽。

```
bin_list_low_upper = [3,4,5,6,7,8,9,10,11,12,13,14,16,18,20,22,24,26,28,30,32,34,36,38,40,42,
44,46,48,50]♯ 雾滴谱仪分档直径(μm)数据列表
dDp_list = [] ♯初始化档宽列表
for i in range(len(bin_list_low_upper)): ♯根据分档直径的数据个数循环计算档宽
    c = bin_list_low_upper[i] – bin_list_low_upper[i-1] ♯当前档的尺度减去前一档的尺度,即当前档宽
    dDp_list.append(c) ♯计算后的每一档档宽添加到初始化后的档宽列表
```

```
dDp_list[0] = 1        ♯修正第一档宽
print(dDp_list)
```

输出结果为：

```
[1, 1, 1, 1, 1, 1, 1, 1, 1, 1, 1, 1, 2, 2, 2, 2, 2, 2, 2, 2, 2, 2, 2, 2, 2, 2, 2, 2, 2, 2]
```

列表适合数据量较小的数据处理，对于大量数据的处理运算，通常使用数组。NumPy 模块的数组也可以方便的产生整数数列。NumPy 的 arange() 函数与 Python 内置 range() 函数功能一致，参数设置也相同，主要差别是 arange 生成的是数组，range 生成的是列表。

```
numpy. arange(开始值, 结束值, 步长)
```

使用时首先导入 NumPy 模块。

```
import numpy as np     ♯导入 numpy, 常用的简称为 np
print(np.arange(0,10,2))  ♯从 0 开始, 间隔 2, 计数到 10(不包含 10)
print(np.arange(3))  ♯从 0 开始, 计数到 3(不包含 3), 间隔为 1
```

输出结果为：

```
[0 2 4 6 8]
[0 1 2]
```

NumPy 数组类型的优势是可以利用内置函数对数据进行整体运算。例如，机载二维阵列云滴探头(2DS-50)设备的探测单元由 128 个光电阵列通道组成，测量结果的分辨率为 50 μm，要获得该设备的各个通道测量的中值粒径，利用 NumPy 的 arange() 函数计算如下：

```
import numpy as np     ♯导入 numpy, 常用的简称为 np
bin_list = np.arange(128) * 50 + 25   ♯0～127 数组中每个数值乘以 50, 加上中值距离 25
```

输出结果为：

```
[  25   75  125  175  225  275  325  375  425  475  525  575  625  675  725  775  825  875  925  975 1025
 1075 1125 1175 1225 1275 1325 1375 1425 1475 1525 1575 1625 1675 1725 1775 1825 1875
 1925 1975 2025 2075 2125 2175 2225 2275 2325 2375 2425 2475 2525 2575 2625 2675 2725
 2775 2825 2875 2925 2975 3025 3075 3125 3175 3225 3275 3325 3375 3425 3475 3525 3575
 3625 3675 3725 3775 3825 3875 3925 3975 4025 4075 4125 4175 4225 4275 4325 4375 4425
 4475 4525 4575 4625 4675 4725 4775 4825 4875 4925 4975 5025 5075 5125 5175 5225 5275
 5325 5375 5425 5475 5525 5575 5625 5675 5725 5775 5825 5875 5925 5975 6025 6075 6125
 6175 6225 6275 6325 6375]
```

NumPy 的 linspace(x, y, z) 也可以产生一维数据列表，表示的是把 $x \sim y$(包含 y)平均分成 z 分。例如在绘制粒子谱的时间序列彩图时，需要把色标的显示根据分档数浓度 0～1000 的值分 6 等份。

```
import numpy as np
gap_cb = np.linspace(0,1000,6,endpoint = True) # 从 0～1000,分为 6 等份,包含 1000,endpoint = True
```
表示包含结尾数字 1000
```
print(gap_cb)
```

结果输出为：

```
[0.   200.   400.   600.   800.   1000.]
```

有时需要绘制气溶胶谱图色标的显示为对数显示,常用函数为 NumPy 的 logspace(),logspace(x,y,z)表示表示的是把 $10x$～$10y$(包含 y)平均分成 z 分。

```
import numpy as np
import math # 导入数值运算模块
gap_ax = np.logspace(math.log10(0.01),math.log10(100),5,endpoint = True) # 色标区分转为指数形
```
式,从 0.01～100 分为 5 份,包含 100,endpoint = True 表示包含结尾数字 100
```
print(gap_ax)
```

结果输出为：

```
[1.e-02 1.e-01 1.e+00 1.e+01 1.e+02]
```

4.1.2　数据维度转换

NumPy 模块中修改数组形状的函数为 reshape() 和 ravel()。.reshape()函数的基本形式如下：

$$numpy.reshape(x,y,order = 'C')$$

表示数组形状变为 x 行 y 列,order 为转为形状时的参考顺序,常用的设置为"C"(按行的顺序重新排列)和"F"(按列的顺序重新排列),其中默认为"C"。

展平数组元素的.ravel()函数的基本形式如下：

$$numpy.ravel(order = 'C')$$

其中,order 为转为形状时的参考顺序设置,常用的为"C"(按行的顺序重新排列)和"F"(按列的顺序重新排列),其中默认为"C"。

举例说明两个函数的使用方法,首先新建一个 12 个数字的一维数组：

```
import numpy as np # 导入模块
numb = np.arange(12) # 新建一维数组 0～11
print(numb)
```

输出结果为：

```
[0 1 2 3 4 5 6 7 8 9 10 11]
```

改变数组为二维数组：

```
change_size_3_4 = numb.reshape(3,4) #数组转为二维数组,按照行的顺序进行重构
print(change_size_3_4)
```

输出结果为:

```
[[ 0  1  2  3]
 [ 4  5  6  7]
 [ 8  9 10 11]]
```

```
change_size_2_6 = numb.reshape(2,6,order = 'F') #数组 2 行 6 列二维数组,按照列的顺序进行排列
重构
print(change_size_2_6)
```

输出结果为:

```
[[ 0  2  4  6  8 10]
 [ 1  3  5  7  9 11]]
```

查看数组形状常用的函数为 size()和 shape():

```
print(len(change_size_2_6)) #查看数组的行数,用 len()
print(change_size_2_6.size) #查看数组的数据元素总数量,用 numpy.size()
print(change_size_2_6.shape) #查看数组的数据的形状,用 numpy.shape()
```

输出结果为:

```
2
12
(2, 6)
```

上述输出结果表示数组共有 2 行,共 12 个元素,分为 2 行 6 列。

按照不同的顺序将数组展平:

```
result = change_size_3_4.ravel(order = 'C') #按照行的顺序展平数组,变为一维数组
print(result)
print(result.shape)
result2 = change_size_3_4.ravel(order = 'F') #按照列的顺序展平数组,变为一维数组
print(result2)
print(result2.shape)
result3 = change_size_3_4.reshape(1,change_size_3_4.size,order = 'C') #按照行的顺序把数组变
为 1 行 6 列数组.本质上仍为二维数组
print(result3)
print(result3.shape)
```

结果输出为:

```
[0  1  2  3  4  5  6  7  8  9 10 11]
(12,)
[0  4  8  1  5  9  2  6 10  3  7 11]
(12,)
[[0  1  2  3  4  5  6  7  8  9 10 11]]
(1, 12)
```

雨滴谱仪 OTT 的分档数据中包含了 32 个尺度通道和 32 个速度通道,数据排列方式为第 1 个尺度的 32 个速度通道,然后第 2 个尺度的 32 个速度通道,以此类推,直到第 32 个尺度的 32 个速度通道。共有 32×32＝1024 列数据。在计算某个时间段内速度和尺度的曲线关系时,首先读取数据,计算该时间段内的各尺度和速度档的平均值,然后把 1024 个数据转变为 32×32 的数组。

♯使用 pandas 读取为二维数据框(DataFrame),读取部分略

data_mean_v_dp_array = data_ott_mean_v_dp.values ♯首先数据转变为 numpy 的数组结构

ott_result = data_mean_v_dp_array.reshape(32,32) ♯根据行的顺序,把数据分割为 32 行 32 列的数据,行方向为降水粒子尺度、列方向为降水粒子下落速度

在计算分档粒子谱时,需要对每档的数浓度进行分档归一化,即每档的数浓度除以档宽。而每档的档宽是有差异的。计算时通过构造一个与分档数浓度相同大小的数组,每一列中分别填入档宽数据,利用 2 个二维数据框数据相除得到分档归一化的数浓度。

♯data_psd_CN 为 pandas 二维数据框形式的分档数浓度数据,本例中读取方法略;本例中需要除以档宽进行归一化处理

dDp_list = [1, 1, 1, 1, 1, 1, 1, 1, 1, 1, 1, 1, 2, 2, 2, 2, 2, 2, 2, 2, 2, 2, 2, 2, 2, 2, 2, 2, 2, 2] ♯档宽

dDp_df1 = pd.DataFrame(dDp_list).T　♯转向为横向 dataframe

dDp_df = pd.DataFrame(np.random.rand(data_psd_CN.shape[0],data_psd_CN.shape[1])) ♯建立行列数量相同档随机数列,此处用到了数据形状的函数 shape

dDp_df.columns = data_psd_CN.columns　♯设置为与分档数浓度同样的数据标题名

dDp_df.index = data_psd_CN.index　　♯设置为与分档数浓度同样的索引

for iii in range(data_psd_CN.shape[0]): ♯循环填入新建数组中的数值,为与

　　dDp_df.iloc[iii] = dDp_df1.values　♯为了矩阵计算

data_fm_dn_ddp = data_psd_CN / dDp_df　　♯计算得到分档归一化的分档数浓度

4.1.3　随机数组与数组数据提取

在 4.1.2 节的程序中用到了产生随机数组的方法 np.random.rand(x,y)表示生成 x 行 y 列标准正态分布的数组,均值为 1,标准差为 1。

常用的生成数组的内置函数还包括 np. zeros()、np. ones()、np. empty()等。

```
import numpy as np
array_1 = np.zeros(5)  #生成 5 个 0 值的一维数组
print(array_1)
array_2 = np.zeros((2,4))  #生成 2 行 4 列的 8 个 0 值的二维数组
print(array_2)

array_3 = np.ones((2,4))  #生成 2 行 4 列的 8 个值为 1 的二维数组
print(array_3)

array_4 = np.empty((2,4))  #生成 2 行 4 列的 8 个值为极小值的二维数组,常用于初始化数组
print(array_4)

array_5 = np.random.rand(2,4)  #生成 2 行 4 列的标准正态分布的数组(均值为 1,标准差为 1)
print(array_5)
```

结果输出为:

```
[ 0.  0.  0.  0.  0.]
[[ 0.  0.  0.  0.]
 [ 0.  0.  0.  0.]]
[[ 1.  1.  1.  1.]
 [ 1.  1.  1.  1.]]
[[ 0.43457788  0.30379893  0.29406146  0.03825063]
 [ 0.6114796   0.5463211   0.63943221  0.47009667]]
```

数组数据的提取与列表相似,也是利用切片和索引的方法。

```
import numpy as np
array_4 = np.random.rand(2,4)  #生成 2 行 4 列的标准正态分布的数组(均值为 1,标准差为 1)
print(array_4)  #输出整个数组元素
print(array_4[:2,1:3])  #输出数组的第 0~1 行、第 2~3 列数据
```

输出结果为:

```
[[ 0.96183695  0.23637738  0.78653672  0.26169773]
 [ 0.18005898  0.95654232  0.01312714  0.64966044]]


[[ 0.23637738  0.78653672]
 [ 0.95654232  0.01312714]]
```

4.1.4 列表生成式

列表生成式是 Python 提供的一种生成列表数据的简洁形式,能使用特定语法形式的表达式快速生成一个新列表。基础语法格式如下:

[表达式 for i in 迭代变量] ♯它把迭代变量中的数据元素根据表达式的形式重新构造一个新的列表.

在计算机载云滴探头(CIP)的探测粒径时,可以使用列表生成式。CIP 数据由 62 个 25 μm 分辨率的数据构成。

```
bin_list = [12.5 + i * 25 for i in range(62)] ♯0~61 中每个数值元素乘以 25,加上中值距离 12.5,构
造成新的列表
print(bin_list)
```

结果输出为:

```
[12.5, 37.5, 62.5, 87.5, 112.5, 137.5, 162.5, 187.5, 212.5, 237.5, 262.5, 287.5,
312.5, 337.5, 362.5, 387.5, 412.5, 437.5, 462.5, 487.5, 512.5, 537.5, 562.5, 587.5,
612.5, 637.5, 662.5, 687.5, 712.5, 737.5, 762.5, 787.5, 812.5, 837.5, 862.5, 887.5,
912.5, 937.5, 962.5, 987.5, 1012.5, 1037.5, 1062.5, 1087.5, 1112.5, 1137.5, 1162.5,
1187.5, 1212.5, 1237.5, 1262.5, 1287.5, 1312.5, 1337.5, 1362.5, 1387.5, 1412.5,
1437.5, 1462.5, 1487.5, 1512.5, 1537.5]
```

以上个例中列表行列式的代码相当于:

```
bin_list = [] ♯建立新空白列表
for i in range(62): ♯ 在 0~61 通道中循环进行计算
    a = 12.5 + i * 25 ♯计算每个通道的中值尺度
    bin_list.append(a) ♯ 添加到新空白列表中
print(bin_list) ♯ 输出新列表
```

4.1.5 数据结构转换

Python 数据分析时中常用的数据结构为列表、NumPy 的数组、Pandas 的数据框。Pandas 的数据框有 2 种类型,一种是一维的称为序列(Series),一种是二维数据框(DataFrame)。由于列表的运算效率低,应用时常把列表数据转为数组或数据框。

本节选取空气动力学粒径谱仪(APS)的部分分档数值的列表数据为例介绍列表、数组和数据框之间的数据类型转换。首先导入 NumPy 模块,输入列表数据并输出查看:

```
import numpy as np
import pandas as pd
aps_list = [0.3, 0.542, 0.583, 0.626, 0.673, 0.723, 0.777, 0.835, 0.898, 0.965]
```

```
print('列表原始数据:',aps_list)
```

结果输出为：

列表原始数据：$[0.3, 0.542, 0.583, 0.626, 0.673, 0.723, 0.777, 0.835, 0.898, 0.965]$

使用 array 函数把列表转为数组：

```
aps_array = np.array(aps_list) #列表转为 numpy 数组
print('列表转为 numpy 数组:',aps_array)
```

结果输出为：

列表转为 numpy 数组：$[0.3\ 0.542\ 0.583\ 0.626\ 0.673\ 0.723\ 0.777\ 0.835\ 0.898\ 0.965]$

列表数据转为数据框：

```
aps_df = pd.Series(aps_list) #列表转为 pandas 一维数据结构 Series
print('列表转为 pandas 一维数据结构 Series:')
print(aps_df)
```

结果输出为：

```
列表转为 pandas 一维数据结构 Series：
0    0.300
1    0.542
2    0.583
3    0.626
4    0.673
5    0.723
6    0.777
7    0.835
8    0.898
9    0.965
dtype: float64
```

数据框转为列表：

```
aps_list2 = aps_df.values.tolist() #pandas 一维数据结构 Series 转为列表 list
print('pandas 一维数据结构 Series 转为列表 list:',aps_list2)
```

结果输出为：

pandas 一维数据结构 Series 转为列表 list：$[0.3, 0.542, 0.583, 0.626, 0.673, 0.723, 0.777, 0.835, 0.898, 0.965]$

数组数据转为列表格式：

```
aps_list3 = aps_array.tolist() # numpy 数组转为列表 list
print('numpy 数组转为列表 list:',aps_list3)
```

结果输出为：

numpy 数组转为列表 list:[0.3, 0.542, 0.583, 0.626, 0.673, 0.723, 0.777, 0.835, 0.898, 0.965]

数组转为数据框结构：

```
aps_df2 = pd.Series(aps_array) # numpy 数组转为 pandas 一维数据结构 Series
print('numpy 数组转为 pandas 一维数据结构 Series:')
print(aps_df2)
```

结果输出为：

numpy 数组转为 pandas 一维数据结构 Series：

```
0    0.300
1    0.542
2    0.583
3    0.626
4    0.673
5    0.723
6    0.777
7    0.835
8    0.898
9    0.965
dtype: float64
```

数据框转为数组数据：

```
aps_array2 = aps_df.values # pandas 一维数据结构 Series 转为 numpy 数组
print('pandas 一维数据结构 Series 转为 numpy 数组:')
print(aps_array2)
```

结果输出为：

pandas 一维数据结构 Series 转为 numpy 数组：
[0.3 0.542 0.583 0.626 0.673 0.723 0.777 0.835 0.898 0.965]

4.2　文件路径与批处理

大多数分析用的数据都是从文件中获得的，首先需要获取路径信息。

4.2.1　设置文件路径

文件路径的操作使用 Python 的 os 模块,关于 os 模块的详细使用说明请查看官方文档:
https://docs.python.org/3.7/library/os.path.html。常用的路径操作包括进入目标路径、设置路径、文件夹的创建与删除等。在使用前首先需要导入 os 模块:

```
import os  #导入系统模块
```

进入目标路径:

```
os.getcwd()  #获取路径
```

查看该路径下的所有文件和文件夹:

```
ls
```

MacOS 操作系统和 Windows 操作系统的路径有较大差异。MacOS 操作系统文件系统的分隔符是左斜杠("/"),在 Python 中可以直接使用。

MacOS 操作系统设置新路径的方法:

```
os.chdir("/BIKAI_books")  #设置路径
os.getcwd()  #获取路径
```

而 Window 文件系统分隔符是反斜杠("\"),反斜杠在 Python 中是转义字符,在设置路径是如果与"\t"、"\n"、"\r"等连用会产生错误。解决方法是可以在路径前使用"r"进行字符串声明,或者使用反斜杠的转义字符串"\\"代替"\"。

```
os.chdir(r"E:\BIKAI_books")  #设置路径,r 表示声明字符串
os.getcwd()  #获取路径


os.chdir("E:\\BIKAI_books")          #设置路径,使用反斜杠的转义字符串"\\"代替
os.getcwd()  #获取路径
```

文件的创建与删除:

```
import os  #导入系统模块
os.mkdir("cloud")      #当前目录下创建"cloud"文件夹
os.rmdir("cloud")      #当前目录下删除"cloud"文件夹
os.remove("cloud.txt")   #当前目录下删除"cloud.txt"的文件
```

4.2.2　不同子文件夹数据的筛选、合并与转存

在处理外场观测数据时,经常会碰到某些设备的数据保存方式为每天保存为一个文件夹,

在当前文件夹下保存了观测原始数据和相应的质控信息。如果碰到设备故障等原因导致的重启,每个文件夹下的数据文件可能不止一个。比如,连续流量扩散云室(Continuous Flow Diffusion Chamber,CFDC)、雾滴谱仪(Fog Monitor 120,FM-120)、风廓线雷达等保存的数据方式都有这样的特点。在批量处理数据时通常需要对每个文件下数据文件进行筛选、提取、保存到指定的文件夹,为后续批处理做前期准备。本小节以连续流量扩散云室(CFDC)的数据为例,介绍在不同文件夹下提取、合并、转存数据的方法。代码文件为 chap4_CFDC.py。完整代码如下:

```python
# chap4_CFDC.py
import os # 导入系统模块
import pandas as pd # 导入数据处理模块
import shutil # 导入文件处理模块
from glob import glob # 导入批处理模块


def batch_cfdc_filenames(filenames):
    '''构造函数根据文件名的特点,对文件名按照时间先后顺序进行排序.读入批量文件名列表,输出排序后的文件名'''
    kk = pd.DataFrame(filenames) # 文件名列表转为二维数据框结构
    kk.columns = ['name'] # 设置数据名
    kk['name'].to_string() # 转为字符串
    kk['date_time'] = kk['name'] # 复制为新的数据
    for ii in range(len(kk['name'])): # 对每一个文件名修改为标准日期格式
        kk['date_time'].loc[ii] = kk['name'].iloc[ii][-18:-14] + '-' + kk['name'].iloc[ii][-14: -12] + '-' + kk['name'].iloc[ii][-12:-10] + ' ' + kk['name'].iloc[ii][-10:-8] + ':' + kk['name'].iloc[ii][-8:-6] + ':' + kk['name'].iloc[ii][-6:-4]
    kk['date_time'] = pd.to_datetime(kk['date_time']) # 转为日期类型
    kk1 = kk.sort_values(by = 'date_time') # 按照时间排序
    cfdc_file_name = kk1['name'].tolist() # 转为列表
    return(cfdc_file_name) # 返回排序后的列表


def cat_csv(files):
    '''构造函数,拼接数据,读入文件名列表,按照列标中的顺序,依次读取文件名对应的数据文件,并拼接.返回合并后的数据'''
    data_cfdc = pd.DataFrame() # 建立空的二维数据框结构
    for i in range(len(files)):
        data_cfdc1 = pd.read_csv(files[i], header = 0)   # 读取单个文件
        data_cfdc = pd.concat([data_cfdc, data_cfdc1], ignore_index = True) # 拼接文件数据
    return(data_cfdc) # 返回拼接后的数据
```

```
def batch_copy_combine(data_path, new_file_path):
```
'''构造函数,处理批量数据文件夹;读入文件路径,调用复制或调用函数拼接数据;有效数据文件输出到新路径'''
```
    all_file_list = glob(os.path.join(data_path, '*'))  #获取文件夹中所有文件和文件夹的路径
    csv_file_list = [x for x in all_file_list if x[-3:] == 'csv']   #获取文件夹中 csv 的文件名列表

    if len(csv_file_list) == 1:  #如果文件夹中的 csv 数据只有 1 个
        shutil.copy(csv_file_list[0], new_file_path)  #复制该 csv 文件到新的文件路径
    elif len(csv_file_list) > 1:  #如果文件夹中的 csv 数据大于 1 个
        kk = batch_cfdc_filenames(csv_file_list)  #调用函数对所有的 csv 文件名按照时间顺序排列
        data_cfdc = cat_csv(kk)  #按照排序后的文件名,调用函数读取、拼接 csv 文件
        data_cfdc.to_csv(new_file_path + '/' + kk[0][-26:], index = False)  #保存拼接后的文件到新的文件路径
    else:
        pass

    for ii in range(len(all_file_list)):  #对于所有的文件夹中的文件和文件夹
        if os.path.isdir(all_file_list[ii]):  #如果含有文件夹
            print('<<< doing Date :' + str(all_file_list[ii][-8:]))  #提示信息
                batch_copy_combine(all_file_list[ii], new_file_path)  #进入文件夹内,调用函数提取、拼接、复制 csv 文件
    return()


if __name__ == '__main__':  #主函数
    data_path = "E:\\BIKAI_books\\data\\chap4\\inp_cfdc"; #设置数据路径
    new_file_path = "E:\\BIKAI_books\\data\\chap4\\inp_cfdc"  #设置新保存的 csv 文件路径
    batch_copy_combine(data_path, new_file_path)  #调用函数进行处理
```

程序运行完毕后,每天的数据文件挑选拼接后复制到新的文件路径中,如图 4.1 所示:

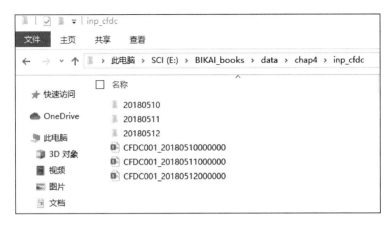

图 4.1　程序处理完毕后的文件夹内容

4.2.3　文件和文件夹的批处理

  Python 的 Shutil 模块是一个高级的针对文件、文件夹、压缩包的处理模块，能够实现文件和文件夹的拷贝、移动、创建压缩包、删除等。Shutil 模块的详细介绍请查看官方文档：

  https：//docs. python. org/3/library/shutil. html。本小节主要介绍几个常用到的功能。

  本例中需要对 weather 文件夹中的所有的自动站数据文件添加前缀"weather_"，并压缩为 zip 格式的文件包。重命名使用的函数是 shutil. move，它可以递归地去移动文件，也就是重命名。压缩文件使用的是 shutil. make_archive。代码如下：

```
import os # 导入系统模块
os.chdir("E:\\BIKAI_books\\data\\chap4\\weather") # 设置路径
os.getcwd() # 获取路径
import shutil # 导入文件处理模块
import glob2 # 导入批处理模块


zip_file_name = 'weather' # 设置压缩文件的文件名
pre_str = 'weather_' # 设置需要添加的前缀字符串
batch_files = '*.txt'# 文件名称批量特征,即所有 txt 文件
filenames = glob2.glob(batch_files) # 获得文件名列表


for i in range(len(filenames)):
    file_new_name = pre_str + filenames[i] # 新的文件名
    shutil.move(filenames[i],file_new_name) # shutil 模块替换文件名


shutil.make_archive(zip_file_name, # 生成的压缩包文件名
```

'zip')＃压缩包的类型,可选择"zip""tar""bztar""gztar"

4.3　气象数据下载

在进行天气分析的时候经常用到欧洲中期天气预报中心的再分析数据(ERA5,https://confluence.ecmwf.int/display/CKB/ERA5％3A＋data＋documentation)。官方网站提供了使用气候数据存储(Climate Data Store ，CDS) API 进行单个数据文件的下载方法及代码(https://cds.climate.copernicus.eu/api-how-to),而在实际应用时我们常需要批量数据。本节将介绍多线程批量下载 CDS 的再分析数据(ERA5)方法,例如,需要批量下载 2019 年 1 月1—5 日的再分析数据(ERA5),每日保存为一个 NetCDF(.nc)格式文件。CDS API 密钥下载安装和 cdsapi 模块的安装请查看本书 2.4.2 的介绍。

Cdscpi 模块下载数据的语法规则如下：

```
import cdsapi ＃导入数据下载模块
c = cdsapi.Client()
c.retrieve("dataset - short - name",　＃数据集的名称
        {... sub - selection request ...}, ＃数据名称等
        "target - file") ＃数据存储的文件
```

根据上述编码语法规则,编写批量处理下载数据的代码,代码文件见"chap4_batch_download_cds_nc_files.py",完整代码及说明如下：

```
＃ chap4_batch_download_cds_nc_files.py
import os
os.chdir("/SCI/data_python/BIKAI_books") ＃设置路径
os.getcwd()
import cdsapi ＃导入 cds 数据下载模块
import datetime as dt ＃导入时间处理模块
from queue import Queue ＃导入进程模块中对列对象
from threading import Thread ＃导入多线程编程 threading 模块中最核心 Thread 类,进行并发下载,每个
Thread 对象代表一个线程,在每个线程中我们可以让程序处理不同的任务
import time
start = time.clock()＃ 用于开始计时

class DownloadCDS(Thread): ＃构建多线程下载的类
  def __init__(self, queue): ＃类的初始化
    Thread.__init__(self)
```

```
        self.queue = queue
    def run(self):
        while True:
            # 从队列中获取任务并扩展
            date_file_name = self.queue.get() # 获取任务
            download_single_cds_file(date_file_name) # 调用单文件下载函数
            self.queue.task_done() # 告知队列该任务的处理已完成


def download_single_cds_file(date_file_name):
    '''构造 cds 单文件下载函数,读入要保存的文件名'''
    filename = date_file_name + '.nc' # 设置要保存的文件名和数据类型为.nc 格式
    if(os.path.isfile(filename)): # 判断是否有当前的文件名,如果存在文件名则不执行下载,直接返回
        print("当前数据文件已经存在: ",filename) # 屏幕输出提示
    else:
        print("当前正在下载:",filename) # 屏幕输出要下载的文件名


        c = cdsapi.Client() # 根据 cdsapi 模块的语法,执行下载
        c.retrieve(
            'reanalysis - era5 - pressure - levels', # era5 数据
            {
                'product_type' :'reanalysis', # 可选'reanalysis'或 'ensemble'
                'format'       :'netcdf', # 可以保存两种数据格式,默认为 grib 格式,另一种是 netcdf
```
(.nc)格式,本例中使用的是 netcdf 格式
```
                'variable': ['geopotential', 'relative_humidity','temperature','u_component_of_
```
wind','v_component_of_wind','vertical_velocity'], # 输入下载的参量名,详细参量请查看官方文档(ht-tps://confluence. ecmwf. int/display/CKB/ERA5 % 3A + data + documentation)中的表格 1(Table 1: surface and single level parameters: invariants)
```
                'pressure_level': ['100','125','150','175','200','225','250', '300','350','400
```
','450','500','550','600','650','700','750','775','800','825','850','875','900','925','950','975','1000'], # 输入压力高度
```
                'year' : date_file_name[0:4], # 从文件名中提取要下载的年份
                'month': date_file_name[ - 4: - 2], # 从文件名中提取要下载的月份
                'day'  : date_file_name[ - 2:], # 从文件名中提取要下载的日数
                'time':['00:00','03:00','06:00','09:00','12:00','15:00','18:00','21:00'], # 输
```
入下载的时间
```
                'area': [70, 60, 10, 140], # 输入下载的经纬度范围,4 个参数分别为北端、西端、南端、东
```
端;如果不设置,默认为全球尺度
```
                'grid': [0.5, 0.5], # 输入下载的格点分辨率,2 个参数分别为纬度和经度格点,默认为
```

```
0.25 × 0.25
            }, #执行下载
                filename) #保存的数据文件名

if __name__ == '__main__': #主程序

    # % % 设置部分
    file_numbers_at_same_time = 4 #服务器同时下载的文件数量,建议 4 个以下
    start_date = '2019 - 01 - 01' #输入下载的开始日期
    end_date = '2019 - 01 - 05' #输入下载的结束日期

    start_date_result = dt.datetime.strptime(start_date, '% Y - % m - % d')
    end_date_result = dt.datetime.strptime(end_date, '% Y - % m - % d')

    file_gap_time = dt.timedelta(days = 1) #下载日期间隔,以天为单位
    print('下载文件开始日期 :' + start_date) # 屏幕提示 数据下载的开始日期;
    # % % 计算出需要下载的日期列表
    date_list_download = []
    while start_date_result<= end_date_result: #从开始日期,每次增加一天,生成下载数据日期的文件
名列表
        date_file_name = start_date_result.strftime("% Y % m % d") #调整日期显示格式
        date_list_download.append(str(date_file_name))
        start_date_result = start_date_result + file_gap_time

    # % % 创建一个主进程和工作线程
    single_queue = Queue() #初始化进程对象,容量不设上限

    for i in range(file_numbers_at_same_time): #在主进程中开启多个线程任务
        single_task = DownloadCDS(single_queue)
        single_task.daemon = True
        single_task.start()        # 启动线程 single_task

    for ii in date_list_download:
        single_queue.put((ii)) #把文件名列表写入下载队列
single_queue.join() #等待进程结束

end = time.clock() #设置结束时间钟
print('>>>Total running time: % s Seconds' % (end - start)) #计算并显示程序运行时间
```

4.4　数据文件的读写与存储

在实际应用中，设备观测数据记录的方式有较大的差异，有的是不同的分隔符（空格、制表符、逗号），有些文件末尾的有特殊标识，有的需要构造数据（计算谱分布中的分档粒径等）。针对不同的数据格式，Python 都有相应的比较方便的读取方法。

在使用 Python 读写数据文件之前，先要目视检查数据。除查看数据文件的格式以外，还要打开数据文件查看数据是否有标题和脚注，文件末尾是否有空行或者特殊字符，数据之间的分隔符。读者可以使用 Sublime Text 等文字编辑器进行方便的查看数据。

4.4.1　文本格式文件

本例中介绍环境颗粒物粒径谱仪（Grimm180）的原始数据 txt 文件读取，提取 PM_1、$PM_{2.5}$ 和 PM_{10} 的数据并保存在新的 txt 文件。原始数据格式如图 4.2 所示：

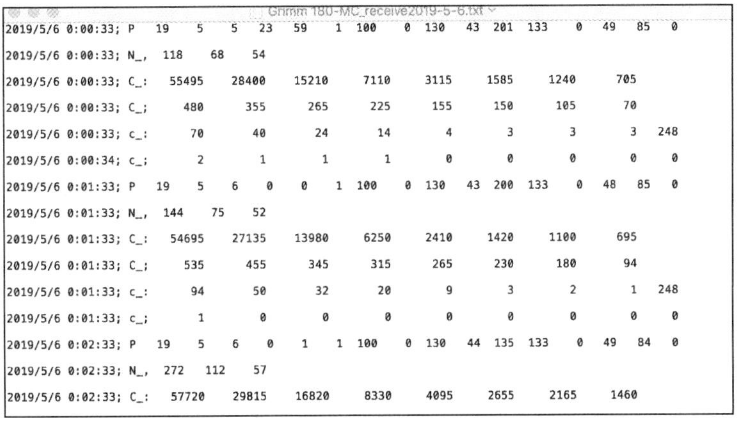
```
Grimm 180-MC_receive2019-5-6.txt
2019/5/6 0:00:33; P   19   5   5  23  59   1  100   0  130  43  201  133   0  49  85   0
2019/5/6 0:00:33; N_,  118   68   54
2019/5/6 0:00:33; C_:   55495   28400   15210   7110   3115   1585   1240   705
2019/5/6 0:00:33; C_;   480   355   265   225   155   150   105   70
2019/5/6 0:00:33; c_:   70   40   24   14   4   3   3   3  248
2019/5/6 0:00:34; c_;   2   1   1   1   0   0   0   0   0
2019/5/6 0:01:33; P   19   5   6   0   0   1  100   0  130  43  200  133   0  48  85   0
2019/5/6 0:01:33; N_,  144   75   52
2019/5/6 0:01:33; C_:   54695   27135   13980   6250   2410   1420   1100   695
2019/5/6 0:01:33; C_;   535   455   345   315   265   230   180   94
2019/5/6 0:01:33; c_:   94   50   32   20   9   3   2   1  248
2019/5/6 0:01:33; c_;   1   0   0   0   0   0   0   0   0
2019/5/6 0:02:33; P   19   5   6   0   1   1  100   0  130  44  135  133   0  49  84   0
2019/5/6 0:02:33; N_,  272   112   57
2019/5/6 0:02:33; C_:   57720   29815   16820   8330   4095   2655   2165   1460
```

图 4.2　Grimm180 数据文件格式

其中，文件中包含字符串“N_,”的行是需要的 PM_1、$PM_{2.5}$ 和 PM_{10} 的数据。数据处理时需要读取并挑选该行数据。Python 的基础模块能够读写 txt 格式数据文件。完整代码见如下：

```
import os # 导入系统模块
os.chdir("E:\\BIKAI_books\\data\\chap4\\grimm180") # 设置路径
os.getcwd() # 获取路径

file_name = 'Grimm 180 - MC_receive2019 - 5 - 6.txt' # 数据文件名称
new_file_name = 'pm.txt' # 输入新生成的文件名称
```

```
data = open(file_name,"r") # 以只读方式打开数据文件
file_new = open(new_file_name,"w") # 以写的方式打开新生成的 txt

while True: # 循环读取每一行
    line_str = data.readline() # 以字符串形式读取每一行数据,
    if not line_str: # 如果空白数据,则退出
        break
    line_str_split = line_str.split() # 读入的字符串分割,分隔符默认为所有的空字符,包括空格、换行(\n)、制表符(\t)等.返回分割后的字符串列表.需要注意的是时间分割后带有";",如"0:01:33;"

    if 'N_,' in line_str: # 如果该行数据中有'N_,'行,则提取 pm 数据的保存行
        line_str_split[1] = line_str_split[1][0:len(line_str_split[1]) - 1] # 去掉时间数据末尾的“;”
        PM_10 = float(line_str_split[3])/10.0 # 提取计算 PM10 质量浓度
        PM_2_5 = float(line_str_split[4])/10.0 # 提取计算 PM2.5 质量浓度
        PM_1 = float(line_str_split[5])/10.0 # 提取计算 PM1 质量浓度
        file_new.write('%10s %10s %8.1f %8.1f %8.1f\n' % (line_str_split[0],line_str_split[1],PM_10,PM_2_5,PM_1)) # 把提取计算后的数据行写入到新的 txt 文件

file_new.close() # 关闭新数据文件
data.close() # 关闭原始数据文件
```

处理完毕后的数据如图 4.3 所示：

pm.txt

2019/5/6	0:00:33	11.8	6.8	5.4
2019/5/6	0:01:33	14.4	7.5	5.2
2019/5/6	0:02:33	27.2	11.2	5.7
2019/5/6	0:03:33	55.4	16.2	6.7
2019/5/6	0:04:33	28.7	11.1	6.0
2019/5/6	0:05:33	43.2	8.8	5.8
2019/5/6	0:06:33	14.0	6.8	5.2
2019/5/6	0:07:33	17.4	7.2	5.2
2019/5/6	0:08:33	18.7	6.8	5.3
2019/5/6	0:09:33	14.7	7.2	5.3
2019/5/6	0:10:33	17.4	7.8	5.4
2019/5/6	0:11:33	19.7	8.6	5.4
2019/5/6	0:12:33	16.0	7.8	5.3
2019/5/6	0:13:33	23.0	7.8	5.4
2019/5/6	0:14:33	21.0	7.3	5.5
2019/5/6	0:15:33	18.9	6.7	5.3
2019/5/6	0:16:33	15.8	7.0	5.2
2019/5/6	0:17:33	22.9	7.2	5.3
2019/5/6	0:18:33	19.1	7.0	5.4
2019/5/6	0:19:33	18.5	7.6	5.6
2019/5/6	0:20:33	59.6	12.6	8.1
2019/5/6	0:21:33	34.3	8.3	5.7
2019/5/6	0:22:33	103.8	13.7	6.9
2019/5/6	0:23:33	35.8	9.2	5.8
2019/5/6	0:24:33	26.5	7.3	5.5
2019/5/6	0:25:33	28.7	8.8	5.7
2019/5/6	0:26:33	31.4	8.6	5.6
2019/5/6	0:27:33	31.0	9.2	5.5
2019/5/6	0:28:33	37.7	9.5	5.8
2019/5/6	0:29:33	18.5	7.7	5.5

图 4.3　处理完毕后的数据内容

　　大多数情况下，读者可以直接使用 Pandas 模块的 read_table 和 read_csv 函数方便快速处理 txt 格式数据。本例中介绍批量处理多个数据 Grimm180 数据文件，并挑选 PM_10、PM_2_5、PM_1 数据合并保存为 txt 文件。程序文件见：chap4_pandas_read_txt.py，详细说明如下：

```python
import os  # 导入系统模块
os.chdir("E:\\BIKAI_books\\data\\chap4\\grimm180")  # 设置路径
os.getcwd()  # 获取路径
import glob2
import pandas as pd


def read_single_grimm_pickup(file_name):
    '''构造函数读取单个 Grimm180 数据文件,修改时间数据类型,挑选并计算'PM10','PM2.5','PM1'数据,
输出二维数据框结构'''
    data_grimm = pd.read_table(file_name,  # 文本文件名
                               sep = '\s + ',  # 数据间隔符号,本例中为单个或多个空格
                               header = None)  # 无标题行
    data_grimm.columns = [str(i) for i in data_grimm.columns]  # 设置数据标题
    data_grimm_1 = data_grimm[data_grimm['2'] = = 'N_,']  # 挑选 pm 数值的行
    data_grimm_1['1'] = data_grimm_1['1'].apply(lambda x:str(x)[: - 1])  # 调用 apply 和 lambda 函数修
正时间数据格式
data_grimm_1['date_time'] = pd.to_datetime(data_grimm_1['0']) + pd.to_timedelta(data_grimm_1['1
'])  # 添加标准日期时间数据类型
    data_grimm_1['PM10'] = data_grimm_1['3'].apply(lambda x:x * 0.1)  # 计算 PM10 质量浓度
    data_grimm_1['PM2.5'] = data_grimm_1['4'].apply(lambda x:x * 0.1)  # 计算 PM2.5 质量浓度
    data_grimm_1['PM1'] = data_grimm_1['5'].apply(lambda x:x * 0.1)  # 计算 PM1 质量浓度
    data_grimm_result = data_grimm_1.loc[:,['date_time','PM10','PM2.5','PM1']]  # 挑选有效数据列
    return(data_grimm_result)


if __name__ = = '__main__':  # 主程序
    batch_filenames = '* .txt'  # 批量文件名特征
    file_grimm_names_list = glob2.glob(batch_filenames)  # 读取批量文件名,放入列表

    data_grimm = pd.DataFrame()  # 设置空白数据
    for i in range(len(file_grimm_names_list)):  # 依次读取每个数据文件
        data_single_grimm = read_single_grimm_pickup(file_grimm_names_list[i])  # 调用构造的函数读取
计算需要的数据
        data_grimm = pd.concat([data_grimm,data_single_grimm],ignore_index = True)  # 数据拼接,读取
后的单个数据依次追加到空白数据结构中
    data_grimm = data_grimm.sort_values(by = 'date_time')  # 根据时间对数据进行排序
```

```
data_grimm.to_csv('grimm_pm.txt',  # 需要保存的数据名
                sep = '\t',  # 数据间隔分割类型
                index = False,  # 数据文件中不添加索引
                float_format = '%.1f')  # 数值数据的格式为 1 位小数点
```

4.4.2 xlsx 格式文件

Pandas 处理 Excel 的模块是 Xlrd 模块,可通过 pip 安装。

pip install xlrd

本例中的数据文件为"气溶胶. xlsx",文件中有 3 个表单(sheet),表单名分别为"PM_{10}" "$PM_{2.5}$""PM_1"。每个表单中数据为时间列和数值列。本例介绍使用 Pandas 读取 Excel 数据文件,并对数据文件的部分数据进行查看、挑选。

首先指定文件路径,导入模块。

```
import os  # 导入系统模块
os.chdir("E:\\BIKAI_books\\data\\chap4")  # 设置路径
os.getcwd()  # 获取路径
import pandas as pd  # 导入 pandas 模块
```

读取表单"PM_{10}"的数据的程序如下:

```
filename = '气溶胶.xlsx'
data_PM10 = pd.read_excel('气溶胶.xlsx',  # Excel 数据文件名
                sheet_name = 'PM10',  # 文件中的表单名'PM10'
                header = 0)  # 首行为标题
data_PM25 = pd.read_excel('气溶胶.xlsx',  # Excel 数据文件名
                sheet_name = 'PM2.5',
                header = 0)  # 首行为标题
data_PM1 = pd.read_excel('气溶胶.xlsx',  # Excel 数据文件名
                sheet_name = 'PM1',
                header = 0)  # 首行为标题


data_pm_1 = pd.concat([data_PM10,data_PM25],  # 两组数据拼接
                ignore_index = True,  # 忽略索引
                axis = 1)  # 拼接方式为横向左右拼接
data_grimm = pd.concat([data_pm_1,data_PM1],  # 两组数据拼接
                ignore_index = True,  # 忽略索引
                axis = 1)  # 拼接方式为横向左右拼接
data_grimm = data_grimm.T.drop_duplicates().T  # 删除重复的时间列
data_grimm.columns = ['date_time','PM10','PM2.5','PM1']    # 设置数据标签
```

使用 pandas 的 . head 函数查看输出 PM$_{10}$数据的前 5 行：

```
print(data_grimm['PM10'].head())
```

输出结果为：

```
0     11.8
1     14.4
2     27.2
3     55.4
4     28.7
Name：PM10，dtype：object
```

♯输出数据第 2～3 列数据的第 10～14 行：

```
print(data_grimm.iloc[10:15,1:3])
```

结果为：

```
   PM10 PM2.5
10 17.4   7.8
11 19.7   8.6
12   16   7.8
13   23   7.8
14   21   7.3
```

把数据保存到新的 excel 文件"气溶胶汇总. xlsx"，调用 Python 的 to_excel（）方法即可实现：

```
data_grimm.to_excel('气溶胶汇总.xlsx',♯数据保存的文件名
            index = False) ♯不显示索引
```

4.4.3　csv 文件

csv 格式是外场观测设备最常见的数据格式之一，文件中数据列用逗号分隔。Pandas 的 read_csv 和 to_csv 函数能够方便读写 csv 格式的数据文件。read_csv 的详细参数设置见：https://pandas. pydata. org/pandas-docs/stable/user_guide/io. html♯io-read-csv-table。本例以雾滴谱仪观测数据"00FM 12020190424002002. csv"为例，介绍 csv 格式数据文件的读写及常用的参数设置方法。打开数据文件可以看到，本例中数据文件的前 96 行为设备质控信息，不属于有效数据。第 97 行为数据标题，数据共有 74 列。在读取数据时需要跳过无效信息。

首先导入路径和相关的数据处理模块：

```
import os ♯导入系统模块
```

```
os.chdir("/SCI/data_python/BIKAI_books") # 设置路径
os.getcwd() # 获取路径
import pandas as pd
```

接下来读取数据：

```
filename = '00FM 12020190424002002.csv' # 输入数据文件名
data_fog = pd.read_csv(filename,     # 读取 csv 格式数据文件
                    skiprows = 96,   # 跳过前 96 行的数据设置
                    header = 0)      # 设置首行(第 97 行)为数据标题行
```

查看输出时间列和数浓度数据的前 5 行：

```
print(data_fog.loc[:,['Time','Number Conc (#/cm^3)']].head()) # .loc 索引提取行数据,":"表示
```
提取所有行数据;'Time'和'Number Conc (#/cm3)'为需要提出的数据所在列的名称;head 函数默认查看前 5 行

结果如下：

	Time	Number Conc (#/cm^3)
0	00:20:03.73	0.000000
1	00:20:04.73	698.627625
2	00:20:05.73	697.727539
3	00:20:06.73	657.342163
4	00:20:07.73	749.394287

提取第 2～200 行数据的时间列和数浓度数据保存到新的 csv 文件中：

```
data_fog_result = data_fog.loc[1:201, # 提取第 2～200 行数据
                    ['Time','Number Conc (#/cm^3)']] # 提取时间列和数浓度列
data_fog_result.to_csv('雾滴谱.csv', # 设置保存的数据文件名
                    index = False, # 设置不显示索引
                    encoding = 'gbk') # 设置编码格式为'gbk',这种编码格式可以编码中文字体
```

4.4.4　NetCDF 格式

　　NetCDF(Network Common Data Format)格式,简称 nc 格式,是气象数据最常见的保存格式之一。它可以存储多维数字矩阵,同时又对数据描述信息(例如,经纬度、高度层、时间戳、单位等)进行了封装。Python 的 NetCDF4 模块可以方便地读取存储 nc 格式文件和分析数据结构。安装 NetCDF4 模块的方法请查看 2.4.2 节。关于 NetCDF4 模块的详细使用方法请参考官方文档:https://unidata.github.io/netcdf4-python/netCDF4/index.html。

　　本小结以机载 KPR 云雷达 nc 数据为例,介绍 netCDF 格式数据的读取方法。处理过程包括读取 nc 数据文件、查看变量、提取时间数据并进行秒平均、提取高度数据、提取雷达回波

数据并根据时间进行秒的平均,把处理后的时间、高度和雷达回波 3 个参量数据写入新的 nc 文件。

首先设置路径和导入相关模块:

```
import os #导入系统模块
os.chdir("E:\\BIKAI_books\\data\\chap4") #设置路径
os.getcwd() #获取路径
import pandas as pd #导入数据处理模块
from netCDF4 import Dataset #导入 nc 读取模块
import datetime as dt #导入时间处理模块
import time 导入时间模块
```

接下来读入 nc 数据,并实例化为对象:

```
kpr_file = 'kpr-20180812-031332.nc' #输入 nc 数据文件名
nc_kpr_file = Dataset(kpr_file)  # 读取 nc 格式数据文件,传入 nc_kpr_file 对象中,包含了该文件
的全部信息
```

查看数据文件对象中所有变量和总的变量数:

```
var_names = nc_kpr_file.variables.keys() #获取所有变量名
print(var_names) #输出变量名
print(len(var_names)) #输出变量名个数
```

输出结果为:

```
odict_keys(['TIME', 'HEIGHT', 'TEMP_ZONE1', 'TEMP_ZONE2', 'TEMP_
ZONE3', 'TEMP_ZONE4', 'CP', 'VEL', 'STD'])
9
```

从输出结果可以看出,nc 文件中共有 9 个变量,包括时间(TIME)、相对高度(HEIGHT)、雷达回波反射率(CP)等。

查看所有变量的详细信息:

```
all_vars_info = nc_kpr_file.variables.items() #获取所有变量信息
print(all_vars_info) #输出所有变量信息,包括数据量、数据类型、单位等信息
```

查看单个变量的详细信息:

```
print(nc_kpr_file.variables['TIME']) #查看时间数据的信息
```

输出结果为:

```
<class 'netCDF4._netCDF4.Variable'>
float64 TIME(DATA_BLOCKS)
UNITS: Seconds since 1 January 1970 UTC
```

unlimited dimensions：

current shape = (4086,)

filling on，default _FillValue of 9.969209968386869e+36 used

"TIME"变量的输出结果中包含了变量的数据类型(float64)、单位(1970 年 1 月 1 日以来的秒数)、数据量(一维数据,4068 个)、缺失值填充(9.969209968386869e+36)等信息。

提取并转变时间数据的类型和显示格式：

```
time_nc = [dt.datetime.utcfromtimestamp(i).strftime("%Y-%m-%d %H:%M:%S") for i in nc_
kpr_file.variables['TIME']] ＃转变时间数据格式为标准日期时间类型,精确到秒
time_nc = pd.to_datetime(pd.Series(time_nc)) + pd.to_timedelta('8H',unit = 'H') ＃转为北京时间
```

提取高度分布数据，转换单位：

```
＃%% 提取高度分布,数据中单位为 km,转为 m,数据中 15 m 一个间隔
height = nc_kpr_file.variables['HEIGHT'][:].tolist() ＃提取数据
height_kpr = [1000 * i for i in height] ＃转换单位为 m
height_kpr_df = pd.DataFrame(height_kpr) ＃转为 Pandas 数据结构
```

提取回波反射率数据，并进行秒的时间分辨率平均：

```
var_nc_kpr_dbz = nc_kpr_file.variables['CP'][:] ＃提取回波数据
var_nc_kpr_dbz_df = pd.DataFrame(var_nc_kpr_dbz) ＃转变数据结构
var_nc_kpr_dbz_df['date_time'] = time_nc ＃添加回波数据的时间
var_nc_kpr_dbz_df = var_nc_kpr_dbz_df.resample('1S',on = 'date_time').mean() ＃对回波数据进行
秒平均
```

时间列数据转为 1 s 的间隔：

```
time_nc_new = time_nc.drop_duplicates(keep = 'first') ＃每秒只保留一个时间数据
time_nc_new_df = pd.DataFrame(time_nc_new.values) ＃转为 Pandas 数据结构
```

以上提取并计算的"时间""高度""回波反射率"3 个物理量为机载云雷达数据中最常用的参量,根据上述代码,已经转为 Pandas 的二维数据框结构,方便后续进一步数据处理与绘图。

下面介绍如何写入新的 nc 文件,把上述 3 个物理量重新写入新的 nc 文件,主要分为以下几个过程。

(1)首先新建一个数据文件对象并打开

```
new_file_nc = Dataset('new_kpr.nc', ＃创建一个 new_kpr.nc 数据文件及格式
                'w', ＃以写的形式打开
                format = 'NETCDF4') ＃数据格式
```

(2)创建变量的维度

new_file_nc.createDimension('date_length',len(time_nc_new_df))　＃创建基本维度'date_length',长度与时间列数据一致

new_file_nc.createDimension('height_dimention',len(height_kpr_df)) ＃创建基本维度'height_dimention',与高度列数据量一致

（3）创建变量对象

date_time = new_file_nc.createVariable('date_time','f4',('date_length',)) ＃创建一维'date_time'时间变量,维度为 'date_length',数据类型为浮点型数据

height = new_file_nc.createVariable('height','f4',('height_dimention',))　 ＃创建一维'height'变量,维度为 'height_dimention',数据类型为浮点型

radar = new_file_nc.createVariable('radar','f4',('date_length','height_dimention')) ＃创建二维'radar'变量,维度为 2,分别是'date_length','height_dimention',数据类型为浮点型

（4）把数据写入变量

new_file_nc.variables['date_time'][:] = time_nc_new.values ＃时间列数据赋值'date_time'变量,读取时可用 pd.to_datetime 自动转变标准时间格式

new_file_nc.variables['height'][:] = height_kpr_df.values ＃高度数据赋值'height'变量

new_file_nc.variables['radar'][:] = var_nc_kpr_dbz_df.values ＃雷达回波高度数据赋值'radar'变量

（5）设置数据全局属性和变量属性

```
＃ 设置全局属性
new_file_nc.description = 'new kpr radar data' ＃设置数据整体属性
new_file_nc.history = 'Created' + time.ctime(time.time()) ＃文件创建时间
＃设置变量属性
date_time.units = 'days since 2000 - 01 - 01 00:00:00' ＃时间单位的格式
height.units = 'm' ＃高度单位
radar.units = 'dbz' ＃雷达回波单位
new_file_nc.close() ＃关闭 nc 数据文件
```

新生成的"new_kpr.nc"数据文件可以使用 Panoply 等可视化软件打开查看数据。如图 4.4 所示。

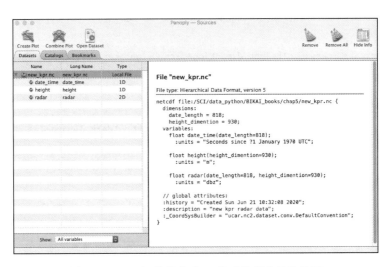

图 4.4　Panoply 软件查看 nc 格式数据文件的界面

4.5　PDF 文件编辑

　　在日常业务与科研中经常需要处理 pdf 文件,本节介绍使用 Python 的 PyPDF2 模块对 pdf 文件进行编辑处理,包括读取 pdf 文件、挑选相关页面组成新的 pdf 文件、删除某些页面、替换 pdf 文件中的某些页面等。PyPDF2 模块的安装见 2.4.2 节。

　　本节个例中,需要对 paper. pdf 文件进行处理,挑选第 1,3,6 页组成新的 pdf 文件并保存,把 paper. pdf 文件中的第 4 页替换为 snow. pdf 文件,代码文件为 chap4_pdf_tool. py,完整代码和解释如下:

```
import os  # 导入系统模块
os.chdir("/SCI/data_python/BIKAI_books")  # 设置路径
os.getcwd()  # 获取路径
from PyPDF2 import PdfFileWriter, PdfFileReader  # 导入 pdf 读写模块


def pdf_select_pages_PyPDF2(pdf_input_file, page_list, pdf_out_file):
    '''构造挑选 pdf 页面函数,利用 PyPDF2 模块进行读写,读入要处理的 pdf 文件和要输出的页码列表,输
出为新的 pdf 文件'''
    # %% 打开 pdf 文件,生成读取和写入的对象 object
    pdf_read_file = PdfFileReader(open(pdf_input_file, "rb"))
    write_output = PdfFileWriter()


    # %% 确认文件中一共有多少页
```

```
pdf_pages_len = pdf_read_file.getNumPages()
print('总页码数:' + str(pdf_pages_len))


# % % 把相关页面——添加到输出 pdf 对象
for i in range(len(page_list)):
    write_output.addPage(pdf_read_file.getPage(page_list[i])) # 添加到新的文件对象
# % % 把 pdf 对象输出到目标 pdf 名
write_output.write(open(pdf_out_file, "wb"))
return()


def pdf_exchange_page_PyPDF2(pdf_input_file, input_pdf_page_mumber_for_exchange, pdf_exchange_file,
use_page_mumber_in_exchange_file, pdf_out_file):
'''构造替换 pdf 页面函数,利用 PyPDF2 模块进行读写,读入原始的 pdf 文件、原始文件中需要替换的页面页
码、替换页码的 pdf 文件、目标页码、输出为新的 pdf 文件'''


# % % 打开 pdf 文件,生成读取和写入的对象 object
pdf_read_file = PdfFileReader(open(pdf_input_file, "rb")) # 读入原始 pdf 文件
write_output = PdfFileWriter()


exchange_input_file = PdfFileReader(open(pdf_exchange_file, "rb")) # 读入替换页码的 pdf 文件
exchange_page = exchange_input_file.getPage(use_page_mumber_in_exchange_file) # 提取替换的页码


# % % 进行替换.如果原始文件要被替换的为第 1 页,则直接读入目标页码,然后拼接后续的页码.如果
需要被替换的是中间的页码,则先提取该页码之前的页面,然后添加新页面,然后拼接后续的页面
if input_pdf_page_mumber_for_exchange = = 0:

    write_output.addPage(exchange_page)
    for i in range(input_pdf_page_mumber_for_exchange + 1, len(pdf_read_file.pages)):
        write_output.addPage(pdf_read_file.getPage(i)) # 添加到新的文件对象


else:
        for i in range(input_pdf_page_mumber_for_exchange):
            write_output.addPage(pdf_read_file.getPage(i))
        write_output.addPage(exchange_page)
        for j in range(input_pdf_page_mumber_for_exchange + 1, len(pdf_read_file.pages)):
            write_output.addPage(pdf_read_file.getPage(j)) # 添加到新的文件对象
# 新的 pdf 对象输出到目标 pdf 名
write_output.write(open(pdf_out_file, "wb"))
```

```
    return()

if __name__ == '__main__':  # 主函数
pdf_input_file = 'paper.pdf'  # 原始 pdf

    # % %  挑选页面的方法
    pdf_out_file = '挑选页面.pdf'  # 输入新生成的 pdf 文件
    page_list = [1,3,6]       # 输入要挑选的页码
    pdf_select_pages_PyPDF2(pdf_input_file,page_list,pdf_out_file)      # 调用函数生成挑选后页码
的文件

    # % % 替换某一页
    pdf_exchange_file = 'snow.pdf'  # 需要替换的 pdf
    pdf_exchange_out_file = '替换页面.pdf'  # 新生成的 pdf
    input_pdf_page_mumber_for_exchange = 3  # 原始文件中需要被替换的页码,为第 4 页
    use_page_mumber_in_exchange_file = 0    # 需要替换的 pdf 页码,为第 1 页
pdf_exchange_page_PyPDF2(pdf_input_file,input_pdf_page_mumber_for_exchange,pdf_exchange_file,use_
page_mumber_in_exchange_file,pdf_out_file)  # 调用函数,替换文件中的页面
```

第 5 章　数据处理与分析

本书所说的数据处理与分析是指数值型数据。Python 的 Pandas 模块是数据处理最高频使用的扩展程序包之一，也是本章介绍的重点。通过本章读者将学习数据文件读取完毕后如何进行数据处理与分析，包括时间数据的格式处理与类型转换、异常值的处理、不同数据之间的拼接对齐操作、时间序列数据的变频操作与插值处理、单变量数据的计算、多变量数据的计算、数据的统计、数据的拟合等。

5.1　时间格式数据处理

在业务和科研中使用的数据大多为时间序列数据，反映的是某些参量随时间的变化。这类数据带有对应的时间标记，但由于各种设备的差异，保存的时间标记并不一致，格式也多种多样。例如，excel 里面是 Unicode 类型，txt 和 csv 中可能是字符串(str)类型。有的数据保存为午夜时刻为起点的时间戳，有的是日期和时间不同的列等，这导致时间数据在数据处理分析时无法直接使用。因此，首先要对时间数据的格式进行转换，并把非时间类型的时间数据转为日期时间类型的数据。

在 3.3.4 节介绍了单个数据在时间戳、时间元组和格式化字符串等不同时间类型单个数据的转换。本结介绍如何把大批量数据文件中的时间数据转为标准格式化的时间元组类型数据，这里说的标准格式是指类似"2019-10-10 08:00:00"的数据。

Python 中处理时间类型的函数常用的有 3 个，分别是 Time 模块、Datetime 模块和 Pandas 库中的 .to_datetime 函数，本部分主要介绍后 2 种。

5.1.1　Datetime 模块

Datetime 是 Python 中处理日期和时间的高效模块，包含了日期和时间的类，详细的介绍和使用请查阅官方文档：https://docs.python.org/3/library/datetime.html，本部分仅介绍 Datetime 在日常业务和科研数据处理中常用的几种时间处理方法。

在使用时需要先导入模块，通常简称为"dt"，如下：

```
import datetime as dt
```

5.1.1.1 字符串转时间类型

Python 读取数据时通常把时间数据读取为字符串格式,要处理日期时间,首先必须把字符串转为 Datetime 时间类型。转换的方法是通过 Datetime 模块中的 datetime. strptime()方法实现,该方法接收一个格式化字符串,输出为 Datetime 的日期时间类。常用的日期时间格式字符及含义见表 5.1。

表 5.1　常用的日期时间格式字符及含义

格式字符	含 义
%Y	4 位数字年份,如 2020
%y	2 位数字年份,如 20
%m	月份,01~12
%d	日,01~31
%H	小时,00~23
%M	分钟,00~59
%S	秒,00~59
%f	微秒,0~999999
%x	日期,例如 04/07/10
%X	时间,例如:08:00:00
%c	日期时间全写,如 04/
%b	月份字符的简写,如 1 月为 Jan
%B	月份字符的全写,如 1 月为 January

例如转换字符串"2020-01-01 08:00:00"为日期时间类型,方法如下:

```
import datetime as dt
date_time1 = dt.datetime.strptime('2020-01-01 08:00:00','%Y-%m-%d %H:%M:%S')
print(type(date_time1))              # 查看变量数据结构及类型
print(date_time1)                    # 输出变量
```

输出结果为:

```
〈class 'datetime.datetime'〉
2020-01-01 08:00:00
```

需要注意的是函数 strptime()里面的实际字符串"2020-01-01 08:00:00"和格式"%Y-%m-%d %H:%M:%S"必须一一对应,这样函数才能按照格式来对字符串进行匹配输出为日期时间类型,如果不一致,则程序报错。

部分类型自动气象站保存的时间格式是"20200101080000"的格式,转换这一字符串为日期时间类型,并按照"%Y-%m-%d %H:%M:%S"的格式输出为格式化字符串。设置方法如下：

```
import datetime as dt
date_time1 = dt.datetime.strptime('20200101080000','%Y%m%d%H%M%S').isoformat(' ') #
字符串转为 datetime 时间类型,并按照标准格式输出为字符串
date_time2 = dt.datetime.strptime('20200101080000','%Y%m%d%H%M%S').isoformat('T') #
字符串转为 datetime 时间类型,并按照标准格式输出为字符串,日期和时间之间用"T"间隔
print(type(date_time1),date_time1)    #输出转换后数据结构类型及数据
print(type(date_time2),date_time2)    #输出转换后数据结构类型及数据
```

输出结果为：

```
<class 'str'>2020-01-01 08:00:00
<class 'str'>2020-01-01T08:00:00
```

程序中的.isoformat(' ')函数把 Datetime 日期时间类型转变为符合"ISO 8601 标准"的日期和时间字符串,且日期和时间可以使用空格或其他字符来间隔。

5.1.1.2　数据时间时区转换

在实际应用时,常遇到时区转换的问题,比如需要把世界时数据转为北京时。Datetime 模块中的.timedelta 类,提供了简便转换方法。

比如把世界时"2020-01-01 05:37:42"转为北京时间"2020-01-01 13:37:42"。设置方法如下：

```
import datetime as dt
date_time = dt.datetime.strptime('2020 - 01 - 01 05:37:42','%Y - %m - %d %H:%M:%S') + dt.
timedelta(hours = 8)    #先把字符串转为日期时间类型,再加 8 个小时
date_time.isoformat(' ') #转换 ISO 8601 标准格式.
```

输出结果为：

```
'2020-01-01 13:37:42'
```

需要注意的是,Datetime 模块只能处理单个数据,在实际读取处理时间序列中大批量时间数据时,可以构造时间处理函数,然后通过循环调用对每个时间进行处理。

5.1.2　pandas.to_datetime 模块

Pandas 中单个数据的时间类型为时间戳(pandas.Timestamp),也就代表时间点的时刻数据。多个时间数据的类型为时间戳的索引(DateTimeIndex)的类,每个元素的数据类型为"datetime64[ns]"。Pandas 模块中的.to_datetime()也能实现类似 Datetime 模块的时间数据处理功能,调用方法把对象实例化,生成一个时间戳对象。详细的介绍和使用请查阅官方文档：https://pandas.pydata.org/pandas — docs/stable/reference/api/pandas.to_datetime.html。本部分介绍实战中常用的几种时间处理方法。

5.1.2.1　字符串转时间类型

例如,转换"20140327170500"这一字符串为时间戳,设置方法如下:

```
import pandas as pd
date_time1 = pd.to_datetime('20140327170500',format = '%Y%m%d%H%M%S')
print(date_time1)
print(type(date_time1))  #输出数据结构及类型
```

输出结果为:

```
2014-03-27 17:05:00
<class 'pandas._libs.tslibs.timestamps.Timestamp'>
```

5.1.2.2　数据时间时区转换

Pandas 中的 to_timedelta 类可以进行时间偏移量计算,比如,把世界时"2020-01-01 05:37:42"转为北京时间"2020-01-01 13:37:42"。设置方法如下:

```
import pandas as pd
pd.to_datetime('2020 - 01 - 01 05:37:42',format = '%Y - %m - %d %H:%M:%S') + pd.to_timedel-
ta(8,unit = 'H')  #日期时间运算,时间添加 8 个小时
```

输出结果为:

```
Timestamp('2020-01-01 13:37:42')
```

5.1.2.3　数据集时间类型转换

Pandas 除了可以对单个时间格字符串进行类型转换,也可以同时对时间数据进行整体处理,生成一个时间戳的索引(DateTimeIndex)的类,在大气与环境科学业务和科研中应用广泛。

下面例中介绍了列表中 3 个北京时间字符串转为世界时时间类型并的方法。另外,如果数据中有非时间格式的数据,默认报错,解决方法时添加"errors"参数,如下:

```
import pandas as pd
date_time_list = ['2014 - 03 - 27 17:05:00','2014 - 03 - 27 17:06:00','2014 - 03 - 27 17:07:00','
YJP_station']  #列表数据中含有非时间格式数据'YJP_station'
date_time1 = pd.to_datetime(date_time_list, errors = 'coerce') - pd.to_timedelta(8,unit = 'H')
 # errors = 'coerce'表示当含有非时间格式数据无法解析时,返回空值
print(date_time1)  #输出数据
print(type(date_time1))  #输出数据结构及类型
print(date_time1.dtype)  #输出数据元素的类型
```

输出结果为:

DatetimeIndex(['2014-03-27 09:05:00', '2014-03-27 09:06:00', '2014-03-27 09:07:00', 'NaT'],dtype='datetime64[ns]', freq=None)

〈class 'pandas. core. indexes. datetimes. DatetimeIndex'〉

datetime64[ns]

结果表示列表数据转为时间索引的类,其中的数据元素的类型为"datetime64[ns]"。

5.1.3　实战应用

在日常业务和科研应用中,通常使用 Pandas 的. to_datetime 进行时间类型处理与转换。本节以实际外场观测数据中常见的时间格式为例介绍时间格式数据处理方法。

5.1.3.1　标准格式转时间类型

如"2019-10-10 08:00:00"格式的数据,使用 Pandas 提供的. to_datetime 函数可以直接转化为日期类型,本例数据文件请查看为"chap5_timedata1.csv"。

```
import os  # 导入系统模块
os.chdir("E:\\BIKAI_books\\data\\chap5")  # 设置路径
os.getcwd()  # 获取路径
import pandas as pd  # 导入数据处理模块
file_name = 'chap5_timedata1.csv'  # 数据文件名称
data_weather = pd.read_csv(file_name, header = 0)  # 读取数据文件,首行为标题
data_weather['date_time'] = pd.to_datetime(data_weather['date_time'])  # 转换标准日期时间类型
print(data_weather.dtypes)  # 输出每列数据中的元素数据类型,如果数据集中含有多种数据类型,则整个数据集返回"object"类型
print(data_weather.head(3))  # 输出数据前 3 行
```

输出结果如下:

```
date_time       datetime64[ns]
Temp            float64
RH              int64
dtype: object
   date_time            Temp   RH
0 2019-01-01 00:00:00  -15.9   82
1 2019-01-01 00:01:00  -16.0   82
2 2019-01-01 00:02:00  -16.1   82
```

5.1.3.2　无间隔时间格式

某些观测资料,比如自动气象站等传输的数据为无间隔时间格式,如"20191010080000"格式的数据。本节介绍不同的方法进行时间类型转换,包括 Pandas 的内置函数、列表行列式结

合 datetime 模块、构造函数等,数据文件为"chap5_timedata2. txt"。Python 解决问题的方式通常有多种,本例启发读者通过多角度解决问题,读者在实际应用时选择自己最擅长的方法即可。

首先读入数据,设置数据名称。

```
import os ♯导入系统模块
os.chdir("E:\\BIKAI_books\\data\\chap5") ♯设置路径
os.getcwd()♯获取路径
import pandas as pd ♯导入数据处理模块

file_name = 'chap5_timedata2.txt' ♯数据文件名称

data_weather = pd.read_table(file_name, ♯文件名
                        sep = '\s + ', ♯数据间隔为单个或多个空格
                        header = None) ♯无标题
data_weather.columns = ['date_time','2m_wind_D','2m_wind_S','10m_wind_D','10m_wind_S','Max_Wind_
D','Max_Wind_S','Max_Wind_Time','Ins_Wind_D','Ins_Wind_s','Peak_Wind_D','Peak_Wind_S','Peak_
Wind_Time','1m_max_Wind_D','1m_max_Wind_s','1m_rain','Temp','Max_Temp','Max_Temp_Time','Min_
Temp','Min_Temp_Time','RH','Min_RH','Min_RH_Time','Pressure','Max_Pressure','Max_Pressure_Time
','Min_Pressure','Min_Pressure_Time','1h_Rainfall','1h_min_rainfall','battery_P','board_T']♯设
置数据名称
```

接下来转换日期时间格式。

方法一:使用 Pandas 提供的. to_datetime 函数直接转化为日期类型。

```
data_weather['date_time'] = pd.to_datetime(data_weather['date_time'], ♯时间数据列
                            format = '%Y%m%d%H%M%S') ♯当前时间格式
print(data_weather['date_time'].dtypes) ♯输出转换后时间数据类型
print(data_weather['date_time'].head(3)) ♯输出转换后时间列前3行数据
```

结果显示为:

```
datetime64[ns]
0    2019-02-12 00:01:00
1    2019-02-12 00:02:00
2    2019-02-12 00:03:00
Name:date_time, dtype:datetime64[ns]
```

方法二:使用列表行列式和 Datetime 模块转换。

```
import datetime as dt
date_list = data_weather['date_time'].tolist() ♯时间数据转为列表数据 date_list
```

```
date_time_list = [dt.datetime.strptime(str(ii),'%Y%m%d%H%M%S') for ii in date_list] #使
用列表行列式,依次转换时间格式
data_weather['date_time_2'] = pd.Series(date_time_list) #替换原来的日期时间数据
print(data_weather['date_time_2'].dtypes) #输出转换后时间类型
print(data_weather['date_time_2'].head(3)) #输出转换后时间列前 3 行数据
```

结果输出为:

```
datetime64[ns]
0    2019-02-12 00:01:00
1    2019-02-12 00:02:00
2    2019-02-12 00:03:00
Name:date_time_2,dtype:datetime64[ns]
```

方法三:使用列表 list 和循环结构依次处理转换。

```
date_list = data_weather['date_time'].tolist() #转为列表 list 文件
date_str = [str(i) for i in date_list] #转为字符串 str 类型
## 接下来对每一个字符串 str 进行循环修改格式,然后放到列表 list 文件
new_date = [] #新建空列表
for ii in date_str:
    my = dt.datetime.strptime(ii,'%Y%m%d%H%M%S') #对每个字符串进行转换
    new_date.append(my) #添加到空列表数据中
data_weather['date_time_3'] = pd.Series(new_date) #替换原来的日期时间数据
print(data_weather['date_time_3'].dtypes) #输出转换后时间类型
print(data_weather['date_time_3'].head(3)) #输出转换后时间列前 3 行数据
```

结果输出为:

```
datetime64[ns]
0    2019-02-12 00:01:00
1    2019-02-12 00:02:00
2    2019-02-12 00:03:00
Name:date_time_3,dtype:datetime64[ns]
```

方法四:构建函数。

```
import datetime as dt
def num2str(aa): #函数名,输入变量为字符 aa
    bb = str(aa)
    return(bb) #返回新的字符串
new_date_time = [] #新建列表
for ii in data_weather['date_time']:
```

```
dd = dt.datetime.strptime(num2str(ii),'%Y%m%d%H%M%S') #调用函数转换格式
    new_date_time.append(dd) #转换后的格式添加到列表中
data_weather['date_time_4'] = pd.Series(new_date_time)#替换原来的日期时间数据
print(data_weather['date_time_4'].dtypes) #输出转换后时间类型
print(data_weather['date_time_4'].head(3)) #输出转换后时间列前 3 行数据
```

输出结果为：

```
datetime64[ns]
0    2019-02-12 00:01:00
1    2019-02-12 00:02:00
2    2019-02-12 00:03:00
Name：date_time_4，dtype：datetime64[ns]
```

5.1.3.3　双列日期和时间格式类型转换

有些数据中的日期和时间分别在两列数据，需要先整合成一个日期时间格式。例如"chap5_timedata3.txt"中的时间数据，分为日期列和时间列（"2009-12-22"和"0:00"），而时间列不是标准的格式。对这种数据处理通常先调整为标准格式（"00:00:00"），然后进行格式转换。程序如下：

```
import os #导入系统模块
os.chdir("E:\\BIKAI_books\\data\\chap5") #设置路径
os.getcwd() #获取路径
import pandas as pd #导入数据处理模块

file_name = 'chap5_timedata3.txt' #数据文件名称
data_weather = pd.read_table(file_name, #设置文件名
                            sep = '\s + ', #设置数据间隔,"s + "表示单个或多个空格
                            header = None) #设置为无标题
data_weather.columns = ['date','time','visibility','RH','Temp','Pressure','wind_S','wind_D','wa-
ter_vapor_pressure','dew_point','rainfall'] #设置数据标题

data_weather['date'] = pd.to_datetime(data_weather['date']) #日期列字符串数据转为日期格式
time_list = data_weather['time'].values.tolist() #把时间列字符串提取到一个列表文件
time_list1 = [str(i) + ':00' for i in time_list] #对列表中的字符串进行格式修改,修改为时间格式'%
H:%M:%S'
data_weather['time'] = pd.to_timedelta(time_list1) #把时间列替换为修正后的标准时间格式的字符串
数据,并转为时间偏移类型
data_weather['date_time'] = data_weather['date'] + data_weather['time']#添加新的 date_time 日期时
间数据列,拼接为标准日期时间格式
```

```
print(data_weather['date_time'].dtypes) ＃输出转换后时间类型
print(data_weather['date_time'].head(3)) ＃输出转换后时间列前 3 行数据
```

输出结果为：

```
datetime64[ns]
0    2009-12-22 00:00:00
1    2009-12-22 00:01:00
2    2009-12-22 00:02:00
Name：date_time，dtype：datetime64[ns]
```

5.1.3.4　秒数时间格式类型转换

部分气象观测数据中时间格式并非标准的字符串时间格式，而是每天午夜时间开始的以秒为单位的浮点型时间戳数据。有些数据中甚至没有日期，或者是需要从文件名中提取。利用 pd.to_datetime 和 pd.to_timedelta 的配合可以方便处理这种时间格式。

以飞机气象数据"07AIMMS202020161116151716.csv"为例介绍处理方法，代码如下：

```
import os ＃导入系统模块
os.chdir("E:\\BIKAI_books\\data\\chap5") ＃设置路径
os.getcwd()＃获取路径
import pandas as pd ＃导入数据处理模块
file_name = '07AIMMS2020161116151716.csv' ＃数据文件名称
data_aimms = pd.read_csv(file_name,header = 0,skiprows = 13) ＃跳过前 13 行无效数据
data_aimms.columns = ['Time','Hours','Minutes', 'Seconds','Temp(C)','RH(%)', 'Pressure
(mBar)','Wind_Flow_N_Comp(m/s)','Wind_Flow_E_Comp(m/s)','Wind_Speed_(m/s)','Wind_Direction_
(deg)','Wind_Solution','Hours_2','Minutes_2','Seconds_2','Latitude(deg)','Longitude(deg)','Al-
titude(m)', 'Velocity_N(m/s)','Velocity_E(m/s)', 'Velocity_D(ms)','Roll_Angle(deg)','Pitch_angle
(deg)','Yaw_angle(deg)','True_Airspeed(m/s)','Vertical_Wind','Sideslip_angle(deg)','AOA_pres_
differential','Sideslip_differential','Status']　＃数据列名设置
data_aimms['date'] = pd.to_datetime(file_name[9:17]) ＃提取文件名的第 8～16 个字符作为日期字
符串，并转为日期类型
data_aimms['Time'] = pd.to_timedelta(data_aimms['Time'],unit = 'S') ＃秒数数据转为时间偏移量
data_aimms['date_time'] = data_aimms['date'] + data_aimms['Time'] ＃添加新的 date_time 日期时
间数据列,拼接为标准日期时间格式
print(data_aimms['date_time'].dtypes) ＃输出转换后数据类型
print(data_aimms['date_time'].head(3)) ＃输出前 3 行转换后的数据
```

结果输出为：

```
datetime64[ns]
0    2016-11-16 15:25:29.234380
1    2016-11-16 15:25:30.234380
2    2016-11-16 15:25:31.23431
Name: date_time, dtype: datetime64[ns]
```

5.2　缺失值和异常值

观测设备的原始数据有时并不规则，且存在异常字符。在读取数据后首先需要检查数值数据类型是否正常，并剔除异常的非数值型数据。如果数据中类型一致，Pandas 模块能够默认。如果数据类型有多种，则显示"object"类型。以"chap5_timedata4.csv"数据为例介绍异常数据处理方法。

首先导入数据，代码如下：

```
import os ♯导入系统模块
os.chdir("E:\\BIKAI_books\\data\\chap5") ♯设置路径
os.getcwd() ♯获取路径
import pandas as pd ♯导入数据处理模块

file_name = 'chap5_timedata4.csv' ♯数据文件名称
data_weather = pd.read_csv(file_name, header = 0) ♯读取数据文件,首行为标题
data_weather['date_time'] = pd.to_datetime(data_weather['date_time']) ♯转为日期时间类型
```

查看数据类型，输入代码：

```
print(data_weather.dtypes) ♯ 输出所有列数据的类型
```

结果显示：

```
date_time      datetime64[ns]
Temp           object
RH             int64
dtype: object
```

上述结果中，日期时间"date_time"和相对湿度 "RH"数据已自动分别识别为时间数据和整数形 int64 数据格式。而"Temp"中由于存在异常字符，均未成功自动识别为数值数据，而是显示为"object"文本类型。打开数据文件查看，可以看出有 4 个异常字符文本。需要剔除异常字符，整个数据转为数值型数据。

使用 Pandas 的.to_numeric 类型转换函数，该方法只能转换一列数据。

```
data_weather['Temp'] = pd.to_numeric(data_weather['Temp'],errors = 'coerce') # 能检数据异常值
位置,errors = 'coerce'表示如果是非数值型数据,则转为空值(NaN)
```

经过格式转换后非数值的数据被剔除转为"NaN"。查看部分数据:

```
print(data_weather.head()) # 查看数据的前 5 行
```

输出结果为:

```
    date_time              Temp    RH
0 2019-01-01 00:00:00     -15.9    82
1 2019-01-01 00:01:00     -16.0    82
2 2019-01-01 00:02:00     -16.1    82
3 2019-01-01 00:03:00     -16.1    83
4 2019-01-01 00:04:00      NaN     83
```

5.3　多个数据文件的拼接与时间对齐

在实际应用中有时需要综合不同设备的观测结果,而每种设备都有自己的时间数据,需要对数据文件进行拼接和时间对齐。

比如分析飞机观测中气溶胶随高度的变化,而高度和气溶胶分别是不同设备观测的,都有自己的时间数据,可依据时间数据对两个物理量进行对齐拼接,然后进行后续处理。Pandas 的 join 函数能方便地解决这个问题,该函数的详细参数设置请查看官方文档介绍:

https://pandas.pydata.org/pandas-docs/stable/reference/api/pandas.DataFrame.join.html。

本小节以"chap5_timedata5_1.csv"和"chap5_timedata5_2.csv"数据为例介绍时间序列对齐与合并的方法。首先需要设置路径,导入数据处理模块:

```
import os # 导入系统模块
os.chdir("E:\\BIKAI_books\\data\\chap5") # 设置路径
os.getcwd() # 获取路径
import pandas as pd # 导入数据处理模块
```

读取"chap5_timedata5_1.csv"数据文件,处理时间格式:

```
file_name_1 = 'chap5_timedata5_1.csv' # 数据文件名 1
data_1 = pd.read_csv(file_name_1,header = 0) # 读入数据文件 1
data_1.columns = ['date1','Time1','Altitude (m)'] # 设置数据名称
data_1['date1'] = pd.to_datetime(data_1['date1'],format = '%Y/%m/%d') # 日期类型转换
data_1['Time1'] = pd.to_timedelta(data_1['Time1'],unit = 'S') # 浮点型时间戳转为时间偏移量
data_1['date_time1'] = data_1['date1'] + data_1['Time1'] # 添加新的 date_time 日期时间数据列,
```

拼接为标准日期时间格式

```
print(data_1.head(3)) ＃查看前 3 行数据
```

结果输出为：

	date1	Time1	Altitude（m）	date_time1
0	2016-11-15	15：25：34.234380	30	2016-11-15 15：25：34.234380
1	2016-11-15	15：25：37.234380	30	2016-11-15 15：25：37.234380
2	2016-11-15	15：25：38.234380	30	2016-11-15 15：25：38.234380

读取"chap5_timedata5_2.csv"数据文件，处理时间格式：

```
file_name_2 = 'chap5_timedata5_2.csv' ＃数据文件名 2
data_2 = pd.read_csv(file_name_2,header = 0) ＃读入数据文件 2
data_2.columns = ['date2','Time2','Number_Conc(cts/cm^3)'] ＃设置数据名称
data_2['date2'] = pd.to_datetime(data_2['date2'],format = '%Y/%m/%d') ＃日期类型转换
data_2['Time2'] = pd.to_timedelta(data_2['Time2'],unit = 'S') ＃浮点型时间戳转为时间偏移量
data_2['date_time2'] = data_2['date2'] + data_2['Time2'] ＃添加新的 date_time 日期时间数据
列,拼接为标准日期时间格式
print(data_2.head(3)) ＃查看前 3 行数据
```

结果输出为：

	date2	Time2	Number_Conc(cts/cm^3)	date_time2
0	2016-11-15	15：25：40.234380	4649.425293	2016-11-15 15：25：40.234380
1	2016-11-15	15：25：41.234380	4466.536133	2016-11-15 15：25：41.234380
2	2016-11-15	15：25：42.234380	4580.591309	2016-11-15 15：25：42.234380

使用 join 方法对 2 组数据中的时间列"datetime1"和"datetime2"为参考进行横向合并拼接：

```
data_comb_0 = data_1.join(data_2.set_index('date_time2'), ＃拼接的 data2 数据集设置索引
              how = 'outer', ＃设置拼接形式为列的方向进行全外连接,相当于根据取并集
              on = 'date_time1') ＃拼接以 data1 的"date_time1"为参照
data_comb_end = data_comb_0[～data_comb_0['Altitude (m)'].isin(['nan'])] ＃以 'Altitude (m)' 数据
为基准去除合并后的无效数据
print(data_comb_end.head()) ＃查看前 5 行数据
```

结果输出为：

	date1	Time1	Altitude（m）	date_time1 \
0.0	2016-11-15	15：25：34.234380	30.0	2016-11-15 15：25：34.234380
1.0	2016-11-15	15：25：37.234380	30.0	2016-11-15 15：25：37.234380
2.0	2016-11-15	15：25：38.234380	30.0	2016-11-15 15：25：38.234380
3.0	2016-11-15	15：25：39.234380	30.0	2016-11-15 15：25：39.234380

4.0 2016-11-15 15:25:43.234380　　　　　30.0 2016-11-15 15:25:43.234380

	date2	Time2	Number_Conc(cts/cm^3)
0.0	NaT	NaT	NaN
1.0	NaT	NaT	NaN
2.0	NaT	NaT	NaN
3.0	NaT	NaT	NaN
4.0	2016-11-15	15:25:43.234380	4531.494141

去除无效的数据列：

```
data_comb_end = data_comb_end.drop(['date1','date2','Time1','Time2'],axis = 1)  #取去
除原始数据无效列
print(data_comb_end.head(7)) #查看前 7 行数据
```

结果输出为：

	Altitude (m)	date_time1	Number_Conc(cts/cm^3)
0.0	30.0	2016-11-15 15:25:34.234380	NaN
1.0	30.0	2016-11-15 15:25:37.234380	NaN
2.0	30.0	2016-11-15 15:25:38.234380	NaN
3.0	30.0	2016-11-15 15:25:39.234380	NaN
4.0	30.0	2016-11-15 15:25:43.234380	4531.494141
5.0	30.0	2016-11-15 15:25:44.234380	4678.485840
6.0	30.0	2016-11-15 15:25:45.234380	4638.190918

除了 join 函数,Pandas 的 merge() 和 concat() 也能够实现数据的拼接。merge() 可以根据一个或多个键将不同数据框中的行连接起来,并且支持各种内外连接。详细应用请查看官方文档：https://pandas.pydata.org/pandas-docs/stable/reference/api/pandas.DataFrame.merge.html。Pandas 的 concat() 常与同类数据的拼接,例如,批处理时把一个月中每天的观测数据拼接起来成为一个数据文件,concat() 的详细应用请参考官方文档：https://pandas.pydata.org/pandas-docs/stable/reference/api/pandas.concat.html。

5.4　时间序列重采样与线性插值

时间序列数据的重采样(resampling)是指时间序列数据的频度转换,包括升采样(upsampling)和降采样(downsampling)。如对分钟分辨率的观测数据进行 10 min 平均、小时平均、日平均等,或者升高频度插值为秒数据。Pandas 的 resample 函数可以方便地进行时间数据变频,详细参数设置请查看官方文档：https://pandas.pydata.org/pandas-docs/stable/reference/api/pandas. DataFrame. resample. html。本节以"chap5_timedata1. csv"数据为例,介绍时间序列变频方法和插值方法。

首先设置路径导入数据处理模块:

```
import os  # 导入系统模块
os.chdir("E:\\BIKAI_books\\data\\chap5")  # 设置路径
os.getcwd()  # 获取路径
import pandas as pd  # 导入数据处理模块
```

读入数据,处理时间类型:

```
file_name = 'chap5_timedata1.csv'  # 数据文件名称
data_weather = pd.read_csv(file_name, header = 0)  # 读取数据文件,首行为标题
data_weather['date_time'] = pd.to_datetime(data_weather['date_time'])  # 转换标准日期时间类型
print(data_weather.dtypes)    # 输出每列数据的类型
```

数据输出为:

```
date_time        datetime64[ns]
Temp             float64
RH               int64
dtype: object
```

对数据进行 10 min 平均,并输出前 5 行:

```
data_weather_10min = data_weather.resample('600S', on = 'date_time').mean()  # 根据"date_time"列对数据进行 10 min(600 s)平均,处理完毕后"date_time"列自动转为索引
data_weather_10min = data_weather_10min.reset_index(['date_time'])  # 释放索引恢复为"date_time"列数据
print(data_weather_10min.head(3))  # 查看数据前 3 行
```

结果输出为:

```
            date_time    Temp   RH
0 2019-01-01 00:00:00  −16.04  82.8
1 2019-01-01 00:10:00  −15.89  84.0
2 2019-01-01 00:20:00  −15.93  83.0
```

设置重采样时间分辨率为 1 h,方法为平均:

```
data_weather_1hour = data_weather.resample('1H', on = 'date_time').mean()  # 根据"date_time"列对数据进行 1 h 平均,处理完毕后"date_time"列自动转为索引
data_weather_1hour = data_weather_1hour.reset_index(['date_time'])  # 释放索引恢复为'date_time'列数据
```

```
print(data_weather_1hour.head(3)) ♯查看数据前 3 行
```

输出结果为：

```
             date_time      Temp        RH
0 2019-01-01 00:00:00   −15.426667   82.633333
1 2019-01-01 01:00:00   −13.805000   76.883333
2 2019-01-01 02:00:00   −13.711667   75.016667
```

　　Pandas 的 resample 函数也可以通过插值处理成更高分辨率的数据，并用空值填充高频无数据的位置，重采样后可以使用 interpolate 函数进行线性插值。例如，上述数据要处理成 20 s 采样分辨率，设置方法如下：

```
data_weather_20s_resample = data_weather.resample('20s',on = 'date_time').mean() ♯ 根据"date_
time"列对数据进行 20 s 平均,处理完毕后"date_time"列自动转为索引.对于高时间分辨率的数据默认为空
值"NaN"
print(data_weather_20s_resample.head()) ♯输出查看前 5 行
```

　　输出结果为：

```
date_time              Temp     RH
2019-01-01 00:00:00   −15.9    82.0
2019-01-01 00:00:20    NaN      NaN
2019-01-01 00:00:40    NaN      NaN
2019-01-01 00:01:00   −16.0    82.0
2019-01-01 00:01:20    NaN      NaN:
```

　　使用 interpolate()函数进行线性插值：

```
data_weather_20s_resample_end = data_weather_20s_resample.interpolate() ♯对空值线性插值
print(data_weather_20s_resample_end.head()) ♯输出查看前 5 行
```

```
date_time                Temp       RH
2019-01-01 00:00:00   −15.900000   82.0
2019-01-01 00:00:20   −15.933333   82.0
2019-01-01 00:00:40   −15.966667   82.0
2019-01-01 00:01:00   −16.000000   82.0
2019-01-01 00:01:20   −16.033333   82.0
```

　　时间数据的高频转换也可以使用频度转换函数 asfreq 来实现，该函数使用时通常需要把时间数据设置为索引。Pandas 的 asfreq 函数的介绍及使用请参考官方文档：https://pandas.

pydata. org/pandas-docs/stable/reference/api/pandas. DataFrame. asfreq. html。上述个例中转换为 30 s 的分辨率数据：

    data_weather_30s_asfreq = data_weather.set_index('date_time')   # 把 'date_time'列设置为索引，
对数据进行 30 s 时间平均
    data_weather_30s_new = data_weather_30s_asfreq.asfreq(freq = '30s') #频度转换函数进行升高频
率转换，空挡时间采用"NaN"填充
    data_weather_30s_new_end = data_weather_30s_new.interpolate() #对空值进行线性插值
    print(data_weather_30s_new_end.head()) #输出数据前 3 行

结果显示为：

```
date_time                Temp    RH
2019-01-01 00:00:00     −15.90   82.0
2019-01-01 00:00:30     −15.95   82.0
2019-01-01 00:01:00     −16.00   82.0
2019-01-01 00:01:30     −16.05   82.0
2019-01-01 00:02:00     −16.10   82.0
```

5.5 数据运算

在日常数据处理时，经常会根据当前的数据进行单位换算或计算其他物理参量，对读取的 Pandas 数据框数据进行逐行、逐列或元素的计算。解决这种数据处理需求最常用的 3 个方法是 Pandas 的 map()、applymap()和 apply()函数。其中，map 适用于 Pandas 的一维序列（Series）数据，用来把一个自定义的函数作用于 Series 数据中每个元素，得到映射后的值，详细使用请查看官方文档：https://pandas. pydata. org/pandas-docs/stable/reference/api/pandas. Series. map. html? highlight = map。applymap 方法适用于 Pandas 的二维数据框（DateFrame)数据，对二维数据中的每一个元素执行函数操作，官方介绍网站：https://pandas. pydata. org/pandas-docs/stable/reference/api/pandas. DataFrame. applymap. html。apply 既可以处理一维序列（series）数据，又能处理二维数据框数据，应用得最广泛，官方文档为：https://pandas. pydata. org/pandas-docs/stable/reference/api/pandas. DataFrame. apply. html。

5.5.1 单列数据计算

在数据处理时，有时需要对单列的数据进行数学运算。自动站数据的温度、风速等参量通常是 10 倍的显示，比如 3.2 ℃ 显示为 32，7.6 m/s 风显示为 76。气溶胶或云滴的数浓度参量有的设备保存的数据单位为个/L，需要转为个/cm^3。需要对单列数据进行运算。

　　Pandas 的 map()方法可以方便地进行运算。本部分以"chap5_timedata2.txt"数据的温度、风速、气压和降雨量数据修正为例,介绍单列数据的操作。首先读入数据:

```
import os  # 导入系统模块
os.chdir("E:\\BIKAI_books\\data\\chap5")  # 设置路径
os.getcwd()  # 获取路径
import pandas as pd  # 导入数据处理模块

file_name = 'chap5_timedata2.txt'  # 数据文件名称
data_weather = pd.read_table(file_name, sep = '\s + ', header = None)  # 数据读取
data_weather.columns = ['date_time','2m_wind_D','2m_wind_S','10m_wind_D','10m_wind_S','Max_
Wind_D','Max_Wind_S','Max_Wind_Time','Ins_Wind_D','Ins_Wind_s','Peak_Wind_D','Peak_Wind_S','
Peak_Wind_Time','1m_max_Wind_D','1m_max_Wind_s','1m_rain','Temp','Max_Temp','Max_Temp_Time','
Min_Temp','Min_Temp_Time','RH','Min_RH','Min_RH_Time','Pressure','Max_Pressure','Max_Pressure_
Time','Min_Pressure','Min_Pressure_Time','1h_Rainfall','1h_min_rainfall','battery_P','board_T']
```

　　接下来分别对温度、风速、气压和降雨量数据列进行处理。下面介绍 3 种不同的方法。

　　方法一:直接计算。

```
data_weather ['2m_wind_S_1'] = data['2m_wind_S'] * 0.1
data_weather ['Temp_1'] = data['Temp'] * 0.1
data_weather ['Pressure_1'] = data['Pressure'] * 0.1
data_weather ['1h_Rainfall_1'] = data['1h_Rainfall'] * 0.1
```

　　方法二:构造函数,联合使用 map()方法处理。

　　首先构造数据值调整函数,然后对需要调整的列数据使用 map()方法对单列数据中每个值运算。

```
def modify_value(input_value):  # 构造数值调整函数
    out_put_value = input_value * 0.1
return(out_put_value)

data_weather['2m_wind_S_2'] = data_weather['2m_wind_S'].map(modify_value)  # 对一维数据的每一个元
素调用函数计算
data_weather['Temp_2'] = data_weather['Temp'].map(modify_value)  # 对一维数据的每一个元素调用函数
计算
data_weather['Pressure_2'] = data_weather['Pressure'].map(modify_value)  # 对一维数据的每一个元素
调用函数计算
data_weather['1h_Rainfall_2'] = data_weather['1h_Rainfall'].map(modify_value)  # 对一维数据的每一
个元素调用函数计算
```

方法三:使用匿名函数 lambda,联合使用 apply()方法。

lambda 是匿名函数,把传入到参数列表 x 的值,输出为表达式计算的值。Pandas 中 apply()函数对 DataFrame 中的数据按照行或者列的顺序调用函数执行运算,如果数据为 DataFrame 中的单列时,效果与 map()相同。

```
data_weather['2m_wind_S_3'] = data_weather['2m_wind_S'].apply(lambda x: x * 0.1)
data_weather['Temp_3'] = data_weather['Temp'].apply(lambda x: x * 0.1)
data_weather['Pressure_3'] = data_weather['Pressure'].apply(lambda x: x * 0.1)
data_weather['1h_Rainfall_3'] = data_weather['1h_Rainfall'].apply(lambda x: x * 0.1)
```

5.5.2 多列数据计算

多列数据之间的运算可以联合使用 apply()和匿名函数 lambda 进行运算。本部分以"chap5_timedata3.txt"数据文件中计算水汽密度为例,介绍多列数据之间的计算方法。数据文件中包括温度、相对湿度、风向风速、气压、能见度、水汽压等参量。根据温度和水汽压的数据,可以进一步计算水汽密度,最终计算公式见公式(5.1)。

$$\rho_v = \frac{\varepsilon e}{R_d T} \tag{5.1}$$

式中,ρ_v 是水汽密度,单位为 g/m^3;e 是水汽压,单位是 hPa;$R_d = 287.05$ J/(kg·K),为干空气的比气体常数;T 为气温的绝对温度;$\varepsilon = 0.622 \times 10^5$。

首先导入数据并进行时间类型转换:

```
import os # 导入系统模块
os.chdir("E:\\BIKAI_books\\data\\chap5") # 设置路径
os.getcwd() # 获取路径
import pandas as pd # 导入数据处理模块
file_name = 'chap5_timedata3.txt' # 数据文件名称
data_weather = pd.read_table(file_name, sep = '\s + ', header = None) # 读入数据
```

```
data_weather.columns = ['date', 'time', 'visibility', 'RH', 'Temp', 'Pressure', 'wind_S', 'wind_D',
'water_vapor_pressure', 'dew_point', 'rainfall'] # 设置数据标题
data_weather['date_time'] = pd.to_datetime(data_weather['date']) + pd.to_timedelta([str(i) +
':00' for i in data_weather['time'].values.tolist()]) # 添加新的 date_time 日期时间数据列,拼接为标
准日期时间格式
```

使用 lambda 匿名函数和 apply 函数调用温度(Temp)数据和水汽压(water_vapor_pressure)数据计算水汽密度。

```
data_weather['water_vapor_density'] = data_weather.apply(lambda x: 62200 * x['water_vapor_pres-
sure']/287.05/(x['Temp'] + 273.15), axis = 1) # axis = 1 表示对同一列的每一行数据应用函数
```

```
print(data_weather['water_vapor_density'].head()) #显示前 5 个计算值
```

结果显示为：

```
0    3.496874
1    3.496874
2    3.496874
3    3.418654
4    3.418654
Name: water_vapor_density, dtype: float64
```

再看另外一个例子。进行处理外场观测的气溶胶谱和云雾滴谱仪资料时,通常需要计算粒子谱的时间序列变化。实测的数据为分档的颗粒物计数,需要根据采样速度计算各档的数浓度,然后除以档宽或者对数档宽进行均一化。本例以飞机观测的气溶胶 PCASP 数据为例计算分档粒子谱,数据文件为"06SPP_20020161116151716.csv"。

首先导入数据并进行时间类型转换。

```
import os #导入系统模块
os.chdir("E:\\BIKAI_books\\data\\chap5") #设置路径
os.getcwd() #获取路径
import pandas as pd #导入数据处理模块
import numpy as np #导入数据处理模块
import math #导入数学计算模块

file_name = '06SPP_20020161116151716.csv' #数据文件名称
data_pcasp = pd.read_csv(file_name, header = 0, skiprows = 19) #跳过前 19 行
data_pcasp['date_time'] = pd.to_datetime(file_name[ - 18: - 10]) + pd.to_timedelta(data_pcasp['
Time'].astype(int), unit = 's')   #转为标准日期时间格式
```

选取分粒径计数的各档数据,剔除前 2 档无效数据：

```
headerpsd_pcasp = ['SPP_200_OPC_ch2', 'SPP_200_OPC_ch3', 'SPP_200_OPC_ch4', 'SPP_200_OPC_ch5', '
SPP_200_OPC_ch6', 'SPP_200_OPC_ch7', 'SPP_200_OPC_ch8', 'SPP_200_OPC_ch9', 'SPP_200_OPC_ch10', '
SPP_200_OPC_ch11', 'SPP_200_OPC_ch12', 'SPP_200_OPC_ch13', 'SPP_200_OPC_ch14', 'SPP_200_OPC_ch15
', 'SPP_200_OPC_ch16', 'SPP_200_OPC_ch17', 'SPP_200_OPC_ch18', 'SPP_200_OPC_ch19', 'SPP_200_OPC_
ch20', 'SPP_200_OPC_ch21', 'SPP_200_OPC_ch22', 'SPP_200_OPC_ch23', 'SPP_200_OPC_ch24', 'SPP_200_
OPC_ch25', 'SPP_200_OPC_ch26', 'SPP_200_OPC_ch27', 'SPP_200_OPC_ch28', 'SPP_200_OPC_ch29'] #分
档计数
data_c_psd_pcasp = pd.DataFrame() #建立新数据集
for kk in headerpsd_pcasp:
```

```
data_c_psd_pcasp[kk] = data_pcasp[kk] ♯ 循环读入分档数据
```

使用 map 和 lambda 函数计算采样体积,公式为 $V = \text{Area}(\text{mm}^2) \times \text{speed}(\text{m/s}) \times \text{time}(\text{s})$。

```
data_pcasp['sample_volumn'] = data_pcasp['Sample_Flow(std cm^3/s)'].map(lambda x: 1 * x)
```

计算分档浓度:

```
data_con_psd_pcasp = data_c_psd_pcasp.div(data_pcasp['sample_volumn'],axis = 0) ♯ axis = 0 表示
在行上进行处理
```

计算总数浓度,单位为个/cm^3:

```
data_tot_con = data_con_psd_pcasp.sum(axis = 1) ♯ 使用 Pandas 内置求和函数 sum()累积计算总数
浓度
```

计算谱分布,剔除前 2 档,计算对数档宽 dlogDp:

```
pcasp_min_size = [0.115,0.125,0.135,0.145,0.155,0.165,0.175,0.19,0.21,0.23,0.25,0.27,0.29,0.35,
0.45,0.55,0.7,0.9,1.1,1.3,1.5,1.7,1.9,2.1,2.3,2.5,2.7,2.9] ♯ 分档下限
pcasp_max_size = [0.125,0.135,0.145,0.155,0.165,0.175,0.19,0.21,0.23,0.25,0.27,0.29,0.35,0.45,
0.55,0.7,0.9,1.1,1.3,1.5,1.7,1.9,2.1,2.3,2.5,2.7,2.9,3.1] ♯ 分档上限
dlogDp_pcasp = []
for jj in range(len(pcasp_min_size)):
    kk_pcasp = math.log10(pcasp_max_size[jj]/pcasp_min_size[jj])
    dlogDp_pcasp.append(kk_pcasp)
```

计算分档数浓度 dn/dlogDp,构造一个具有相同索引和相同列名的数据,填充为各档的对数档宽数据,然后两个数据框(DataFrame)直接相除得到分档数浓度:

```
dlogDp_df_pcasp = pd.DataFrame(np.random.rand(data_con_psd_pcasp.shape[0],data_con_psd_pcasp.shape
[1])) ♯ 建立同样大小的随机数列
dlogDp_df_pcasp.columns = data_con_psd_pcasp.columns   ♯ 数据列名设置一致
dlogDp_df_pcasp.index = data_con_psd_pcasp.index ♯ 索引设置一致
dlogDp_df_pcasp_1 = pd.DataFrame(dlogDp_pcasp).T   ♯ 转向为横向数据集
for i in range(data_con_psd_pcasp.shape[0]):
    dlogDp_df_pcasp.iloc[i] = dlogDp_df_pcasp_1.values    ♯ 每一行填充对应的 dlogdp
data_dn_dlogdp_pcasp = data_con_psd_pcasp / dlogDp_df_pcasp   ♯ 计算谱分布数浓度
data_dn_dlogdp_pcasp.index = data_pcasp['date_time'] ♯ 设置时间为索引
data_dn_dlogdp_pcasp.to_csv('数浓度分布.csv',index = True) ♯ 数据保存为新的 csv 文件
```

5.5.3　矩阵网格计算

在绘制地图底图或粒子谱时间序列图时,需要将数据转为矩阵的形式。Numpy 的 meshgrid()函数能够将两个一维数据转为矩阵网格。

　　例如,在地图上叠加地形高度底图,读取经纬度和高度数据,并转为矩阵。

```
import os  # 导入系统模块
os.chdir("E:\\BIKAI_books\\data\\chap5")  # 设置路径
os.getcwd()  # 获取路径
import numpy as np  # 导入数据处理模块

gaolon = np.loadtxt('gaochenglon.txt')  # 读取经度
gaolat = np.loadtxt('gaochenglat.txt')  # 读取纬度
gaocheng = np.loadtxt('gaocheng.txt')  # 读取海拔高度

gaolon, gaolat = np.meshgrid(gaolon, gaolat)  # 建立矩阵
print(gaolon.shape, gaolat.shape)
```

　　结果输出为:

```
(1500,2500)(1500,2500)
```

5.6 数据统计

　　Pandas 模块提供了多种进行描述性统计分析的指标函数,如平均值(mean)、最大值(max)、最小值(min)、总和(sum)、标准差(std)等。关于 Pandas 的统计应用详见官方文档:https://pandas.pydata.org/docs/user_guide/computation.html。

　　本小节以'chap5_timedata1.csv'数据为例介绍常用的统计分析函数,数据包含时间、温度和湿度三列数据。

　　首先导入数据:

```
import os  # 导入系统模块
os.chdir("E:\\BIKAI_books\\data\\chap5")  # 设置路径
os.getcwd()  # 获取路径
import numpy as np  # 导入数据处理模块

file_name = 'chap5_timedata1.csv'  # 数据文件名称
data_weather = pd.read_csv(file_name, header = 0)  # 读取数据文件,首行为标题
data_weather['date_time'] = pd.to_datetime(data_weather['date_time'])  # 转换日期时间类型
```

　　查看非空数据计数:

```
count_num = data_weather.count()
print(count_num)
```

输出为：

```
date_time    4320
Temp         4320
RH           4320
dtype：int64
```

最大值（max）：

```
data_max = data_weather.max()
print(data_max)
```

输出为：

```
date_time    2019－01－03 23：59：00
Temp                           －4
RH                             85
dtype：object
```

最小值（min）：

```
data_min = data_weather.min()
print(data_min)
```

输出结果为：

```
date_time    2019-01-01 00：00：00
Temp                       －18.1
RH                           35
dtype：object
```

总和（sum）：

```
data_sum = data_weather.sum()
print(data_sum)
```

输出结果为：

```
Temp    －51615.6
RH       243209.0
dtype：float64
```

平均值（mean）：

```
data_mean = data_weather.mean()
print(data_mean)
```

输出结果为：

```
Temp    -11.948056
RH       56.298380
dtype：float64
```

中值（median）：

```
data_median = data_weather.median()
print(data_median)
```

输出结果为：

```
Temp    -12.6
RH       56.0
dtype：float64
```

标准差（std）：

```
data_std = data_weather.std()
print(data_std)
```

输出结果为：

```
Temp     3.487589
RH      10.353001
dtype：float64
```

综合统计（describe）：

```
data_total = data_weather.describe()
print(data_total)
```

输出结果为：

	Temp	RH
count	4320.000000	4320.000000
mean	-11.948056	56.298380
std	3.487589	10.353001
min	-18.100000	35.000000
25%	-14.600000	49.000000
50%	-12.600000	56.000000
75%	-9.700000	63.000000
max	-4.000000	85.000000

连续变量的相关系数（corr）：

在统计学中,皮尔逊相关系数(Pearson Correlation Coefficient),广泛用于度量两个变量之间的相关程度(线性相关),其值介于 -1 与 1 之间。Corr 函数默认生成皮尔逊相关系数(https://en.wikipedia.org/wiki/Pearson_correlation_coefficient)矩阵,方法如下:

```
data_corr = data_weather.corr()
print(data_corr)
```

输出结果为:

```
         Temp         RH
Temp   1.000000   -0.823156
RH    -0.823156    1.000000
```

如果单独查看两个参量的相关系数,方法如下:

```
corr_num = data_weather['Temp'].corr(data_weather['RH'])
print(corr_num)
```

输出结果为:

```
-0.82315557037823484
```

相关系数的计算也可以通过构造函数来完成,如下:

```
import math
def corr_calculate (list_1, list_2):  # 构造计算相关系数的函数
    '''
    相关系数计算函数
    输入参数:list_1 和 list_2
    计算过程:1 计算分子_协方差,2 计算分母——方差乘积,3 计算比值
    输出参数:皮尔逊相关系数
    '''
    mean_list_1 = np.mean(list_1)  # 计算 list_1 平均值
    mean_list_2 = np.mean(list_2)  # 计算 list_2 平均值

    cov, var_list_1, var_list_2 = 0, 0, 0
    for i in range(0 , len(list_1)):
        diff_list_1 = list_1[i] - mean_list_1
        diff_list_2 = list_2[i] - mean_list_2
        cov = cov + (diff_list_1 * diff_list_2)
        var_list_1 = var_list_1 + diff_list_1 ** 2
        var_list_2 = var_list_2 + diff_list_2 ** 2
    sq = math.sqrt( var_list_1 * var_list_2)
    return (cov / sq)
```

```
result_num = corr_calculate(data_weather['Temp'].tolist(),data_weather['RH'].tolist()) #调用构造
的函数计算相关系数
print(result_num)
```

输出结果为：

－0.82315557037822951

5.7　数据拟合

数据拟合最常用的是最小二乘法线性拟合，最小二乘法基本思想是使得样本方差最小。Scipy 模块中的 curve_fit 函数可以根据给出的函数形式，用最小二乘的方式对数据进行拟合，求出函数的各项系数。本节以"chap5_timedata6.csv"数据中的冰核与气溶胶数浓度和温度的数据为例，对冰核数浓度进行参数化拟合。

首先设置路径，读入数据：

```
import os #导入系统模块
os.chdir("E:\\BIKAI_books\\data\\chap5") #设置路径
os.getcwd() #获取路径
import numpy as np #导入数据处理模块
from scipy.optimize import curve_fit #导入 scipy 中的线性拟合模块

data = pd.read_csv(''chap5_timedata6.csv'',header = 0) #读取数据
```

提取需要拟合的数据：

```
x = data['temp'].tolist()    #温度数据转为列表
y = data['aps_conc'].tolist() # 气溶胶数浓度数据转为列表
z = data['INP_measure'].tolist()    #冰核浓度转为列表
```

定义需要拟合的函数：

```
def INP_para(X,a, b,c,d):
    x,y = X
    z = a * ( - x) ** b * y ** ( - c * x + d)
    return z
```

设置 a,b,c,d 4 个参数的初始估算值：

```
p0 = 0.1, 0.1, 0.1, 0.1
```

使用 curve_fit 函数计算拟合系数：

```
popt, pcov = curve_fit(INP_para, (x,y), z, p0)
a = popt[0]
b = popt[1]
c = popt[2]
d = popt[3]
```

计算拟合后的函数计算值：

```
INP_fit = [INP_para((i,j), a, b,c,d) for i,j in zip(x,y)]
```

计算皮尔逊相关系数：

```
CE = pd.Series(INP_fit).corr( data['INP_measure'])
```

```
print('拟合结果为:')
print('系数 a = ' + str(a))
print('系数 b = ' + str(b))
print('系数 c = ' + str(c))
print('系数 d = ' + str(d))
print ('相关系数 = ' + str(CE))
```

输出结果为：

```
拟合结果为：
系数 a＝0.002611056152
系数 b＝2.38017124714
系数 c＝0.0255710872797
系数 d＝－0.0253307666175
相关系数＝0.838703747382
```

第6章　数据可视化基础

数据可视化是大气与环境科学业务与科研工作中最重要的任务之一。无论是发表研究成果还是撰写各种报告文本,都离不开图形的展示。Python 没有内建的绘图函数,绘图功能由其他的模块提供。本章介绍 Python 中常用的绘图模块、图形的基本理论知识、面向对象法绘图的特点,以及模块化绘图步骤等。为了方便直观地查看绘图的结果,本章继续使用 Jupyter Notebook 来讲解绘图方法,使用"％matplotlib inline"能够把图形直接输出到当前的浏览器窗口。

6.1　绘图常用的程序包

Python 有很多绘图模块和第三方程序包能够对数据进行可视化展示,但 matplotlib 是最基础的底层绘图模块,功能强大、定制化程度最高、应用最广泛,是本章重点介绍的内容。Matplotlib 官方网站提供了常用图库(https://matplotlib.org/gallery/index.html),并附上 Python 代码,读者可以下载并改写代码到自己的程序中。如果读者安装了 anaconda,那么 matplotlib 已经包括在内。

Matplotlib 由 John Hunter 在 2002 年发起,在 Python 中模仿 Matlab 绘图风格。由于其方便、易用和开源特性,吸引了全世界的科学家们加入共同提升其性能,最新的版本是 Matplotlib 3.2.1。随着时间的推移,Matplotlib 也开发了一些附加程序包,例如,专注于 3D 绘图的 mplot3d。

另外,基于 Matplotlib 的底层绘图功能,也出现了一些优秀的第三方扩展工具包,为用户提供简洁、高层的接口,包括用于绘制美观统计学图形的 seaborn(https://seaborn.pydata.org/)、HoloViews(http://holoviews.org/)、ggplot(https://ggplot2.tidyverse.org/),还有专注于地理空间数据处理与绘图的 Basemap(https://www.basemap.com/)和 Cartopy(https://pypi.org/project/Cartopy/)等,在大气与环境科学领域都有很大的应用前景。这些程序包的官方网站都提供了丰富的图库和使用代码,读者可以根据需要自行下载使用。

Pandas 也可以方便地实现绘图功能,它基于 Matplotlib 的开源框架,为 Pandas 的数据结构一维序列(Series)和二维数据框(DataFrame)都提供了一个统一的接口 plot。绘图代码简洁,非常适用于业务科研中对外场观测设备各通道的数据信号进行初步展示。

6.2　Matplotlib 绘图基础

Matplotlib 包括了多种子模块,其中 matplotlib.pyplot 是生成图形最常用的模块,它提供了在 matplotlib 中绘图的接口,包含大量图形细节的处理,比如定制图例和坐标轴等。在使用 matplotlib 前需要导入模块,通常如下:

```
import matplotlib.pyplot as plt　#绘图模块昵称一般用"plt"
```

在 Jupyter Notebook 中绘图时,默认图片是静态的,可以根据需要设置为交互式操作。有三种模式绘图显示:

```
% matplotlib notebook #产生一个绘图窗口,能进行图片放大缩小等操作
% matplotlib inline #默认模式,生成静态图片
% matplotlib auto #产生一个单独的绘图窗口
```

6.2.1　绘图的理论知识

Python 是一门面向对象的语言,Matplotlib 所绘制的一个独立图片(可能有多个子图)是一个画布(Figure)对象,画布对象中包含一个或多个绘图区(Axes)对象,每个绘图区(Axes)对象都可以拥有独立的坐标系统(Axis),数据图形绘制在对应的绘图区(Axes)。这三者的关系如图 6.1 所示。

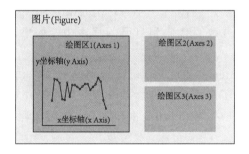

图 6.1　Matplotlib 图片结构

画布对象具有多种属性,包括标题(suptitle)、尺寸(figsize)、分辨率(dpi)、图片背景色(facecolor)、边框颜色(edgecolor)、透明度(clear)、关闭图片、保存文件(savefig)等。

每个绘图区(Axes)包含的内容主要包括:数据图线(Data line)、标题(Title)、坐标轴标签(Label)、刻度标签(Tick Label)、刻度线(Tick)、图例(Legend)、网格线(Grid)、边框(Spines)等内容。绘图区的各部分结构和名称见图 6.2。

Python 绘制的图形是一个具有多个关联属性的对象,对象具有更改自身属性的方法。使用 Matplotlib 绘图时可以修改图形视觉效果的默认值,达到定制图形的目的。通过编写脚本

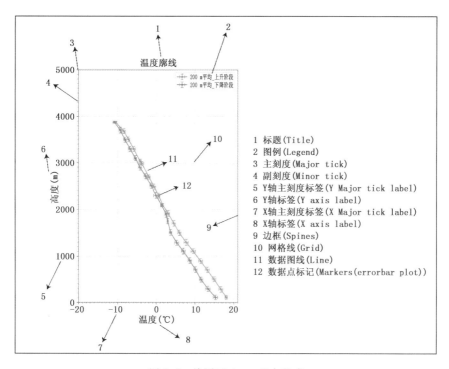

图 6.2　绘图区 Axes 基本组成

代码创建绘图并修饰，那么之后就能轻易地重建绘图。

6.2.2　面向过程绘图与面向对象绘图

Matplotlib 有两种绘图方式，分别是面向过程绘图和面向对象绘图。

面向过程绘图是以过程为中心的绘图思想，它是一种基于顺序的绘图方式，对整体图片进行编程，使用 Matplotlib 的 Pyplt 模块提供的基本绘图函数按照步骤一步步绘图。首先分析出绘图所需要的步骤，然后使用 plt.xxx 类似绘图命令把这些步骤一步一步实现。面向过程绘图适合简单图形，如果需要对图形进行精细定制，就需要使用另一种方法。

面向对象绘图以功能来划分绘图过程，而不是依据步骤。把需要绘制图片分离成图片画布（Figure）和绘图区域（Axes）2 个独立的对象，然后分别对它们进行操作。

下面以绘制温度变化图为例，介绍对于绘图过程中两者的代码异同，数据文件为"chap6_temp.csv"：

（1）读入数据。在编写绘图代码之前，首先需要导入绘图库和相应的数据读写库，读入数据。这一步面向过程绘图和面向对象绘图是一致的。如下：

```
import os  # 导入系统模块
os.chdir("E:\\BIKAI_books\\data\\chap6")  # 设置路径
```

```
os.getcwd()＃获取路径
import matplotlib.pyplot as plt
import pandas as pd
data = pd.read_csv('chap6_temp.csv',header = 0)＃读取数据
data['date_time'] = pd.to_datetime(data['date_time'])
```

（2）绘图命令。面向过程直接可以调用绘图命令，面向对象需要先把图形的画布对象和绘图区对象分离出来。

面向过程绘图：

```
plt.plot(data['date_time'],data['Temp'])  ＃绘图,x 轴为时间,y 轴为温度
```

面向对象绘图：

```
fig, ax = plt.subplots()  ＃分离出画布对象和绘图区对象.
ax.plot(data['date_time'],data['Temp'])  ＃ 绘图,x 轴为时间,y 轴为温度
```

（3）添加标题。

面向过程绘图：

```
plt.title('温度时间序列图')
```

面向对象绘图：

```
ax.set_title('温度时间序列图')
```

（4）添加坐标轴。

面向过程绘图：

```
plt.xlabel('时间')
plt.ylabel('温度( $ ^\circ $ C)')
```

面向对象绘图：

```
ax.set_xlabel('时间')
ax.set_ylabel('温度( $ ^\circ $ C)')
```

（5）添加图例。

面向过程绘图：

```
plt.legend(loc = 'best')
```

面向对象绘图：

```
ax.legend(loc = 'best')
```

（6）添加网格线。

面向过程绘图：

```
plt.grid(True)
```

面向对象绘图：

```
ax.grid(True)
```

(7)图片保存。

面向过程绘图：

```
plt.savefig('温度变化图.png')
```

面向对象绘图：

```
fig.savefig('温度变化图.png')
```

从以上的对比可以看出，对于基础性的单图绘图，面向过程绘图和面向对象绘图基本一致。但对于复杂的图形，由于面向对象绘图实现了绘图画布和绘图区的分离，不受绘图步骤影响，因此，业务和科研应用中在处理多个图例和坐标轴的时候更清晰，建议尽量使用面向对象方法绘图，以便提高编程效率。书中的个例和应用主要使用面向对象的方法绘图。

6.2.3　色板

6.2.3.1　常用颜色

Matplotlib 提供了丰富的色板供用户使用。绘图中常用的颜色及代码如表 6.1：

表 6.1　常用的颜色及代码

代码	颜色
黑色	'k'
红色	'r'
绿色	'g'
蓝色	'b'
白色	'w'
黄色	'y'
粉色	'pink'
橙色	'orange'
紫色	'purple'
灰色	'gray'

在绘图二维谱图时，还会用到渐变色参数"cmap"的设置，Matplotlib 提供了丰富多彩的颜色配色组合(详见:https://matplotlib.org/examples/color/colormaps_reference.html)，在实际应用时可以根据需要调用相应的 cmap 名称。本书中最常用的配色为"rainbow"和"jet"，其

颜色过渡如(彩)图 6.3 所示。

图 6.3　"rainbow"和"jet"类型颜色配色图

6.2.3.2　颜色反转

对某些图形来说,现有的色图无法满足绘图需要,需要对色图显示进行调整,"反转"色图是常见的一种方法。比如飞机的飞行轨迹图((彩)图 6.4a),地图底图叠加了灰色风格色图表示地形高度的变化,需要的是高度越大颜色越深,而实际 gray 的颜色配色是相反的,因此需要进行配色反转((彩)图 6.4b)。

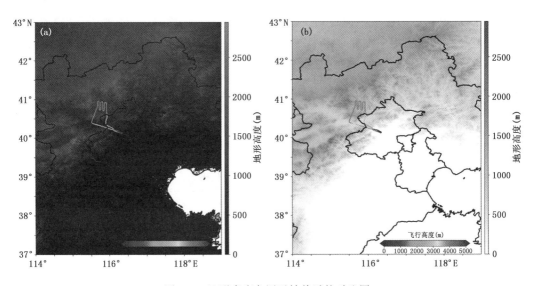

图 6.4　地形高度色图反转前后的对比图
(a 为颜色反转前,b 为颜色反转后)

通常有以下两种方法进行颜色反转:

第一种:直接使用颜色配色名称添加后缀" _r"来反转,形象化理解就是把上面的色条水平翻转。代码中 cmap＝'gray_r',就可以实现需要的效果。

第二种:构造函数对颜色进行线性反转重置。

```
def reverse_colourmap(cmap, name = 'reverse_cmap'):
    '''构造颜色反转函数,读入颜色名称,返回反转后的颜色'''
    import matplotlib as mpl  # 导入绘图模块
    turn_color = [ ]  # 空白列表,用来存储颜色
```

```
list_t = [ ]  # 空白列表, 存放当前色图中的颜色编码
for j in cmap._segmentdata:  # 对当前色图中的颜色对应的数字进行重新编码
    list_t.append(j)  # 当前颜色数值编码存入列表
    color_pool = cmap._segmentdata[j]
    color_data = [ ]
    for i in color_pool:
        color_data.append((1 - i[0], i[2], i[1]))
    turn_color.append(sorted(color_data))
new_color_Linear = dict(zip(list_t, turn_color))
reverse_cmap = mpl.colors.LinearSegmentedColormap(name, new_color_Linear)
return (reverse_cmap)
```

6.2.3.3　定制颜色

有些时候 matplotlib 提供的颜色配色库仍不能满足我们的需求, 这时需要定制颜色。本部分以国内通用的雷达回波色标为例, 介绍构造颜色的方法, 新的颜色配色见(彩)图 6.5。

```
def colormap():
    '''构造国内通用的雷达回波标准色标库函数'''
    import matplotlib.colors as colors  # 调用颜色模块
    cdict = [(1,1,1),  # 白色
            (0,1,1),  # 蓝绿色
            (0,157/255,1),  # 浅蓝色
            (0,0,1),  # 蓝色
            (9/255,130/255,175/255),  # 浅绿色
            (0,1,0),  # 绿色
            (8/255,175/255,20/255),  # 深绿色
            (1,214/255,0),  # 黄色
            (1,152/255,0),  # 浅橙色
            (1,0,0),  # 红色
            (221/255,0,27/255),  # 浅红色
            (188/255,0,54/255),  # 中红色
            (121/255,0,109/255),  # 深红色
            (121/255, 51/255,160/255),  # 浅紫色
            (195/255,163/255,212/255),  # 紫色
            ]  # 按照上面定义的 colordict, 将数据分成对应的部分, indexed: 代表顺序
    return (colors.ListedColormap(cdict, 'indexed'))
cmap = colormap()  调用新色标
```

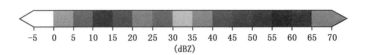

图 6.5　定制的雷达回波色标

6.2.4　中文字体的处理

读者在初次运行 6.2.2 节的绘图时，可能会发现图中中文无法显示。Matplotlib 绘图时如果在标题或者坐标轴标签中含有中文，通常会出现乱码，不能正常显示。

6.2.4.1　Window 操作系统的解决方法

（1）全局设置

在程序开始改变全局设置，使整个程序都按照设置的字体显示，常用中文字体如表 6.2。代码如下：

```
import matplotlib
matplotlib.rcParams['font.sans-serif'] = ['SimHei']    # 用黑体显示中文
matplotlib.rcParams['axes.unicode_minus'] = False      # 正常显示负号的设置
matplotlib.rcParams.update({'text.usetex': False, 'mathtext.fontset': 'cm',}) # 修改字符显示,
解决指数形式负号显示的问题
```

该方法具有全局作用范围，会将所有字体设置为黑体。全局变量设置后，需要添加负号修正代码，否则会导致负号无法显示。

（2）局部设置

```
from matplotlib.font_manager import FontProperties
ax.set_xlabel("时间",fontproperties = 'SimHei') # fontproperties 后跟字体名称,设置 x 轴标签
```

表 6.2　常用中文字体及对应的名称

字体	字体名
黑体	SimHei
楷体	KaiTi
隶书	LiSu
华文宋体	STSong
华文仿宋	STFangsong
华文隶书	STLiti

6.2.4.2　MacOS 操作系统的解决方法

在 MacOS 操作系统上绘图使用中文字体时，无法像 Windows 操作系统那样直接添加字

体。原因是 MacOS 系统没有 SimHei 这一字体。解决方法如下：

（1）首先下载该字体，下载网址：https://www.ontpalace.com/font-download/SimHei/。下载完毕后，复制字体到 Matplotlib 的字体目录，通常路径为如下：

"/Users/< 用 户 名 >/anaconda3/lib/python3.6/site-packages/matplotlib/mpl-data/fonts/ttf"

（2）matplotlibrc 配置文件修改。

找到配置文件 matplotlibrc，路径为：

"/Users/<用户名>/anaconda3/lib/python3.6/site-packages/matplotlib/mpl-data"。

打开配置文件，搜索"♯font.family：sans-seriff"，在下一行，添加如下：

```
♯ font.sans - serif : font.sans-serif: SimHei, DejaVu Sans, Bitstream Vera Sans,
Lucida Grande, Verdana, Geneva, Lucid, Arial, Helvetica, Avant Garde, sans-serif"
```

同时，搜索配置文件中"axes.unicode_minus"，把该行的设置参数"True"改为"False"，用来处理负号显示问题，如下：

```
♯ axes.unicode_minus:False
```

（3）清除 Matplotlib 字体缓存。

查看缓存文件，在 MacOS 操作系统的终端中输入：

```
cd ~/.matplotlib/
```

查看路径的文件目录，终端中输入：

```
ls
```

删除缓存文件，在终端中输入：

```
rm - rf *.cache
rm - rf fontList.json
rm - rf fontlist - v300.json
```

（4）重新启动运行 Python 程序，即可正常显示中文。设置方法同 Windows 操作系统。

6.3　模块化绘图步骤

模块化绘图，就是把绘图过程模块化。按照由整体到局部的思路，实现图片大量细节的定制化。无论是简单的单图折线图还是多子图复杂图形，绘图过程主要可以分为 5 个步骤，第一，图片对象整体布局；第二，绘图区域对象规划；第三，坐标轴设置；第四，文本信息；第五，图片保存。下面结合这 5 个步骤进行介绍。

绘图时首先导入绘图模块：

```
import matplotlib.pyplot as plt
```

6.3.1　图片对象整体布局

画图的第一步首先创建一个画布(Figure)对象,然后分别添加各种内容。本步骤的主要目的是分离图片画布和绘图区对象,设置画布对象的属性信息,如尺寸、分辨率、背景颜色等。如果不设置图片信息,则为默认形式。

对于单子图图片来说,设置方法如下:

```
fig,ax = plt.subplots() #把图片分离为画布 fig 对象和绘图区 ax 对象
```

这样接下来所有的 fig.xxx 都是在画布上操作,ax.xxx 都是在绘图区对象上操作

如果绘制双 y 轴图像,利用 twinx() 绘制:

```
fig,ax = plt.subplots() #把图片分离为画布 fig 对象和绘图区 ax 对象
ax2 = ax.twinx() #对绘图区 ax 使用 twin()方法生成双 y 轴图像
```

如果绘制 $3y$ 轴图像,先绘制两个 twinx() 绘图区,然后把其中一个的坐标轴右侧移位,从而显示 3 个不重合的坐标轴,见图 6.6。设置代码如下:

```
fig,ax1 = plt.subplots() #把图片分离为画布 fig 对象和绘图区 ax 对象
ax2 = ax1.twinx()
ax3 = ax1.twinx()
ax3.spines['right'].set_position(('outward', 50))    #把 ax3 图形的坐标轴向右侧移动 50 距离
```

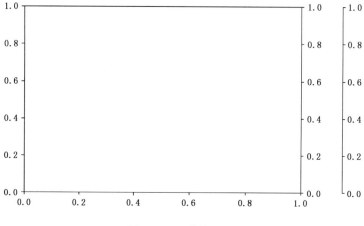

图 6.6　$3y$ 轴效果图

如果绘制 3 个子图垂直排列图像,通常设置共用 x 轴,见图 6.7。设置方法如下:

```
fig,(ax1,ax2,ax3) = plt.subplots(3,1,sharex = True) #绘制 3 行 1 列的 3 个子图,共用 x 轴
```

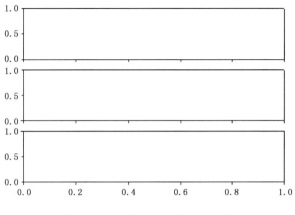

图 6.7　3 个子图垂直排列示意图

如果绘制 3 个子图水平排列图像，通常设置共用 x 轴，见图 6.8。设置方法如下：

```
fig,(ax1,ax2,ax3) = plt.subplots(1,3,sharey = True) #绘制 1 行 3 列的 3 个子图,共用 y 轴
```

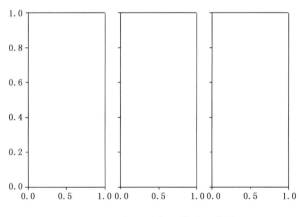

图 6.8　3 个子图水平排列示意图

如果绘制矩阵式排列多子图图像（例如，3 行 2 列），需要对子图进行分组，如果展示的图形类型一致，可以设置共用 x 和 y 坐标轴，见图 6.9。设置方法如下：

```
fig,((ax1,ax2),(ax3,ax4),(ax5,ax6)) = plt.subplots(3,2,sharey = True,sharex = True)
```

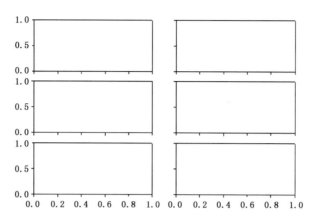

图 6.9　矩阵式子图排列示意图

　　如果绘制不规则排列多子图图像,使用.subplot2grid()进行绘图,把图片分离出图片画布对象,然后根据各子图的尺寸分离出绘图区对象。以 5 行 4 列矩阵图中的各子图设置为例,图形见图 6.10。设置方法如下:

```
fig = plt.figure()　　#画布对象分离
ax1 = plt.subplot2grid((5,4),#把图分为 5 行 4 列的图片区域矩阵
                (0,0),　#ax1 绘图区左上角对应的矩阵坐标为(0,0),即第 1 行 1 列的位置
                colspan = 3,  #ax1 占 3 列
                rowspan = 2)  #ax1 占 2 行
ax2 = plt.subplot2grid((5,4),
                (2,1),  #ax2 绘图区左上角对应的矩阵坐标为(2,1),即第 3 行 2 列的位置
                colspan = 2)  #ax2 占 2 列,行参数未设置则默认为 1 行
ax3 = plt.subplot2grid((5,4),
                (0,3),  #ax3 绘图区左上角对应的矩阵坐标为(0,3),即第 1 行 4 列的位置
                rowspan = 3)  #ax3 占 3 行,列参数未设置则默认为 1 行
ax4 = plt.subplot2grid((5,4),
                (3,0),  #ax4 绘图区左上角对应的矩阵坐标为(3,0),即第 4 行 1 列的位置
                rowspan = 2,  #ax4 占 2 列
                colspan = 2)  #ax4 占 2 行
ax5 = plt.subplot2grid((5,4),
                (4,3))  #ax5 绘图区左上角对应的矩阵坐标为(4,3),即第 5 行 4 列的位置
```

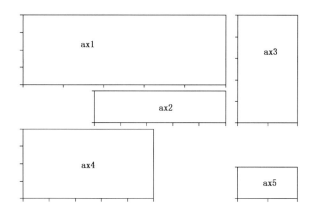

图 6.10 不规则矩阵子图排列示意图

设置完绘图区对象的布局后,接下来对图片的尺寸和分辨率进行设置。使用图片画布 fig 对象的方法 set_size_inches 和 set_edgecolor 等进行设置,代码如下:

```
fig.set_figheight(4) #设置图片高度,单位为英寸①
fig.set_figwidth(6) #设置图片宽度,单位为英寸
```

也可以使用一行代码同时进行图片设置宽度和高度,常用的图片显示为 16 : 9 的比例,文章中常用的尺寸是 3.6 inch×2 inch,或者设置为同样比例的尺寸,如下:

```
fig.set_size_inches(7.2,4) #设置图片尺寸,单位为英寸
```

设置图片分辨率的代码如下:

```
fig.set_dpi(72) #设置分辨率为 72
```

设置图片边框颜色的方法:

```
fig.set_edgecolor('g') #设置图片边框颜色为绿色
fig.set_facecolor('b') #设置图片边框颜色为蓝色
```

6.3.2 绘图区域对象规划

绘图区域对象规划包括绘制主图和添加辅助信息(背景颜色、网格线、图例等)2 部分内容。

6.3.2.1 主图绘制

根据数据展示的需求在分离出的 ax 绘图区域对象中绘制图形,常用的图形为点线图、散

---

① 1 英寸(inch)=2.54 cm,下同。

点图等。如果有多个子图,需要对每个子图分别绘图。读者可以根据官方文档的参数介绍,挑选出常用的参数,并保存为固定的格式,以后每次用到的时候直接复制代码即可。

对于点线图,最常用的参数为颜色(参数名称:c 或 color)、线型(参数名称:ls 或 linestyle)、连线宽度(参数名称:lw 或 linewidth)、数据点的形状(参数名称:marker)、数据点形状的尺寸(参数名称:ms 或 markersize)、数据点形状外轮廓线条宽度(参数名称:mew 或 markeredgewidth)、数据点形状外轮廓颜色(参数名称:mec 或 markeredgecolor)、数据点形状填充颜色(参数名称:mfc 或 markerfacecolor)、图形透明度(参数名称:alpha,取值范围 0~1)和图例标签名称(参数名称:label)。如下:

```
ax.plot(x, #设置 x 轴
        y, #设置 y 轴
        c = 'k', #设置线条颜色
        ls = '', #设置线条连线为空白
        marker = 'o', #设置数据点标志为圆圈
        ms = 2, #设置数据点尺寸
        mew = 1, #设置
        lw = 1, #设置线条宽度
        mec = 'k', #设置数据点边缘颜色
        mfc = 'k', #设置数据点中心颜色
        alpha = 0.3, #设置透明度
        label = '温度 ($ ^\circ $ C)') #设置图例标签
```

常用的颜色设置见表 6.1。图 6.11 给出了常用的线条类型及代码设置。

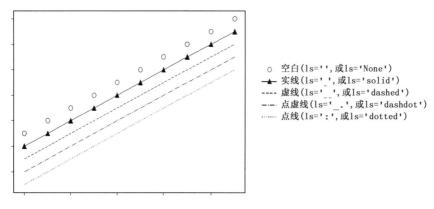

图 6.11　线条类型示意图

绘图时还经常需要设置数据点的形状,常用的形状有 8 种,分别为圆圈(marker = 'o')、下三角(marker = 'v')、右三角(marker = '>')、方形(marker = 's')、五角形(marker = 'p')、星号(marker = '*')、加号(marker = '+')和菱形(marker = 'D'),图形示意见图 6.12。

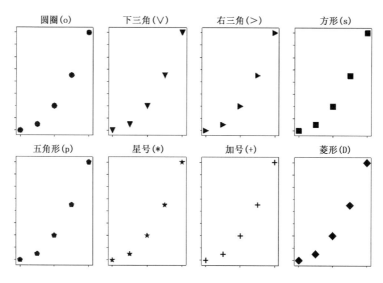

图 6.12　常用的数据点的形状类型

6.3.2.2　辅助信息添加

主图辅助信息包括背景颜色、网格、坐标标签等。如果不进行设置,则为默认模式。

主图背景颜色设置方法如下:

　　ax.patch.set_facecolor("gray")　♯设置 ax 绘图区域的背景颜色为灰色,默认为白色,通常不设置,使用默认的白色.

　　ax.patch.set_alpha(0.2)　　　♯设置 ax 绘图区域区域背景颜色的透明度,数值为 0~1,1 为完全不透明.

图中网格线可以帮助我们了解图中数据点的数值范围,通过参数设置能够对各个坐标轴的主副刻度进行网格线线条设置。为了不影响主图线条,通常设置为细虚线、半透明状态。如果同时设置两个坐标轴的网格线,方法如下:

```
ax.grid(True, ♯显示网格线
        which = 'minor', ♯显示副刻度线的网格线,删除该参数则默认为主刻度线网格线
        linewidth = 1, ♯网格线宽度
        alpha = 0.5, ♯网格线透明度
        c = 'gray', ♯网格线颜色为灰色
        linestyle = ":") ♯网格线线形为虚线
```

也可以针对某一个坐标轴的刻度设置网格线设置,以下是只针对 y 轴刻度线设置网格线,方法如下:

```
ax.yaxis.grid(True, ♯显示网格线
```

```
which = 'major',  #显示 y 轴副刻度线的网格线
linewidth = 1,  #网格线颜色
alpha = 0.5,  #网格线透明度
linestyle = ":")  #网格线线形
```

图例的设置为.legend()方法,参数包括图例位置、边框、题名、字体等,详细设置请查看官方文档:https://matplotlib.org/3.1.0/api/_as_gen/matplotlib.pyplot.legend.html。通常情况下,使用默认设置即可,方法如下:

ax.legend(loc = 'best') #设置图例为图中最佳位置

图例 legend 的位置参数 loc 的设置及图中的显示位置如图 6.13 所示:

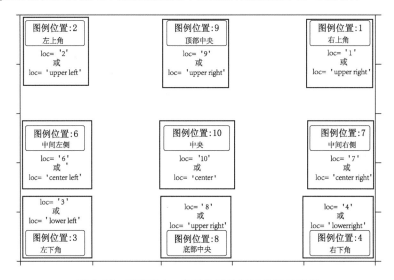

图 6.13　图例中 loc 参数设置及图中位置示意图

如果需要把图例固定到某一位置,设置如下:

```
ax.legend(loc = 1,  #位置
        title = '图例名称',  #图例名称
        edgecolor = 'k',  #边框颜色
        fontsize = 10,  #图例字体尺寸
        frameon = True)  #图例边框显示
```

6.3.3　坐标轴设置

坐标轴 axis 对象设置,包括坐标轴、刻度线、标签等。

(1)坐标轴是否显示

首先需要设置是否显示坐标轴。绘图时坐标轴默认是显示,如果不显示坐标轴,需要设置

如下：

```
ax.axis('off')
```

（2）坐标轴标签和字体

接下来分别设置坐标轴的标签名称和字体尺寸，如下：

```
ax.set_xlabel('时间', fontsize = 15)   # x 轴标签设置
ax.set_ylabel('Temperature ( $ ^ \circ $ C)', fontsize = 15)   # y 轴标签设置
```

（3）坐标轴时间格式

对于时间序列绘图来说，需要设置时间显示格式，使用到 Mdate 模块，需要在使用前导入模块，如下：

```
import matplotlib.dates as mdate # 修改时间轴的格式
ax.xaxis.set_major_formatter(mdate.DateFormatter('% H:% M')) # 设置时间格式为"小时:分钟"
格式
```

时间格式中，年、月、日、小时、分钟、秒分别对应着"%Y"、"%m"、"%d"、"%H"、"%M"、"%S"。例如，"年-月-日 小时:分钟:秒"对应的格式表示为"%Y-%m-%d %H:%M:%S"。

（4）坐标轴标签疏密设置

默认图形的坐标轴刻度线疏密有时并不能满足绘图显示需求，需要重新设置刻度间隔。对于数值型坐标，比如，y 轴，设置时使用 Ticker 模块，使用前首先导入模块，设置方法如下：

```
from matplotlib import ticker # 导入修改刻度模块
ax.yaxis.set_major_locator(ticker.MultipleLocator(20)) # 设置 y 轴主刻度的刻度线间隔为 20
ax.yaxis.set_minor_locator(ticker.MultipleLocator(5))   # 设置 y 轴副刻度的刻度线间隔为 5
```

对于时间轴 x 轴来说，不能使用 ticker 修改，需要使用 mdate 模块设置，方法如下：

```
import matplotlib.dates as mdate # 修改时间轴的格式
ax.xaxis.set_major_locator(mdate.DayLocator(interval = 2)) # 设置 x 轴主刻度间隔为 2 d
ax.xaxis.set_minor_locator(mdate.HourLocator(interval = 2)) # 设置 x 轴副刻度间隔为 2 h
```

（5）坐标轴上下限

在展示数据时经常只需要展示部分数据，设置坐标轴显示区间。方法如下：

```
Xmin = '2015 - 12 - 20 08:00:00'
Xmax = '2015 - 12 - 20 14:00:00'
ax.set_xlim(Xmin, Xmax) # 设置 x 轴时间显示范围
Ymin = 0
Ymax = 100
ax.set_ylim(Ymin, Ymax) # 设置 y 轴显示范围
```

（6）坐标轴旋转

　　当横坐标 x 轴为时间时,若字符显示格式过长,导致标签重合,这时需要对刻度显示进行旋转倾斜。设置方法如下:

```
for tick in ax.get_xticklabels():#获取所有的标签,循环处理

tick.set_rotation(90)#刻度倾斜 90°,变为竖直方向
```

　　(7)坐标轴标签显示替换

　　例如,在绘制风向数据时,为了直观看出风向的变化,通常把度数显示为风向。常用下面的设置:

```
ax.set_yticks([0,90,180,270,360])#设置 y 轴刻度标注位置

ax.set_yticklabels(['北','东','南','西','北'])#设置 y 轴刻度标签
```

　　(8)坐标轴边框颜色

　　如果去掉坐标轴,可以设置颜色为"none"。设置如下:

```
ax.spines['right'].set_color('none')　　#去除右边坐标轴线

ax.spines['top'].set_color('none')　　#去除上边坐标轴线
```

　　(9)坐标轴部分显示

　　使用 set_bounds 设置需要显示的坐标轴刻度范围:

```
ax.spines['left'].set_bounds(10, 50)#左侧只显示 10~50 刻度的坐标轴
```

　　(10)坐标轴刻度显示位置更换:

```
ax.yaxis.set_ticks_position('right')#设置 y 轴右侧显示刻度,默认为左侧显示

ax.xaxis.set_ticks_position('top')#设置 x 轴顶部显示刻度,默认为底部显示
```

　　也可以使用.tick_params 设置坐标轴的显示,详细设置方法如下:

```
ax.tick_params(axis = 'both', #默认是'both',可选"x" "y"或"both"

               which = 'both',#选择对主或副坐标轴刻度操作,可选'major' 'minor' 'both'

               width = 1, #刻度宽度

               length = 1, #刻度线宽度

               colors = 'k', #同时设置刻度线和刻度值的颜色

               labelsize = 12, #坐标刻度字体尺寸

               direction = 'in', #刻度线的方向,"in""out"或"inout"

               pad = 3, #刻度与坐标轴之间的距离

               top = False, #顶部不显示刻度

               right = False,#右侧不显示刻度

               labeltop = False,#顶部不显示刻度标签

               labelright = False) #右侧不显示刻度标签
```

6.3.4　文本信息

图中文本信息包括标题、数据标注、文字说明等。

设置绘图区标题的方法如下：

```
ax.set_title('数浓度变化', c = 'k',fontsize = 15) ♯设置绘图区 ax 的标题内容、颜色和字体尺寸
```

如果含有多个子图,设置整个画布的标题方法为：

```
fig.suptitle('数浓度变化', c = 'k',fontsize = 15) ♯设置绘图区 ax 的标题内容、颜色和字体尺寸
```

在图片中添加文本标注信息的方法如下：

```
fig.text(0.5, ♯文字信息对应的 x 位置
        0.5, ♯文字信息对应的 y 位置
        'BWMO', ♯文字标注内容
        fontsize = 40, ♯文字标注字体
        color = 'gray', ♯文字标注颜色
        horizontalalignment = 'right', ♯文字标注水平对齐方式,对应着 x 位置
        verticalalignment = 'bottom', ♯文字标注垂直对齐方式,对应着 y 位置
        alpha = 0.4) ♯文字标注透明度
```

6.3.5　图片保存

图片保存通过 .savefig()进行保存。详细参数设置方法读者可以参考官方文档的介绍：https://matplotlib.org/3.2.1/api/_as_gen/matplotlib.pyplot.savefig.html。其中,在日常业务科研中常用的参数如下设置：

```
fig.savefig('温度.png', ♯设置图片保存的名称和图片格式,常用的格式有 png、pdf、eps 和 svg
        dpi = 300, ♯设置图片保存的分辨率
        bbox_inches = 'tight', ♯去除画布中的空白区域
        pad_inches = 0.1) ♯设置图片外围边框的尺寸
```

以上为常用的绘图步骤及主要参数设置。可以看出,为了增加绘图效果,可以设置添加很多有用的信息,这涉及大量的输入。读者可以按照本节的方法建立适合自己的绘图模版脚本文件,在绘图时直接选取相关的代码编辑,提高绘图效率。

第 7 章　常用的绘图种类及方法

本章以大气与环境科学领域外场观测数据为例介绍几种在业务和科研中常见的数据展示图形及绘制方法。包括时间序列点线图、误差棒图、多参量散点图、风玫瑰图、箱线图、粒子谱图、平面地图叠加、gif 动画等的图形的绘制。

7.1　时间序列绘图

时间序列绘图可以形象地反映出数据随时间的变化,是大气与环境科学中最常用的数据展示图形之一。时间序列绘图最常用的是点线图和带误差棒的折线图。

7.1.1　点线图

点线图的绘制常用 matplotlib 的 plt. plot( )函数,详细的参数设置请查看官方文档:https://matplotlib. org/3. 2. 1/api/_as_gen/matplotlib. pyplot. plot. html。本节以温度和湿度为例介绍点线图的绘制方法,数据文件为"chap7_weather. csv"。程序文件见"chap7_fig7. 1. py",完整代码及说明如下:

```
import os  # 导入系统模块
os.chdir("E:\\BIKAI_books\\data\\chap7")  # 设置路径
os.getcwd()  # 获取路径
import matplotlib.pyplot as plt    # 导入绘图模块
import matplotlib.dates as mdate  # 导入日期修改模块
import pandas as pd    # 导入数据处理模块
import matplotlib
matplotlib.rcParams['font.sans - serif'] = ['FangSong']    # 用仿宋字体显示中文
matplotlib.rcParams['axes.unicode_minus'] = False      # 正常显示负号的设置

data = pd. read_csv('chap7_weather. csv', header = 0)  # 读取数据
data['date_time'] = pd. to_datetime(data['date_time'])  # 转换时间类型

fig, (ax1, ax2) = plt. subplots(2, 1, sharex = True)  # 分离画布对象和绘图区对象,设置绘制子图的排列和数
```

量,为 2 行 1 列.

```
# 在 ax1 绘图区对象中绘制时间序列点线图
ax1.plot(data['date_time'],  # 设置 x 轴为时间
        data['Temp'],         # 主图 y 轴左侧坐标轴为温度数据
        c = 'k',   # 设置线条颜色为黑色
        ls = ' - ',  # 设置线条连线
        marker = 'o',  # 设置数据点标志为圆圈
        markevery = 60,  # 曲线上出现点间隔,每 60 个显示一个数据点
        ms = 4,  # 设置数据点标志的尺寸
        lw = 1,  # 设置连线线条宽度
        mec = 'k',  # 设置数据点标志边缘颜色
        mfc = 'k',  # 设置数据点标志中心颜色
        alpha = 0.3,  # 设置透明度
        label = '温度 ( $ ^\circ $ C)')  # 设置图例标签


# 在 ax2 绘图区对象上绘制相对湿度的时间序列点图
ax2.plot(data['date_time'],  # 设置 x 轴为时间
        data['RH'],           # 主图 y 轴左侧坐标轴为温度
        c = 'k',  # 设置线条颜色为黑色
        ls = '',  # 设置线条连线为空白
        marker = 'v',  # 设置数据点标志为"下三角形"
        markevery = 20,  # 曲线上出现点间隔
        ms = 6,  # 设置数据点标志尺寸
        lw = 1,  # 设置线条宽度
        mec = 'k',  # 设置数据点标志边缘颜色
        mfc = 'k',  # 设置数据点标志中心颜色
        alpha = 0.3,  # 设置透明度
        label = '湿度 ( $ ^\circ $ C)')  # 设置图例标签


ax1.set_ylabel('温度( $ ^\circ $ C)',fontsize = 15)  # 设置 ax1 左侧 y 轴标签及字体尺寸
ax2.set_ylabel('湿度( % )',fontsize = 15)  # 设置 ax2 左侧 y 轴标签及字体尺寸
ax2.set_xlabel('时间',fontsize = 15)  # 设置 x 轴标签及字体尺寸
ax2.xaxis.set_major_formatter(mdate.DateFormatter('% H:% M'))   # 设置 x 轴时间显示格式

fig.savefig('图 7.1_温湿度变化图.png',dpi = 300)  # 设置保存图形的名称和分辨率.
```

　　在 Jupyter Notebook 或 Spyder 中运行程序,完毕后在设置的路径文件夹中生成温湿度变化图,见图 7.1。

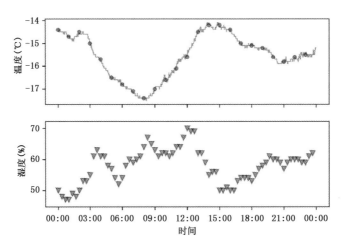

图 7.1　时间序列点线图

7.1.2　带误差棒的折线图

　　误差棒图是展示数据平均值和变异度的常用方法,误差棒的绘图命令为 plt. errorbar(),该函数并非是在当前绘图中添加误差棒,而是新建一个带误差棒的绘图,语法设置类似于 plt. plot。该函数的详细介绍和使用请查看官方文档:

　　https://matplotlib. org/3. 2. 1/api/_as_gen/matplotlib. pyplot. errorbar. html。

　　本小结以"chap7_weather.csv"中的温度数据为例,绘制温度的时间序列图,其中每小时一个数据点,误差为小时平均值的标准差。首先导入库,读入数据进行计算平均值和标准差,然后进行绘图。程序文件见"chap7_fig7.2.py",完整代码及说明如下:

```
import os  # 导入系统模块
os.chdir("E:\\BIKAI_books\\data\\chap7")  # 设置路径
os.getcwd()  # 获取路径
import matplotlib.pyplot as plt
import matplotlib.dates as mdate  # 导入日期修改模块
import pandas as pd  # 导入数据处理模块
import matplotlib
matplotlib.rcParams['font.sans - serif'] = ['FangSong']      # 用仿宋字体显示中文
matplotlib.rcParams['axes.unicode_minus'] = False        # 正常显示负号的设置

data = pd.read_csv('chap7_weather.csv', header = 0)    # 读取数据
data['date_time'] = pd.to_datetime(data['date_time'])    # 转变时间格式
data_mean = data.resample('1H', on = 'date_time').mean()    # 计算小时平均值
```

```
data_std = data.resample('1H',on = 'date_time').std()      #计算小时平均值的标准差

data_result = pd.DataFrame()    #新建空白数据框,用于存放绘图数据
data_result['Temp_mean'] = data_mean['Temp']    #添加平均值
data_result['Temp_std'] = data_std['Temp']    #添加标准差
data_result.index = data_mean.index    #设置索引为时间序列
data_result.eval('lowv = Temp_mean - 2 * Temp_std',inplace = True)    #计算误差下限为平均值减去 2 倍标
准差
data_result.eval('upv = Temp_mean + 2 * Temp_std',inplace = True)      #计算误差上限为平均值加 2 倍标
准差

fig,ax = plt.subplots()    #分离画布对象 fig 和绘图区对象 ax

ax.errorbar(data_result.index,    #x 轴数据为时间
            data_result['Temp_mean'],    #y 轴为温度平均值
            yerr = data_result['Temp_std'],    #误差棒的数据为标准差
            color = 'k',    #图线颜色
            linestyle = ':',    #图线类型为虚线
            alpha = 1,    #透明度
            fmt = '-o',    #数据点误差棒类型为连线圆圈
            ms = 4,    #数据点尺寸
            mec = 'k',    #数据点边缘颜色
            mfc = 'k',    #数据点中心颜色
            ecolor = 'k',    #误差棒颜色
            elinewidth = 1,    #误差棒线宽度
            capsize = 3,    #误差棒端点长度
            errorevery = 1)    #数据点颜色

#添加误差范围填充区域
ax.fill_between(data_result.index,    #x 轴是时间
            data_result['lowv'],    #阴影图上限
            data_result['upv'],    #阴影范围下限
            color = 'gray',    #阴影颜色
            alpha = 0.2)    #透明度

ax.set_ylabel('温度( $ ^\circ $ C)',fontsize = 15)    #设置左侧 y 轴标签及字体大小
ax.set_xlabel('时间',fontsize = 15)    #设置左侧 y 轴标签及字体大小
ax.xaxis.set_major_formatter(mdate.DateFormatter('% H:% M'))    #设置 x 轴时间显示格式
```

```
fig.savefig('图 7.2_带误差棒的温度变化图.png',dpi = 300)#设置图片保存的名称和分辨率
```

在 Jupyter notebook 或 Spyder 中运行程序,完毕后在设置的路径文件夹中生成带误差棒的温度变化图,见图 7.2。

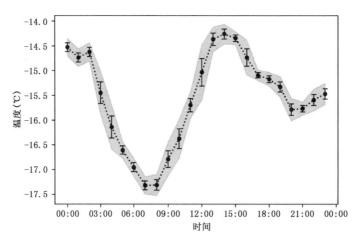

图 7.2　误差棒时间序列图

7.2　散点图

散点图的绘图函数为 plt.scatter(x,y),函数接收一对 x 和 y 坐标,并在指定位置绘制一个点,点的形状等特征可以定制。对于一维数据散点图,也可用 plt.plot 函数绘制。本小结重点介绍的为多维数据的散点图,详细的参数设置说明和使用方法请查看官方文档:

https://matplotlib.org/3.1.0/api/_as_gen/matplotlib.pyplot.scatter.html。

本小结以大气冰核数浓度与活化温度、气溶胶数浓度的关系散点图为例,介绍散点图的应用,数据摘选自毕凯等(2020)文章中的图 8。数据文件为"chap7_ INP_Scatter.csv",文件中数据共 5 列,分别为编号、温度、数浓度、冰核浓度测量值和冰核浓度计算值。我们将绘制冰核数浓度计算值和测量值之间的散点图,散点的颜色差异用温度值表示,散点大小用数浓度数据表示。程序文件见"chap7_fig7.3.py",完整代码及说明如下:

```
import os #导入系统模块
os.chdir("E:\\BIKAI_books\\data\\chap7") #设置路径
os.getcwd()#获取路径
import matplotlib.pyplot as plt　#导入绘图模块
import pandas as pd #导入数据处理模块
import numpy as np #导入数据处理模块
import matplotlib
```

```
matplotlib.rcParams['font.sans-serif'] = ['FangSong']    # 用仿宋字体显示中文
matplotlib.rcParams['axes.unicode_minus'] = False        # 正常显示负号的设置


data = pd.read_csv('chap7_INP_Scatter.csv', header = 0) # 读取数据


fig, ax = plt.subplots()    # 分离画布对象 fig 和绘图区对象 ax
fig.set_size_inches(8,6)    # 设置图片尺寸,单位为英寸


sca = ax.scatter(data['INP_measure'],  # x 轴数据为冰核数浓度测量值
                 data['INP_Cal'],     # y 轴数据为冰核数浓度计算值
                 alpha = 0.8,          # 透明度
                 c = data['temp'],     # 数据点颜色用温度数据来表示
                 edgecolors = 'k',     # 散点边缘颜色为黑色
                 s = [x/2 for x in data['aps_conc'].tolist()], # 散点尺寸用数浓度表示,为调整大小进
行了缩放
                 linewidths = 0.2,     # 散点轮廓尺寸
                 cmap = 'bwr')         # 色标用'bwr'类型


ax.set_xscale('log')  # 设置 x 轴刻度显示方式
ax.set_yscale('log')  # 设置 y 轴刻度显示方式
ax.set_ylabel('冰核浓度计算值(个/L)', fontsize = 12)  # 设置 y 轴标签及字体尺寸
ax.set_xlabel('冰核浓度测量值(个/L)', fontsize = 12)    # 设置 x 轴标签及字体尺寸
ax.grid(True, linestyle = ":", linewidth = 1, alpha = 0.5)  # 设置网格线显示类型


# 设置色标
gap_cb = np.linspace(-40, -10, 7, endpoint = True)    # 设置色标数组
fig.subplots_adjust(left = 0.07, right = 0.87)    # 调整主图尺寸
box = ax.get_position()  # 获取主图尺寸
pad, width = 0.02, 0.015
cax = fig.add_axes([box.xmax + pad, box.ymin, width, box.height])    # 设置色标位置参数
cbar = fig.colorbar(sca, cax = cax, ticks = gap_cb, extend = 'both')    # 绘制色标
fig.text(0.93, 0.87, '$^{\circ}$C', fontsize = 12, color = 'k', ha = 'right', va = 'bottom', alpha =
1) # 设置色标单位字体


fig.savefig('图 7.3_散点图.png', dpi = 300, bbox_inches = None, pad_inches = 1.5)  # 设置图片保存的
名称、类型、分辨率及画布微调
```

在 Jupyter Notebook 或 Spyder 中运行程序,完毕后在设置的路径文件夹中生成散点图,见(彩)图 7.3。

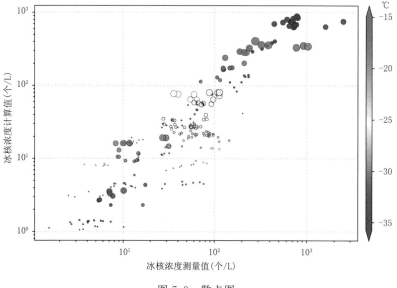

图 7.3　散点图

7.3　风玫瑰图

风玫瑰图是气象中常用来绘图风向风速的图形,通常表示某个方向上风向风速的概率分布,也可以绘图描述空气污染的来源。风玫瑰图可以通过 Windrose 程序包和条形图 plt. bar 函数方便地绘制,Windrose 程序包底层框架采用 Matplotlib 绘图,接收的数据可以是 NumPy 数组或者 Pandas 的数据框(DataFrame)格式。Windrose 的安装请参考 2.4.2 节。在使用前首先导入 Windrose:

from windrose import WindroseAxes

本节以自动站的风向风速为例,介绍风玫瑰图的绘图方法。数据文件为"chap7_ windrose. csv",文件中数据共 3 列,分别为编号、风速和风向。程序文件见"chap7_fig7.4. py",完整代码及说明如下:

```
import os #导入系统模块
os.chdir("E:\\BIKAI_books\\data\\chap7") #设置路径
os.getcwd() #获取路径
import matplotlib.pyplot as plt  #导入绘图模块
import pandas as pd #导入数据处理模块
import numpy as np #导入数据处理模块
import matplotlib
matplotlib.rcParams['font.sans-serif'] = ['FangSong']  # 用仿宋字体显示中文
```

```
matplotlib.rcParams['axes.unicode_minus'] = False      # 正常显示负号的设置

from windrose import WindroseAxes #导入风玫瑰图模块

data = pd.read_csv('chap7_windrose.csv', header = 0)#读取数据

# 转成 ndarray 矩阵
data_wd = np.array(data['WIND_D']) #风向矩阵
data_ws = np.array(data['WIND_S']) #风速矩阵

ax = WindroseAxes.from_ax() #调用风玫瑰图模块绘图
ax.bar(data_wd, #设置风向数据
       data_ws, #设置风速数据
       nsector = 16, #风向分为 16 个区间
       bins = 6, #风速分档
       normed = True,
       opening = 0.8, #设置射线夹角
       edgecolor = 'white', #设置边框颜色为白色
       alpha = 1) #设置透明度

ax.set_legend(loc = 'best')#设置图例位置
plt.savefig('图 7.4_风玫瑰图.png', #设置图片保存名称与图片标题名称一致
        dpi = 300) #设置图片分辨率
```

在 Jupyter Notebook 或 Spyder 中运行程序,完毕后在设置的路径文件夹中生成风玫瑰图,见图 7.4。

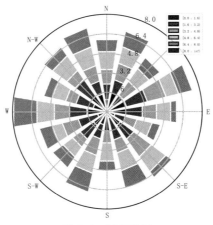

图 7.4　风玫瑰图

7.4　箱线图

　　箱线图(Box-plot)又称为箱形图、盒须图或盒式图,是数据统计中最常用到的图形之一(图 7.5),主要用于显示两组或多组数据内部整体的分布分散情况,包括上下限、各分位数、异常值。本小结先介绍箱线图上各部位的含义。

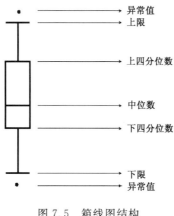

图 7.5　箱线图结构

　　图 7.5 中,上限默认是大于上四分位数 1.5 倍四分位数差的值,下限为小于下四分位数 1.5 倍四分位数差的值,上下限以外的数值称为异常值。箱线图常用来检测异常值,但在大气与环境科学领域外场观测数据中,往往箱线图默认的异常值并不代表错误值,因此为了展示数据的分布情况,通常在绘图时上下限需要根据实际数据进行调整,比如,10%和 90%,甚至代表整个数据的范围。

　　Matplotlib 中绘制箱线图的函数为 plt. boxplot(),详细参数设置请参考官方文档:https://matplotlib. org/3. 2. 1/api/_as_gen/matplotlib. pyplot. boxplot. html。本节以大气冰核在不同活化温度下的数浓度分布为例介绍箱线图在实际中的绘制应用。数据文件为"chap7_ INP_Scatter.csv",文件中数据共 5 列,分别为编号、温度、数浓度、冰核浓度测量值和冰核浓度计算值。我们将提取 5 组温度下的冰核数浓度,并绘制箱线图。程序文件见"chap7_fig7. 6. py",完整代码及说明如下:

```
import os  # 导入系统模块
os.chdir("E:\\BIKAI_books\\data\\chap7")  # 设置路径
os.getcwd()  # 获取路径
import matplotlib.pyplot as plt  # 导入绘图模块
import pandas as pd  # 导入数据处理模块
import matplotlib
```

```
matplotlib.rcParams['font.sans - serif'] = ['FangSong']    # 用仿宋字体显示中文
matplotlib.rcParams['axes.unicode_minus'] = False       # 正常显示负号的设置


# 获取数据
data = pd.read_csv('chap7_INP_Scatter.csv', header = 0) # 读取数据


data_15 = pd.DataFrame()
data_15['in_conc_sample'] = data['INP_measure'][(data['temp'] < = - 13) & (data['temp'] > = - 17)]
# 提取 - 15 数据


data_20 = pd.DataFrame()
data_20['in_conc_sample'] = data['INP_measure'][(data['temp'] < = - 19) & (data['temp'] > = - 21)]
# 提取 - 20 数据


data_25 = pd.DataFrame()
data_25['in_conc_sample'] = data['INP_measure'][(data['temp'] < = - 24) & (data['temp'] > = - 26)]
# 提取 - 25 数据


data_30 = pd.DataFrame()
data_30['in_conc_sample'] = data['INP_measure'][(data['temp'] < = - 29) & (data['temp'] > = - 31)]
# 提取 - 30 数据


data_35 = pd.DataFrame()
data_35['in_conc_sample'] = data['INP_measure'][(data['temp'] < = - 33) & (data['temp'] > = - 37)]
# 提取 - 35 数据


# 箱线图绘图
fig, ax = plt.subplots()    # 分离画布对象 fig 和绘图区对象 ax
fig.set_size_inches(8,6)    # 设置图片尺寸,单位为英寸


inp_box = [data_15['in_conc_sample'],
          data_20['in_conc_sample'],
          data_25['in_conc_sample'],
          data_30['in_conc_sample'],
          data_35['in_conc_sample']] # 把每组数据放到一个列表数据结构中


ax.boxplot(inp_box, # 不同温度下的箱线图数据列表
          sym = 'k + ', # 设置箱线图的异常点颜色和表示方法
```

```
            vert = True, ♯ 设置显示方向为垂直
            showmeans = True, ♯ 显示平均值
            meanline = False, ♯ 不显示平均线条
            meanprops = dict(linestyle = 'solid', ♯ 设置平均值的线条类型
                            marker = 'o', ♯ 设置平均值的数据显示类型为圆圈
                            markersize = 8, ♯ 设置平均值数据点的图形尺寸
                            markerfacecolor = 'w', ♯ 设置平均值数据点的中心颜色
                            markeredgecolor = 'r', ♯ 设置平均值数据点的边缘颜色
                            markeredgewidth = 2), ♯ 设置平均值线条宽度
            showfliers = True, ♯ 显示离群值
            flierprops = {'color':'gray', 'marker':'.', 'markersize':3, 'markeredgecolor':'gray'}, ♯
设置离群值为灰色、形状为点,尺度为3
            boxprops = dict(color = 'k'), ♯ 设置箱体颜色为黑色
            medianprops = dict(linestyle = 'solid', ♯ 设置中值线条类型
                              color = 'k', ♯ 设置中值颜色
                              linewidth = 2), ♯ 设置中值数据线条宽度
            whis = (10, 90) ) ♯ 上下限区间为 10% 和 90% 的数据范围


♯ 坐标轴设置
ax.set_xticks([1,2,3,4,5]) ♯ x 轴显示
ax.set_xticklabels([ - 15, - 20, - 25, - 30, - 35])    ♯ x 轴新坐标
ax.set_ylabel('冰核数浓度/L$^{ - 1}$ ',fontsize = 15)
ax.grid(True,linestyle = ":",linewidth = 1,alpha = 0.5)
ax.set_yscale('log') ♯ y 轴刻度显示格式
ax.set_xlabel('活化温度/ $^{\circ}C$ ',fontsize = 15)
ax.tick_params(labelsize = 15)


fig.savefig('图 7.6_箱线图.png',dpi = 300) ♯ 设置保存图片的名称、格式、分辨率
```

在 Jupyter Notebook 或 Spyder 中运行程序,完毕后在设置的路径文件夹中生成箱线图,见图 7.6。

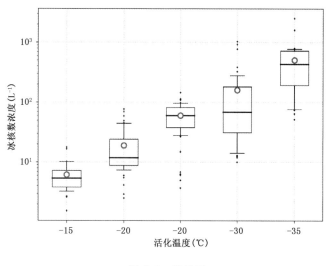

图 7.6　箱线图

7.5　粒子谱分布图

　　粒子谱图是大气气溶胶和云降水最常绘制的图形之一,通常在二维平面图上显示叠加分粒径浓度信息,从而获得粒子尺度浓度随时间变化的直观显示。Matplotlib 中最常用的绘制粒子谱的函数为 plt. contourf(),该函数的详细参数设置请参考官方文档:https://matplot-lib. org/3. 2. 1/api/_as_gen/matplotlib. pyplot. contourf. html。另外也可以通过另一个函数进行绘制 plt. pcolormesh(),详细参数设置和使用说明请参考官方文档:https://matplotlib. org/3. 2. 1/api/_as_gen/matplotlib. pyplot. pcolormesh. html。

　　本小节以气溶胶的时间序列数据为例介绍 plt. contourf() 和 plt. pcolormesh() 绘制粒子谱的方法。数据节选来自 Bi 等(2019)文章中图 2,本例数据文件为“chap7_PSD. csv”,文件中数据为时间和对应的每档的数浓度分布。程序文件见“chap7_fig7. 7. py”,完整代码及说明如下:

```
import os  # 导入系统模块
os.chdir("E:\\BIKAI_books\\data\\chap7")  # 设置路径
os.getcwd()  # 获取路径
import matplotlib.pyplot as plt    # 导入绘图模块
import pandas as pd  # 导入数据处理模块
import matplotlib
matplotlib.rcParams['font.sans - serif'] = ['FangSong']    # 用仿宋字体显示中文
matplotlib.rcParams['axes.unicode_minus'] = False        # 正常显示负号的设置
```

```python
import matplotlib.colors as clr # 导入颜色处理函数
import matplotlib.dates as mdate # 导入日期显示模块
import numpy as np # 导入数据处理模块
from numpy import ma # 导入数据遮挡模块
import math # 导入计算模块


# %% 获取数据
data = pd.read_csv('chap7_PSD.csv', header = 0) # 读取数据


data['date_time'] = pd.to_datetime(data['date_time'], format = '%Y - %m - %d %H: %M: %S') # 转
换日期时间类型
data = data.set_index('date_time') # 设置索引为日期时间


# %% 以下为数浓度绘图
x = data.index.tolist() # 设置 x 轴
y = [float(a) for a in data.columns.tolist()] # 设置 y 轴为分档的粒径值, 数据为字符串, 转为浮点型数据
X, Y = np.meshgrid(x, y) # 生成 xy 绘图矩阵


# %% 以下为设置色标刻度间隔
z = data.values
z_tem = ma.masked_where(z < = 0, z) # 遮挡 0 值和负值
z_tem2 = pd.DataFrame(z_tem)
z_tem2.index = data.index


# %% 剔除关机时段, 如果有中断 20 min 以上, 则设置空白
for ii in range(len(x) - 1):
    if (x[ii + 1] - x[ii]).seconds > 1200 :
        z_tem2.loc[x[ii]:x[ii + 1], :] = np.nan
Z_dn = z_tem2.T # 转置为同 xy 相同的类型


gap_ax_dn = np.logspace(math.log10(0.1), math.log10(800), 30, endpoint = True) # 色标区分转为指数形
式, 分为 30 个区间


fig, (ax1, ax2) = plt.subplots(2, 1, sharex = True) # 分离画布对象 fig 和绘图区对象 ax1, ax2 这 2 个子
图, 2 行 1 列的形式
fig.set_size_inches(8, 6) # 设置图片尺寸, 单位为英寸


# %% ax1 使用 contourf 绘制
```

```
im1 = ax1.contourf(X, # x 轴时间序列数据
                   Y, # y 轴尺度数据
                   Z_dn, # 粒子谱矩阵数据
                   gap_ax_dn, # 色标间隔
                   norm = clr.LogNorm(), # 对数显示
                   cmap = 'jet', # 颜色库 )
# % % ax1 使用 pcolormesh 绘制
im2 = ax2.pcolormesh(x, # x 轴时间序列数据
                   y, # y 轴尺度数据
                   Z_dn, # 粒子谱矩阵数据
                   norm = clr.LogNorm(), # 对数显示
                   cmap = 'jet', # 颜色库
                   vmin = 0.1, # 色彩对应的数值下限
                   vmax = 800) # # 色彩对应的数值上限


# 设置主图附加信息
ax1.set_ylabel('尺度($\mu$m)') # 设置 y 轴标签

ax2.set_ylabel('尺度($\mu$m)') # 设置 y 轴标签
ax1.set_yscale('log')   # 设置指数显示 y 轴尺寸
ax2.set_yscale('log')   # 设置指数显示 y 轴尺寸
ax1.tick_params(labelsize = 15) # 设置坐标轴标签字体大小
ax2.tick_params(labelsize = 15) # 设置坐标轴标签字体大小
ax1.set_title('contourf 绘图粒子谱', fontsize = 16) # 设置标题
ax2.set_title('pcolormesh 绘图粒子谱', fontsize = 16) # 设置标题
ax2.xaxis.set_major_formatter(mdate.DateFormatter('%H:%M'))   # 设置 x 轴日期时间格式显示


fig.subplots_adjust(left = 0.07, right = 0.87) # 调整图片尺寸


# % % 设置 ax1 色标
box_aps_dn1 = ax1.get_position() # 获得主图坐标
pad, width = 0.01, 0.01   # 获得主图位置
cax_aps_dn1 = fig.add_axes([box_aps_dn1.xmax + pad, box_aps_dn1.ymin, width, box_aps_dn1.height])
    # 设置色标的位置
cbar_aps_dn1 = fig.colorbar(im1, cax = cax_aps_dn1, ticks = [0.1,1,10,100,1000], extend = 'max') # 绘图
色标
cbar_aps_dn1.set_label('数浓度(个/$cm^3$)') # 设置数浓度色标单位
cbar_aps_dn1.ax.tick_params(labelsize = 10)   # 设置色标的标尺字体大小
```

```
# %% 设置 ax2 色标
box_aps_dn2 = ax2.get_position() # 获得主图坐标
cax_aps_dn2 = fig.add_axes([box_aps_dn2.xmax + pad, box_aps_dn2.ymin, width, box_aps_dn2.height])
    # 设置色标的位置
cbar_aps_dn2 = fig.colorbar(im2,cax = cax_aps_dn2,ticks = [0.1,1,10,100,1000],extend = 'max') # 绘
图色标
cbar_aps_dn2.set_label('数浓度(个/$cm^3$)') # 设置数浓度色标单位
cbar_aps_dn2.ax.tick_params(labelsize = 10)    # 设置色标的标尺字体大小

fig.savefig('粒子谱时间序列.png',dpi = 300) # 设置图片保存的名称、格式和分辨率
```

在 Jupyter Notebook 或 Spyder 中运行程序,完毕后在设置的路径文件夹中生成粒子谱时间序列图,见(彩)图 7.7。

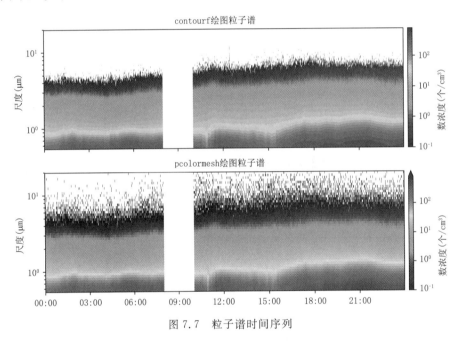

图 7.7　粒子谱时间序列

7.6　地图叠加绘图——后向轨迹

在地理信息图上叠加观测数据可视化是业务和科研中经常面对的任务,比如气象上绘图降雨量信息、天气场、污染物后向轨迹来源等。Python 中的 Basemap 模块,功能强大,语法简单、清晰,能够方便地实现需求。Basemap 是 Matplotlib 的一个附加工具包,负责实现地理信息可视化,通过结合 Matplotlib 可以绘制出很多漂亮的地图。Basemap 的详细使用请查看官

方文档材料:https://matplotlib.org/basemap/。Basemap 模块的安装请查看 2.4.2。

　　后向轨迹(HYSPLIT)是一种计算和分析大气污染物输送、扩散轨迹的专业模型。常用来研究采样期间大气气团来源分析,详细使用请参考官方文档:https://www.ready.noaa.gov/HYSPLIT_traj.php。本节以后向轨迹模型计算的轨迹数据的展示为例,介绍 Basemap 的使用。数据文件为"chap7_19042513",是 HYSPLIT 系统解算出来的(40.528°N, 115.74°E)站点的气团在过去 36 h 的后向轨迹位置,数据内存放了目标站点轨迹点的经纬度和高度,气块在不同时间的经纬度和高度信息。需要把轨迹信息绘制到地图底图。程序文件为"chap7_fig8.py",完整代码及说明如下:

```python
import os  # 导入系统模块
os.chdir("E:\\BIKAI_books\\data\\chap7")  # 设置路径
os.getcwd()  # 获取路径
import matplotlib.pyplot as plt   # 导入绘图模块
import pandas as pd  # 导入数据处理模块
import matplotlib
matplotlib.rcParams['font.sans-serif'] = ['FangSong']   # 用仿宋字体显示
matplotlib.rcParams['axes.unicode_minus'] = False    # 正常显示负号的设置
# % % 设置 basemap 环境变量,导入包
os.environ['PROJ_LIB'] = 'D:\\anaconda3\\Library\\share'  # 设置绘图环境变量,使用说明见本书 2.4.2
# 节中 basemap 模块的安装
import numpy as np  # 导入数据处理模块
from mpl_toolkits.basemap import Basemap  # 导入 basemap 模块


# 读入数据
data_back = pd.read_table('chap7_19042513', sep='\s+', skiprows=12, header=None)  # 读入数据,数
# 据间隔为单个或多个空格,跳过前 12 行,无标题行
data_back.columns = ['a', 'b', 'year', 'month', 'day', 'hour', 'min', 'code', 'time', 'lat', 'lon', '
height', 'p_height']  # 设置数据的标题


# 绘图
fig, ax1 = plt.subplots()   # 分离画布对象 fig 和绘图区对象 ax
fig.set_size_inches(8, 6)   # 图片尺寸,单位为英寸


m = Basemap(projection='cyl',  # 投影方式
            llcrnrlon=100,  # 设置图形左下角的经度
            urcrnrlon=131,  # 设置图形右上角的经度
            llcrnrlat=30,   # 设置图形左下角的纬度
            urcrnrlat=51,   # 设置图形右上角的纬度
```

```
                ax = ax1,    #地图叠加的绘图区对象
                resolution = 'c')   #地图分辨率为原始分辨率

m.drawcoastlines(linewidth = 0.72, color = 'gray')   #绘制大陆海岸线的线条宽度和颜色
m.arcgisimage(service = 'ESRI_Imagery_World_2D', xpixels = 1500, verbose = True)   #调用卫星投影模
式

# % % 叠加行政区划
m.readshapefile('shp_for_basemap/bou2_4p',   #设置行政区地理信息
            'bou2_4p',       #设置行政区地理信息
            color = 'w',        #设置行政区颜色
            linewidth = 0.5)     #设置行政区线条宽度

# % % 绘制纬度线,4 个 label 表示左右上下
m.drawparallels(np.arange(30, 51, 10),      #设置纬度线绘范围和间隔
            labels = [1, 0, 0, 0],      #设置为左侧显示纬度线
            linewidth = 0.0,)       #纬度线宽度设为 0

# % % 绘制等经度线
m.drawmeridians(np.arange(100, 131, 10),     #设置经度线绘图范围和间隔
            labels = [0, 0, 0, 1],      #设置为右侧显示经度线
            linewidth = 0.0,)       #经度线宽度设为 0

# % % 设置坐标轴标签
ax1.set_yticks(np.arange(30, 51, 10))      #设置 y 轴尺寸范围和间隔
ax1.set_yticklabels([])      #设置 y 轴标签空白
ax1.set_xticks(np.arange(100, 131, 10))     #设置 x 轴尺寸范围和间隔
ax1.set_xticklabels([])       #设置 x 轴标签空白
ax1.set_title("36 小时后向轨迹路径",fontsize = 20)

# # 绘制站点
m.plot(data_back.lon, data_back.lat, lw = 2, color = 'r')    #绘制线图
fig.savefig('图 7.8_后向轨迹.png',dpi = 300)
```

在 Jupyter Notebook 或 Spyder 中运行程序,完毕后在设置的路径文件夹中生成后向轨迹
图,见图 7.8。

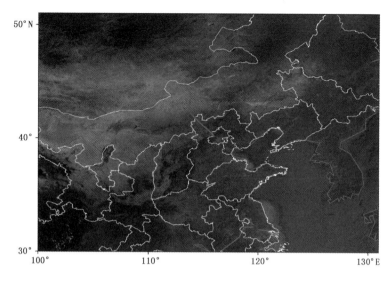

图 7.8　Basemap 绘制的后向轨迹图

7.7　gif 动态展示图

在展示工作报告的时候,为了更直观清晰地展示数据,有时需要科研成果以动画的形式展示。目前市面上下载的制作动图的软件,要么是收费的,要么带水印,或者图片质量被压缩,影响了最后使用效果。而利用 Python 的 Imageio 模块可以方便地把多个图片制作成 gif 动画,快捷、方便、gif 设置灵活。Imageio 模块的安装请参考 2.4.2 节。

利用 Imageio 模块生成 gif 图片的步骤如下:

(1)把所有图片(例如,png 格式)放入目标文件夹;

(2)使用 Glob 批处理模块把所有的图片文件读入一个列表(list);

(3)根据目标 gif 图中的显示顺序对列表中的图片文件进行排序;

(4)使用 Imageio 依次读取图片文件,并汇集;

(5)根据图片切换速率的需求把汇集的结果保存到 gif 文件名中。

本节以雷达和降水的系列图片为例,介绍 gif 动图制作方法。数据文件夹为"gif_maker_python",里面共有 9 张不同时次的图片。本例代码重点介绍 gif 图的制作,未涉及图片排序的内容,对列表中内容进行排序的方法请查看本书其他部分(例如,4.2.3 节和 4.4.1 节)。程序文件为"chap7_fig9.py",完整代码及说明如下:

```
import os # 导入系统模块
os.chdir("E:\\BIKAI_books\\data\\chap7\\gif_maker_python") # 设置路径
os.getcwd()   # 获取路径
```

```
import imageio  # 导入 gif 制作模块
import glob  # 导入批处理模块
fig_filenames = glob.glob(" * .png")  # 找出所有需要拼接的图片名称
gif_single_image = [ ]
for fig_name in fig_filenames:
    gif_single_image.append(imageio.imread(fig_name))  # 依次读取并拼接到文件
imageio.mimsave('radar_rainfall1.gif',  # 保存的 gif 文件名称
                gif_single_image,  # 已经拼接的文件
                duration = 1)  # gif 图中两帧之间的时间间隔,单位为秒
```

　　另外,使用 FFmpeg 工具也可以创建动画实现 gif 的制作。FFmpeg 是一个强大的开源命令行多媒体处理工具。FFmpeg 模块的安装请参考第 2.4.2 节。通过 Python 的 Subprocess 模块进行调用 FFmpeg,相当于直接在命令行中使用 FFmpeg。利用 FFmpeg 绘制 gif 图的代码如下:

```
import os  # 导入系统模块
os.chdir("E:\\BIKAI_books\\data\\chap7\\gif_maker_python")  # 设置路径
os.getcwd()  # 获取路径
import subprocess  # 导入外部调用模块

fps = 1  # 设置动画帧率,单位为 Hz
shell_input = ['D:\\ffmpeg - 20200626 - 7447045 - win64 - static\\bin\\ffmpeg',  # 安装 ffmpeg 的地址
               ' - r',
               str(fps),  # 设置编码帧率
               ' - i',
               '% d.png',  # 设置输入的图片的特征
               '图 7.10_gif_by_ffmpeg_radar_rainfall1.gif']  #  # 保存的 gif 文件名称
gif = subprocess.Popen(args = shell_input, stdin = subprocess.PIPE, stdout = subprocess.PIPE, stderr = subprocess.PIPE, universal_newlines = True)  # 调用子进程
```

第三部分　实战应用

　　本部分针对科研和业务中常用的几种外场观测设备的数据处理与绘图应用进行系统分析与讲解,使读者对 Python 的编程使用方法有基本的理解与掌握。本部分共 8 章,为第 8～15 章。第 8 章介绍如何编写一个完整的程序,第 9 章介绍自动气象站资料的处理与绘图,第 10 章介绍空气动力学粒径谱仪(APS)的数据处理与绘图,第 11 章介绍中尺度模式 WRF 的数据处理与绘图,第 12 章介绍飞机气象数据处理与绘图,第 13 章介绍机载气溶胶和云降水物理探测器的数据处理与绘图,第 14 章介绍微波辐射计的数据处理与绘图,第 15 章介绍雾滴谱仪的数据处理与绘图。

　　本部分的讲解侧重程序的完整性和实用性,从数据介绍开始,然后介绍程序任务分解和编写思路,最后介绍完整的代码和程序说明。读者可以同步进行练习,加深理解代码的含义和编程思路。从本章开始,随着程序代码逐渐复杂,推荐使用 Spyder 集成开发环境运行程序。

第8章 如何编写一个完整的程序

很多 Python 初学者花费大量的时间和精力学习 Python 的基础编程知识,但当面对日常业务和科研中要解决的实际问题时,却不知如何下手。这其中很重要的一个原因是对编程思路和编程步骤缺乏足够的整体规划。

本章以地面水汽密度的计算和绘图为例介绍编写一个完整程序的主要过程及注意事项,启发读者在实际应用时建立自己的编程套路,提高解决问题的效率。

编写程序的主要步骤包括:需求分析、任务分解、建立程序模板、分任务构建子函数、主程序添加、运行与测试等。

8.1 需求分析

本章的目标是了解低能见度事件(能见度<1000 m)过程中比湿(指单位体积空气内水汽质量与湿空气总质量之比,反映了大气水汽状况)随能见度和相对湿度的变化。图形展示为多 y 轴展示,数据图左侧坐标轴为能见度,右侧为比湿和相对湿度。

本章示例数据文件为"chap8_200912.txt",是地面气象记录的 txt 数据,包括日期、时间、能见度、相对湿度、温度、气压、风速、风向、水汽压、露点温度和降水量等要素。

8.2 任务分解

根据上述需求,程序中的任务可以分为 3 部分。分别为:

(1)读取数据。使用 Pandas 模块读取地面气象记录的数据,把各要素转为数值格式,修改日期和时间数据字符串为标准格式的日期时间列。

(2)构造函数计算比湿参量。根据气压和水汽压的数据,进一步计算比湿,函数最终返回数据框(DataFrame)结构的时间列、能见度、比湿和相对湿度 4 列数据。比湿最终计算公式见公式(8.1):

$$q = \frac{622e}{p - 0.378e} \tag{8.1}$$

式中,q 是比湿,单位是 g/kg;e 是水汽压,单位是 hPa;p 是气压,单位是 hPa。

（3）绘图。构造绘图函数执行绘图任务，并保存图片。使用 Matplotlib 绘制能见度、相对湿度和计算后的比湿的时间序列点线图。

8.3 在程序模板上编写程序

为了每次编程方便，建议读者根据喜好和需要建立适合自己的程序模板，这样每次新编写程序的时候只需要重点编写程序的核心部分即可。模板通常包括以下几个方面：

（1）程序编码声明

编码声明是 Python 代码文件中声明编码方式的语法代码，通常为固定格式，放到程序的第 1 行和第 2 行。

Python 默认源代码文件是 ASCII 编码，但 ASCII 编码不存在中文，在处理中文字体时程序会出错。可以使用编码声明，随后 Python 解释器会在解释文件的时候用到这些编码信息。常用的设置如下：

```
#!/usr/bin/env python3
# -*- coding: utf-8 -*-
```

这时，Python 就会依照 utf-8 的编码形式解读字符，然后转换成 UNICODE 编码在内存中使用。

（2）程序基本信息

通常放在程序编码信息之后，以文档字符串的形式把程序基本信息放到三引号（" """ """"）内，三引号的形式用来输入多行文本。程序基本信息包含程序的名称、撰写人、首次撰写时间、程序功能、已经完成的情况、接下来要完成的情况等等。结合本例的程序基本信息如下：

```
"""
 * * * * * * * * * * * * * * * * * * * * * * * * * * * * * *
@ 文件名:chap8_exam_code_1.py
@ 程序名称: 比湿的计算与绘图程序
@ 版本:V1.0
 * * * * * * * * * * * * * * * * * * * * * * * * * * * * * *
@完成人: 毕凯
@联系方式: bikai_picard@vip.sina.com
@创建时间:  2020.1.1
@完成时间:  2020.1.1
 * * * * * * * * * * * * * * * * * * * * * * * * * * * * * *
@程序功能:
(1)读取数据
```

(2)构造函数计算比湿参量

(3)绘制能见度、相对湿度和比湿时间序列

* *

@程序更新日志:

2020.1.1 完成基本功能

* *

@下一步任务:

* *

"""

(3)导入模块

可以把常用的程序模块做成模板,在 Spyder 打开新程序文件时自动导入。程序编写完毕后没有用到该模块,Spyder 会提示,届时再删除即可。本个例中用的库及导入方法如下:

```python
import os  #导入系统模块
os.chdir("E:\\BIKAI_books\\data\\chap8")  #设置数据路径
os.getcwd()  #获取路径
import pandas as pd  #导入数据处理模块
import matplotlib
matplotlib.rcParams['font.sans-serif'] = ['FangSong']    # 用仿宋字体显示中文
matplotlib.rcParams['axes.unicode_minus'] = False        # 正常显示负号的设置
import matplotlib.pyplot as plt  #导入绘图模块
import matplotlib.dates as mdate  #导入日期修改模块
import time  #导入时间模块
start = time.clock()  #程序开始时设置时间钟,用于计算程序耗时
```

(4)编写子函数

根据任务分解,编写每块任务的处理函数。程序运行对定义函数程序块的顺序没有要求,通常来说把被调用的函数放到前面。如果函数中有调用其他函数,则该函数放后面。本章中个例的 3 个函数定义如下:

```python
def read_file(file_name):  #命名函数和传入参数
    '''构建读取数据函数,读入文件名,把各要素转为数值格式,添加标准格式的日期时间列.屏幕输出各数据名的数据类型,查看是否为数值.调用函数计算水汽密度.输出时间、能见度、比湿和相对湿度参量.'''
    data_weather = pd.read_table(file_name,  #设置文件名
                        sep = '\s + ',  #设置数据间隔
                        header = None)  #设置为数据无标题

    data_weather.columns = ['date','time','visibility','RH','Temp','Pressure','wind_S','wind_D','water_vapor_pressure','dew_point','rainfall']  #设置新的数据标题
```

```python
# % % 以下为转换标准日期时间格式
data_weather['date'] = pd.to_datetime(data_weather['date'])
time_list = data_weather['time'].values.tolist()  # 转为 list 文件
time_list1 = [str(i) + ':00' for i in time_list]  # 改变时间格式
data_weather['time'] = pd.to_timedelta(time_list1)

data_weather['date_time'] = data_weather['date'] + pd.to_timedelta(data_weather['time'].astype(str))  # 转为标准日期时间格式

data_weather['specific_humidity'] = data_weather.apply(lambda x: cal_specific_humidity(x['Pressure'], x['water_vapor_pressure']), axis = 1)  # 调用函数计算比湿
print(data_weather.dtypes)  # 屏幕反馈每种数据的名称和数据类型
data2 = data_weather.loc[:, ['date_time', 'visibility', 'RH', 'specific_humidity']]  # 筛选常用的数据信息
return(data2)  # 返回数据


def plot_weather_info(data_weather):
    '''构造绘图函数,并保存图片,绘制能见度、相对湿度和计算后的水汽密度的时间序列图'''
    fig, ax = plt.subplots()    # 分离画布对象 fig 和绘图区对象 ax
    fig.set_size_inches(10, 5)  # 设置图片尺寸,单位为英寸

    ax1 = ax.twinx()  # 设置双 y 轴绘图区 ax1
    ax2 = ax.twinx()  # 设置双 y 轴绘图区 ax2

    f0, = ax.plot(data_weather['date_time'],  # 设置 x 轴为时间
            data_weather['visibility'],  # 主图左侧坐标轴为能见度
            c = 'k',  # 设置线条颜色
            ls = '',  # 设置线条连线为空白
            marker = 'o',  # 设置数据点标志
            ms = 2,  # 设置数据点尺寸
            lw = 1,  # 设置线条宽度
            mec = 'k',  # 设置数据点边缘颜色
            mfc = 'k',  # 设置数据点中心颜色
            alpha = 0.3,  # 设置透明度
            label = '能见度 (m)')  # 设置图例标签

    f1, = ax1.plot(data_weather['date_time'], data_weather['RH'], c = 'r', ls = '', marker = 'o', ms = 2, lw = 1, mec = 'r', mfc = 'r', alpha = 0.3, label = '相对湿度( % )')  # 设置右侧第一 y 轴绘图
```

```
f2, = ax2.plot(data_weather['date_time'],data_weather['specific_humidity'],c = 'b',ls = '',
marker = 'o',ms = 2,lw = 1,mec = 'b',mfc = 'b',alpha = 0.3,label = '比湿(g/kg)') #设置右侧第二 y 轴绘
图,同上

    ax.set_title('湿度等参量时间序列图',fontsize = 15) #设置图片标题
    ax.set_ylabel('能见度 (m)',fontsize = 15) #设置左侧 y 轴标签
    ax1.set_ylabel('相对湿度(%)',fontsize = 15) #设置右侧第一 y 轴标签
    ax2.set_ylabel('比湿(g/kg)',fontsize = 15) #设置右侧第二 y 轴标签
    ax.set_ylim(100, 10000)
    ax.set_yscale('log')

    ax1.grid(True,linestyle = ":", linewidth = 1,alpha = 0.5)
    ax1.yaxis.grid(True,which = 'minor',linestyle = ":")

    ax.xaxis.set_major_formatter(mdate.DateFormatter('%m/%d %H:%M'))

    # 以下为设置坐标轴位置
    ax2.spines['right'].set_position(('outward', 60))  #设置气压坐标轴 y 轴位置,右侧移动 60

    # 坐标轴颜色设置
    ax.spines['left'].set_color(f0.get_color()) #设置左侧 y 坐标轴颜色为图线颜色
    ax1.spines['right'].set_color(f1.get_color()) #y 坐标轴颜色为与气象要素图中颜色一致
    ax2.spines['right'].set_color(f2.get_color()) #y 坐标轴颜色为与气象要素图中颜色一致

    # 调整坐标轴标签位置
    ax2.yaxis.set_ticks_position('right') #设置标签在坐标轴右侧

    # 坐标轴标签颜色设置,设置为与图中气象要素数据点对应的颜色一致
    ax.yaxis.label.set_color(f0.get_color())
    ax1.yaxis.label.set_color(f1.get_color())
    ax2.yaxis.label.set_color(f2.get_color())

    ax.tick_params(labelsize = 15) #设置刻度文字尺寸
    ax1.tick_params(labelsize = 15) #设置刻度文字尺寸
    ax2.tick_params(labelsize = 15) #设置刻度文字尺寸

    # 以下为设置坐标轴刻度的颜色与气象要素数据点对应的颜色一致
    ax.tick_params(axis = 'y', colors = f0.get_color())
```

```
ax1.tick_params(axis = 'y', colors = f1.get_color())
ax2.tick_params(axis = 'y', colors = f2.get_color())

for tick in ax.get_xticklabels(): #设置 x 轴标签旋转角度
    tick.set_rotation(30)

fig.savefig('图 8.1_比湿时间序列.png', #设置图片名称和格式
            dpi = 300, #设置图片分辨率
            bbox_inches = 'tight', pad_inches = 0.1) #设置图片边框
plt.close()    #程序中不显示图片
return() #函数不返回数据
```

（5）主程序部分。主要包括数据文件名的设置,调用函数完成内容等,如下:

```
if __name__ = = '__main__':    #主程序部分,顶格写,"__"为 2 个"_",末尾":"
    file_name = 'chap8_200912.txt' #设置数据文件名 #批处理选择
    data_weather = read_file(file_name) #调用函数,处理为排序后的数据,返回的数据保存到 data_
weather 二维数据框中
    plot_weather_info(data_weather) #调用函数绘图并保存
```

（6）程序结尾。包含中止时钟的设置,计算程序运行时间并屏幕提示。如下:

```
end = time.clock() #设置结束时间钟
print('>>>Total running time: % s Seconds' % (end - start)) #计算并显示程序运行时间
```

8.4　程序运行与测试

把编写完毕的程序代码放到 Spyder 的程序代码编辑框。通过快捷键 F5 运行程序。在程序运行框(IPython console)中出现运行结果,如下显示:

```
date                    datetime64[ns]
time                    timedelta64[ns]
visibility                   float64
RH                           float64
Temp                         float64
Pressure                     float64
wind_S                       float64
wind_D                       float64
water_vapor_pressure         float64
dew_point                    float64
```

```
rainfall                        float64
date_time                       datetime64[ns]
specific_humidity               float64
dtype: object
Total running time: 1.2319209999999998 Seconds
```

同时,在数据文件夹下生成新的图片文件,如图 8.1 所示。

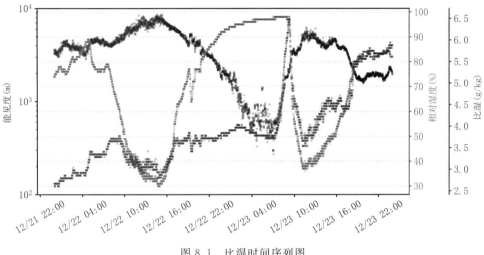

图 8.1　比湿时间序列图

以上为一个基本程序的完整编写和运行过程,对于复杂的任务,也可以通过分解成若干个小任务来编程完成。

8.5　注意事项

《极限编程实施》的作者杰费里斯·罗恩(Ron Jeffries)提出了代码编写的原则,依其重要顺序为:能通过所有测试、没有重复代码、体现系统中的全部设计理念、包括尽量少的实体(比如,类、方法等)。

写整洁代码,需要遵循大量的小技巧,经过实践提升代码整洁感。在实践过程中,可以从以下几个方面注意:

(1)模板化编程

把编程的过程分解为不同的模块,有导入模块、子函数模块、主程序模块等。读者可以形成自己喜好的编程模块,分模块编写,提高程序整体性。本章及后面章节的个例均按照这个思路进行组织程序。在业务和科研中对数据处理的需求都是相对固定的,经过多次的编程实践后,读者会发现每次编写的程序都会为下一次的编写提供参考。每次为解决难题所耗费的时间都不会被辜负,这样在编写其他程序的时候,如果功能类似,就可直接把代码块拷贝过去编辑使用,编程的效率会大大提高。

(2)有意义的命名

在程序中命名要"名副其实",选择能够体现意义的名称,避免增加代码的模糊度。本章中定义函数时使用的是"def　cal_specific_humidity()",通过名称很容易明白这个模块的大概作用。如果直接使用"def a()",则容易造成误会,不利于理解程序。

(3)注释

对于初学者来说,注释能帮助自己在后期更容易理解所写的代码。本章中的程序以注释的形式向读者解释代码的意义,但在实际应用中并不需要如此多的注释,只需在表达重点功能,以及容易混淆的地方添加即可。另外,注释常常用于添加代码的法律信息(例如,版权及著作权的声明)、程序中代码的引用来源、对模块功能的解释等。

第9章 自动气象站数据的处理应用

本章重点涵盖的 Python 应用的知识点包括文本数据读取、时间格式转换、批处理与拼接数据、多子图绘图、多 y 轴绘图、风玫瑰图、箱线图等。

9.1 自动气象站介绍及数据说明

本章的数据来自于自动气象站(型号:CAWS620-MS,厂家:华云升达)的观测,以文本格式保存,每个文件首行为数据名,数据之间用","分隔。数据包括时间、2 min 风向、2 min 风速、10 分风向、10 分风速、最大风向、最大风速、最大风速时间、瞬时风向、瞬时风速、极大风向、极大风速、极大风速时间、分钟瞬时最大风向、分钟瞬时最大风速、分钟雨量、温度、最高温度、最高温度时间、最低温度、最低温度时间、湿度、最小湿度、最小湿度时间、气压、最高气压、最高气压时间、最低气压、最低气压时间、小时降水、小时内分钟降水、电池电压、主板温度等共 33 种数据。其中,降水量数据来自于称重降雪量仪(型号 DSC2,厂家:华云升达)。

文件中的时间数据是常见的格式,例如,"2019-01-01 00:07:00"。温度、气压、风速、降水量等相关参量以 10 倍形式显示,例如,温度"-160"表示-16。降水量的数据为每个小时整点时刻以来的分钟降水量的累积值,每小时清零一次,如果提取每小时的降水量,只需要提取小时内最后一个降水量数据,即为小时降水量。

9.2 编程目标和程序算法设计

9.2.1 编程目标

(1)了解编程的整体步骤,进一步熟悉利用函数对整体任务进行分解编程的思路。

(2)掌握批量数据文件的读取与数据拼接方法,掌握基本的数据运算方法。

(3)掌握面向对象法绘制多子图的方法及图形设置,掌握多 y 轴绘图、风玫瑰图、箱线图的绘制方法。

(4)掌握不同格式图片的输出设置,掌握 pdf 多页面图形输出方法。

(5)程序可在设置完成后一键操作,完成所有的处理输出所有绘图信息;也可根据需要处理完毕数据后仅仅输出用户指定的项目图形,输出指定的数据。

9.2.2　程序设计思路和算法步骤

针对 9.2.1 节的编程目标,本例程序的开发思路和算法如下:

(1)读取批量或单个自动气象站的数据文件,按照时间顺序对待处理的数据进行拼接,添加标准时间日期格式,生成 csv 格式新的数据文件。根据时间顺序分别绘制每个日期气象要素(温度、相对湿度、气压、风向风速、垂直廓线和地面参量)的时间序列演变图,每天生成一个图,拼接到一个 pdf 文件中,供初步查看筛选目标时段。

(2)读取第一步生成的 csv 数据文件,绘制整个数据时段的多 y 轴形式的气象要素时间序列图,气象要素包括温度、风速、相对湿度和气压。

(3)读取第一步生成的 csv 数据文件,绘制风向风速的风玫瑰图。

(4)读取长时间序列温度数据,对数据进行小时平均,绘制温度日变化的统计箱线图。

9.3　程序代码解析

本章中的程序代码适用于 Python 3 及以上版本,支持包括 Windows、Linux 和 OS X 操作系统。为了方便调取查看程序处理过程中的数据,建议读者使用 Anoconda 编译环境中自带的 Spyder 编译器编译运行代码。

在编写程序之前,把自动气象站的数据存放到目标文件夹 chap9(本例中为 E:\\BIKAI_books\\data\\chap9)。

9.3.1　批量读取数据并绘图

本部分批量读取自动气象站的数据文件,读取批量数据文件名,循环读取每个文件名的数据并拼接,按照时间对数据进行排序,挑选常用的气象要素数据,保存到 csv 数据文件。根据时间顺序分别绘制每天的温度、相对湿度、气压、风向风速和降水量的多子图时间序列图,每天生成一个图,拼接到一个 pdf 文件中,供初步查看目标时段。程序文件为"chap9_exam_code_1.py",完整代码及说明如下:

```
#!/usr/bin/env python3
# -*- coding: utf-8 -*-

import os    #导入系统模块
os.chdir("E:\\BIKAI_books\\data\\chap9")    #设置路径
os.getcwd()    #获取路径
import pandas as pd    #导入数据处理模块
import glob2 #导入批处理模块
```

```python
import matplotlib
matplotlib.rcParams['font.sans-serif'] = ['FangSong']    # 用仿宋字体显示中文
matplotlib.rcParams['axes.unicode_minus'] = False        # 正常显示负号的设置
import matplotlib.pyplot as plt    # 导入绘图模块
import matplotlib.dates as mdate   # 导入日期修改模块
from matplotlib import ticker    # 导入修改刻度模块
from matplotlib.backends.backend_pdf import PdfPages    # 读入 pdf 处理模块
import time    # 导入时间模块
start = time.clock()    # 设置时间钟,用于计算程序耗时


def batch_weather_filenames(batch_files):
    '''构造批处理文件名函数,输入参数为批量文件名特征 batch_files,输出参数为排序后的文件名列表
weather_file_name.函数读取批量数据文件名,按照数据日期时间对文件名进行排序,并输出为 Python 列表
'''
    filenames = glob2.glob(batch_files)    # 批量读取原始文件名
    print(filenames)    # 屏幕输出所有数据文件名称
    kk = pd.DataFrame(filenames)    # 文件名存入数据框
    kk.columns = ['name']    # 添加文件名的名称
    kk['name'].to_string()    # 文件名转为字符串格式
    kk['date_time'] = kk['name']    # 复制另一个文件名数据列,存为日期时间
    for ii in range(len(kk['name'])):
        kk['date_time'].loc[ii] = kk['name'].iloc[ii][:-4]    # 根据自动站文件命名方式,"2019-01-
03.txt"改为日期时间的格式,循环替换'date_time'列中的数据
    kk['date_time'] = pd.to_datetime(kk['date_time'])    # 转为日期时间标准格式
    kk1 = kk.sort_values(by='date_time')    # 根据时间先后顺序对文件名排序
    weather_file_name = kk1['name'].tolist()    # 排序后的文件名转为列表形式
    return(weather_file_name)    # 返回排序后的文件名列表


def read_single_weather(filename):
    '''构造数据处理函数,读数据文件名,读取该文件名的数据,设置时间列数据类型,挑选常用的气象量,
返回数据'''
    data_weather = pd.read_table(filename,    # 设置文件名
                                 sep=',',    # 设置数据间隔
                                 header=0)    # 设置首行标题
    data_weather.columns = ['date_time','wind_D_2m','wind_S_2m','wind_D_10m','wind_S_10m','Max_
Wind_D','Max_Wind_S','Max_Wind_Time','Ins_Wind_D','Ins_Wind_s','Peak_Wind_D','Peak_Wind_S','
Peak_Wind_Time','max_Wind_D_1m','max_Wind_s_1m','rain_1m','Temp','Max_Temp','Max_Temp_Time','
Min_Temp','Min_Temp_Time','RH','Min_RH','Min_RH_Time','Pressure','Max_Pressure','Max_Pressure_
```

Time','Min_Pressure','Min_Pressure_Time','Rainfall_1h','min_rainfall_1h','battery_P','board_T']
#设置数据标题

```python
    data_weather['date_time'] = pd.to_datetime(data_weather['date_time'])    #转换标准日期时间
类型
    data_weather['wind_S_2m'] = data_weather['wind_S_2m'].map(lambda x: x * 0.1) #转换风速
    data_weather['Temp'] = data_weather['Temp'].map(lambda x: x * 0.1) #转换温度
    data_weather['Pressure'] = data_weather['Pressure'].map(lambda x: x * 0.1)#转换气压
    data_weather['Rainfall_1h'] = data_weather['Rainfall_1h'].map(lambda x: x * 0.1)#转换降雨量

    data2 = data_weather.loc[:,['date_time','Temp','RH','Pressure','wind_D_2m','wind_S_2m','
Rainfall_1h']] #筛选常用的数据
    return(data2)#返回数据


def read_comb_batch_weather(file_weather_names):
    '''构造拼接批处理函数,读入批量数据文件名,循环读取每个文件名的数据并拼接,按照时间对数据进
行排序,挑选常用的气象量,返回数据'''
    data_weather = pd.DataFrame()#设置空白数据结构
    for i in range(len(file_weather_names)): #按照排序后的批量文件名,循环处理绘图
        data_weather_single = read_single_weather(file_weather_names[i]) #调用函数读取单个数据
文件
        data_weather = pd.concat([data_weather,data_weather_single],ignore_index = True)#读取后
的单个数据依次追加到空白数据框数据结构中
    print(data_weather.dtypes) #查看数据类型
    return(data_weather)#返回数据


def plot_single_weather_plot(data_weather):
    '''构造绘图函数,读入自动站数据,分子图绘制时间序列'''

    data = data_weather.set_index('date_time')

    fig,(ax1,ax2,ax3,ax4,ax5,ax6) = plt.subplots(6,1,sharex = True) #把要绘制的图形分离为 fig 对
象和 6 个绘图区对象,设置子图个数和排列方式为 6 行 1 列
    fig.set_size_inches(10,10) # 设置图片尺寸,单位为英寸

    ax1.plot(data.index, #设置 x 轴为索引列,即时间
            data['wind_D_2m'], #设置 y 轴为风向
            c = 'k', #设置图中线条颜色
```

```
            ls = ' - ', #设置数据连线
            lw = 1, #设置线条宽度
            alpha = 0.7, #设置透明度
            marker = ".", #设置数据点类型为点
            ms = 1) #设置数据点的尺寸大小
ax1.grid(True, #设置网格显示
            linestyle = ":", #设置网格线类型
            linewidth = 1, #设置线条宽度
            alpha = 0.5) #设置线条透明度
ax1.set_ylabel('风向') #设置 y 轴标签名称
ax1.set_yticks([0,90,180,270,360]) #设置 y 轴刻度标注位置
ax1.set_yticklabels(['N','E','S','W','N']) #设置 y 轴刻度标签


ax2.plot(data.index, data['wind_S_2m'],c = 'orange',ls = ' - ',lw = 1) #绘图风速


ax2.grid(True,linestyle = ":",linewidth = 1,alpha = 0.5) #设置网格线
ax2.set_ylabel('风速(m/s)') #设置 y 轴标签名称
ax2.yaxis.set_major_locator(ticker.MultipleLocator(5)) #设置 y 轴主刻度间隔
ax2.yaxis.set_minor_locator(ticker.MultipleLocator(1)) #设置 y 轴次刻度间隔
ax2.yaxis.set_major_formatter(ticker.FormatStrFormatter('%2.1f')) #设置 y 轴主刻度显示小数
点位数

ax3.plot(data.index,data['Temp'],c = 'k',ls = ' - ',lw = 1)


ax3.grid(True,linestyle = ":",linewidth = 1,alpha = 0.5) #设置网格线
ax3.set_ylabel('温度 ($^\circ$C)') #设置 y 轴标签名称
ax3.yaxis.set_major_locator(ticker.MultipleLocator(5)) #设置 y 轴主刻度间隔
ax3.yaxis.set_minor_locator(ticker.MultipleLocator(1)) #设置 y 轴次刻度间隔


ax4.plot(data.index,data['Pressure'],c = 'k',ls = ' - ',lw = 1) #绘气压图
ax4.grid(True,linestyle = ":",linewidth = 1,alpha = 0.5) #设置网格线
ax4.set_ylabel('气压 (hpa)') #设置 y 轴标签名称


ax5.plot(data.index, data['RH'],c = 'r',ls = ' - ',lw = 1)


ax5.grid(True,linestyle = ":",linewidth = 1,alpha = 0.5) #设置网格线
ax5.set_ylabel('相对湿度(%)') #设置 y 轴标签名称
ax5.yaxis.set_major_locator(ticker.MultipleLocator(10)) #设置 y 轴主刻度间隔
```

```
    data2 = data.resample('1H').last() ♯读取小时累积降水量
    ax6.plot(data2.index, data2['Rainfall_1h'],c = 'g',ls = ' - ',lw = 1) ♯小时降水量绘图
    ax6.grid(True,linestyle = ":",linewidth = 1,alpha = 0.5) ♯设置网格线
    ax6.set_ylabel('降水量(mm)') ♯设置 y 轴标签名称
    ax6.yaxis.set_major_formatter(ticker.FormatStrFormatter('% 2.1f'))

    ax1.set_title('气象要素时间序列图 ' + file_weather_names[i][: - 4],fontsize = 20) ♯设置图标题
    ax6.set_xlabel('时间',fontsize = 15)  ♯设置 x 轴标签内容和字体尺寸
    ax6.xaxis.set_major_formatter(mdate.DateFormatter('% H:% M'))　 ♯设置 y 轴主刻度显示小数点
位数
    return()


if__name__ = = '__main__':  ♯主程序部分
    batch_files = '2019 * .txt' ♯设置批量文件名的共性特征

    file_weather_names = batch_weather_filenames(batch_files) ♯调用函数,处理为排序后的批量文
件名

    data_weather = read_comb_batch_weather(file_weather_names) ♯调用函数,处理为排序后的数据
    data_weather.to_csv('result_weather.csv', index = False) ♯输出保存为 csv 数据

    ♯以下为循环绘图并保存到 pdf 文件中
    with PdfPages('result_weather.pdf') as pdf: ♯输入要保存的 pdf 文件名
        for i in range(len(file_weather_names)): ♯按照排序后的批量文件名,循环处理绘图
            data_weather_single = read_single_weather(file_weather_names[i]) ♯调用函数读入单个数
据文件

            plot_single_weather_plot(data_weather_single) ♯读取单个数据文件并绘图
            pdf.savefig() ♯把图片保存到 pdf 页面
            print('I am BK! plot ' + file_weather_names[i] + ' done!!!') ♯设置屏幕输出的提示信息
            plt.close() ♯关闭程序中的图,以节省内存

end = time.clock() ♯设置结束时间钟
print('〉〉〉Total running time: % s Seconds'% (end - start)) ♯计算并显示程序运行时间
```

　　程序编写完毕后在 Spyder 的代码编辑框中运行。通过快捷键 F5 运行程序。在程序运
行框(IPython console)中出现运行结果,如下显示:

```
['2019 - 01 - 01.txt', '2019 - 01 - 02.txt', '2019 - 01 - 03.txt']
date_time        datetime64[ns]
Temp                     float64
RH                         int64
Pressure                 float64
wind_D_2m                  int64
wind_S_2m                float64
Rainfall_1h              float64
dtype: object
I am BK! plot 2019 - 01 - 01.txt done!!!
I am BK! plot 2019 - 01 - 02.txt done!!!
I am BK! plot 2019 - 01 - 03.txt done!!!
Total running time: 1.8858565999998973 Seconds
```

　　同时,在数据文件夹下生成"result_weather.csv"的数据文件和"result_weather.pdf"的图片文件,pdf 文件中每页为单独一天的气象要素时间序列图(图 9.1)。

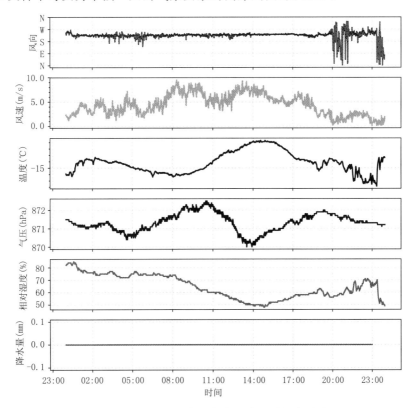

图 9.1　pdf 文件中每页气象要素的时间序列图

9.3.2　气象要素综合时间序列图

本部分读取第一步生成的"result_weather.csv"数据文件,以多 y 轴形式绘制整个时段的温度、风速、相对湿度、气压等气象要素时间序列图。各气象要素经过颜色区分,并且坐标轴和标尺的颜色也对应一致。程序文件为"chap9_exam_code_2.py",完整代码及说明如下:

```python
#!/usr/bin/env python3
# -*- coding: utf-8 -*-
import os    # 导入系统模块
os.chdir("E:\\BIKAI_books\\data\\chap9")    # 设置路径
os.getcwd()    # 获取路径
import pandas as pd    # 导入数据处理模块
import matplotlib
matplotlib.rcParams['font.sans-serif'] = ['FangSong']    # 用仿宋字体显示中文
matplotlib.rcParams['axes.unicode_minus'] = False    # 正常显示负号的设置
import matplotlib.pyplot as plt    # 导入绘图模块
import matplotlib.dates as mdate    # 导入日期修改模块
import time    # 导入时间模块
start = time.clock()    # 设置时间钟,用于计算程序耗时


def plot_weather_subplots(data_weather):
    '''构造绘图函数,读入自动站数据,多 y 轴绘图温度、风速、气压、湿度参量'''

    fig,ax = plt.subplots()    # 把图片分离出画板对象 fig 和绘图区对象 ax
    fig.set_size_inches(10,5)    # 设置图片尺寸,单位为英寸

    ax1 = ax.twinx()    # 设置双 y 轴绘图区 1
    ax2 = ax.twinx()    # 设置双 y 轴绘图区 2
    ax3 = ax.twinx()    # 设置双 y 轴绘图区 3

    f0, = ax.plot(data_weather['date_time'],    # 设置 x 轴为时间
            data_weather['Temp'],    # 主图左侧坐标轴为温度
            c = 'k',    # 设置线条颜色
            ls = '',    # 设置线条连线为空白
            marker = 'o',    # 设置数据点标志
            ms = 2,    # 设置数据点尺寸
            lw = 1,    # 设置线条宽度
            mec = 'k',    # 设置数据点边缘颜色
            mfc = 'k',    # 设置数据点中心颜色
```

```
        alpha = 0.3,    # 设置透明度
        label = '温度($^\circ$C)')   # 设置图例标签


    f1, = ax1.plot(data_weather['date_time'],data_weather['wind_S_2m'],c = 'r',ls = '', marker = 'o
', ms = 2, lw = 1, mec = 'r', mfc = 'r', alpha = 0.3, label = '风速(m/s)') # 设置右侧第一 x, y 轴绘图
    f2, = ax2.plot(data_weather['date_time'],data_weather['Pressure'],c = 'b',ls = '', marker = 'o
', ms = 2, lw = 1, mec = 'b', mfc = 'b', alpha = 0.3, label = '气压(hpa)') # 设置右侧第二 x, y 轴绘图
    f3, = ax3.plot(data_weather['date_time'], data_weather['RH'], c = 'g', ls = '', marker = 'o', ms =
2, lw = 1, mec = 'g', mfc = 'g', alpha = 0.3, label = '相对湿度(%)') # 设置右侧第三 x, y 轴绘图


    ax.set_ylabel('温度($^\circ$C)', fontsize = 15) # 设置左侧 y 轴标签
    ax1.set_ylabel('风速(m/s)', fontsize = 15) # 设置右侧第一 y 轴标签
    ax2.set_ylabel('气压(hpa)', fontsize = 15) # 设置右侧第二 y 轴标签
    ax3.set_ylabel('相对湿度(%)', fontsize = 15) # 设置右侧第三 y 轴标签


    ax1.grid(True, linestyle = ":", linewidth = 1, alpha = 0.5)
    ax1.yaxis.grid(True, which = 'minor', linestyle = ":")


    ax.xaxis.set_major_formatter(mdate.DateFormatter('%m/%d %H:%M')) # 设置 x 轴时间显示格式


    # 以下为设置坐标轴位置
    ax2.spines['right'].set_position(('outward', 50))  # 设置气压坐标轴 y 轴位置
    ax3.spines['right'].set_position(('outward', 120))   # 设置相对湿度坐标轴 y 轴位置
    # 坐标轴颜色设置
    ax.spines['left'].set_color(f0.get_color()) # 设置左侧 y 坐标轴颜色为图线颜色
    ax1.spines['right'].set_color(f1.get_color()) # y 坐标轴颜色为与气象要素图中颜色一致
    ax2.spines['right'].set_color(f2.get_color()) # y 坐标轴颜色为与气象要素图中颜色一致
    ax3.spines['right'].set_color(f3.get_color()) # y 坐标轴颜色为与气象要素图中颜色一致


    # 调整坐标轴标签位置
    ax2.yaxis.set_ticks_position('right') # 设置标签在坐标轴右侧
    ax3.yaxis.set_ticks_position('right') # 设置标签在坐标轴右侧


    # 坐标轴标签颜色设置,设置为与图中气象要素的数据点对应的颜色一致
    ax.yaxis.label.set_color(f0.get_color())
    ax1.yaxis.label.set_color(f1.get_color())
    ax2.yaxis.label.set_color(f2.get_color())
    ax3.yaxis.label.set_color(f3.get_color())
```

```
ax.tick_params(labelsize = 15) #设置刻度文字尺寸
ax1.tick_params(labelsize = 15) #设置刻度文字尺寸
ax2.tick_params(labelsize = 15) #设置刻度文字尺寸
ax3.tick_params(labelsize = 15) #设置刻度文字尺寸


#以下为设置坐标轴刻度的颜色与气象要素数据点对应的颜色一致
ax.tick_params(axis = 'y', colors = f0.get_color())
ax1.tick_params(axis = 'y', colors = f1.get_color())
ax2.tick_params(axis = 'y', colors = f2.get_color())
ax3.tick_params(axis = 'y', colors = f3.get_color())


for tick in ax.get_xticklabels(): #设置 x 轴标签旋转角度
    tick.set_rotation(30)


fig.savefig('图 9.2_气象要素温度湿度气压风速时间序列.png'), #设置图片名称和格式
            dpi = 300, #设置图片分辨率
            bbox_inches = 'tight', pad_inches = 0.1) #设置图片边框
plt.close()    #程序中不显示图片
return()


if __name__ == '__main__':    #主程序部分

    weather_filename = 'result_weather.csv' #设置第一步保存的 csv 数据文件
    data_weather = pd.read_csv(weather_filename, header = 0) #读取数据文件
    data_weather['date_time'] = pd.to_datetime(data_weather['date_time'])    #转换标准日期时间类
型
    plot_weather_subplots(data_weather)


end = time.clock() #设置结束时间钟
print('>>> Total running time: % s Seconds'% (end - start)) #计算并显示程序运行时间
```

　　程序编写完毕后在 Spyder 的代码编辑框中运行。通过快捷键 F5 运行程序。在程序运行框(IPython console)中出现运行结果,如下显示:

> Total running time:1.0245890999976837 Seconds

　　同时,在数据文件夹下生成气象要素温度湿度气压风速时间序列的多 y 轴样式图,如(彩)图 9.2 所示。

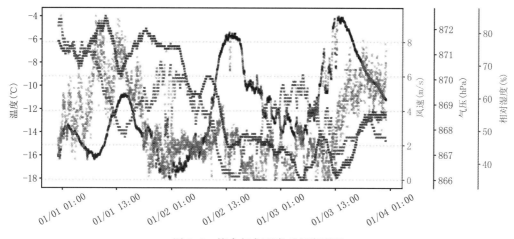

图 9.2　综合气象要素时间序列图

9.3.3　绘制风玫瑰图

　　本部分读取第一步生成的"result_weather.csv"数据文件，绘制风向风速多风玫瑰图。风玫瑰图中风速分类参考蒲福风级表。程序文件为"chap9_exam_code_3.py"，完整代码及说明如下：

```
#！/usr/bin/env python3
#  −*− coding: utf−8 −*−

import os  # 导入系统模块
os.chdir("E:\\BIKAI_books\\data\\chap9")  # 设置路径
os.getcwd()  # 获取路径
import pandas as pd  # 导入数据处理模块
import matplotlib
matplotlib.rcParams['font.sans − serif'] = ['FangSong']  # 用仿宋字体显示中文
matplotlib.rcParams['axes.unicode_minus'] = False  # 正常显示负号的设置
import matplotlib.pyplot as plt  # 导入绘图模块
from windrose import WindroseAxes  # 导入风玫瑰图模块
import numpy as np
import time  # 导入时间模块
start = time.clock()  # 设置时间钟，用于计算程序耗时

weather_filename = 'result_weather.csv'  # 设置第一步保存的 csv 数据文件
data = pd.read_csv(weather_filename, header = 0)  # 读取数据文件
data['date_time'] = pd.to_datetime(data['date_time'])  # 转换标准日期时间类型
```

```
data.columns = ['date_time','Temp','RH','Pressure','wind_D_2m','wind_S_2m','Rainfall_1h'] #设置
数据标题名称


#转成 ndarray 矩阵
wd = np.array(data['wind_D_2m']) #风向矩阵
ws = np.array(data['wind_S_2m']) #风速矩阵


#以下为风级表显示
binw = [0.0,0.3,1.6,3.4,5.5,8.0,10.8] #按照风级表设置风速分档区间


#不同类型的风玫瑰图
ax = WindroseAxes.from_ax() #调用风玫瑰图模块绘图
ax.bar(wd, #设置风向数据
        ws, #设置风速数据
        nsector = 16, #风向分为 16 个区间
        bins = binw, #风速档分档
        normed = True,
        opening = 0.8, #值射线夹角
        edgecolor = 'white', #设置边框颜色为白色
        alpha = 1) #设置透明度


#设置显示
ax.grid(True, #设置网格线为显示
        linestyle = ":", #设置网格线为虚线
        linewidth = 1, #网格线宽度
        alpha = 0.5)   #网格线透明度
ax.set_legend(loc = 1, #设置图例位置为右上角
            bbox_to_anchor = (1.15,1), #设置图例的绘图范围
            title = "风速", #设置图例标题
            edgecolor = 'k') #设置图例边框颜色
#保存图片


plt.savefig('图 9.3_%s.png'%(ax.get_title()), #设置图片保存名称与图片标题名称一致
            dpi = 300, #设置图片分辨率
            bbox_inches = 'tight', pad_inches = 0.1) #设置图片调整方式


plt.close() #不在程序中显示图片
```

```
end = time.clock()  #设置结束时间钟
print('>>>Total running time: % s Seconds'% (end - start))  #计算并显示程序运行时间
```

程序编写完毕后在 Spyder 的代码编辑框中运行。通过快捷键 F5 运行程序。在程序运行框(IPython console)中出现运行结果,如下显示:

Total running time:0.9811559999980091 Seconds

同时,在数据文件夹下生成风玫瑰图,如(彩)图9.3所示。

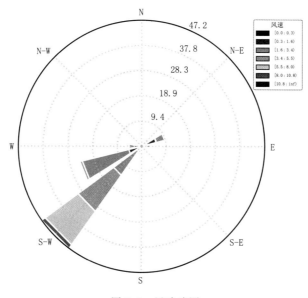

图 9.3　风玫瑰图

9.3.4　箱线图绘制

本部分读取"chap9_weather_temp.csv"数据文件,对数据进行小时平均,绘制温度日变化的统计箱线图。程序文件为"chap9_exam_code_4.py",完整代码及说明如下:

```
#!/usr/bin/env python3
# -*- coding: utf-8 -*-

import os  #导入系统模块
os.chdir("E:\\BIKAI_books\\data\\chap9")  #设置路径
os.getcwd()  #获取路径
import pandas as pd  #导入数据处理模块
import matplotlib
matplotlib.rcParams['font.sans - serif'] = ['FangSong']  # 用仿宋字体显示中文
```

```
matplotlib.rcParams['axes.unicode_minus'] = False        # 正常显示负号的设置
import matplotlib.pyplot as plt    # 导入绘图模块
import time  # 导入时间模块
start = time.clock()  # 设置时间钟,用于计算程序耗时
import numpy as np  # 导入数据处理模块
import time  # 导入时间模块
start = time.clock()  # 设置时间钟,用于计算程序耗时


def plot_single_meterial_boxplot_1png(data_all, name):
    '''构造箱线图绘图函数,接收参数第一个是 pandas 的数据框数据,第二个参数是需要绘制的气象参量
名称,函数中包含了数据处理,把气象参量进行小时平均'''
    data_all = data_all.set_index('date_time')  # 设置索引
    data_all_1h = data_all.resample('1H').mean()  # 对数据进行小时平均
    data_all_1h = data_all_1h.reset_index()  # 重新排列 index

    fig,ax = plt.subplots()  # 图片分离为 fig 画布对象和 ax 绘图区对象
    fig.set_size_inches(8,4)  # 设置图片尺寸,单位为英寸
    ax.tick_params(labelsize=10)   # 设置坐标轴刻度文字尺寸

    start_1 = []
    end_1 = []

    data_all_houly_result = pd.DataFrame()
    for i in range(0,24):  # 循环获取每个时次的平均值
        data_all_houly = data_all_1h[data_all_1h['date_time'].dt.hour.isin(np.arange(i, i+1))]
# 按照时间所在每天中的小时对数据进行分类

        data_all_houly.reset_index(drop=True, inplace=True)  # 去掉索引数据
        data_all_houly['time'] = pd.Series([i for i in range(100)])  # 设置时间数据,用于后续 x 轴箱
线图位置排序
        data_all_houly = data_all_houly.set_index('time')
        box_i = data_all_houly[name]

        data_all_houly_result = pd.concat([data_all_houly_result, box_i], axis=1)    # 提取拼接所有
的当前小时时刻的小时平均数据

    data_all_houly_result.columns = ['A' + str(i) for i in range(24)]  # 设置文件名
    dropnan_data = data_all_houly_result[data_all_houly_result > -99]  # 去除空值
```

```
ma_box = [data_all_houly_result['A' + str(i)].dropna() for i in range(24)] #把所有需要绘制箱线
图的数据,按照顺序汇总到一个列表

ax.boxplot(ma_box, #不同时刻的箱线图数据列表
           vert = True,    #设置显示方向为垂直
           showmeans = True, #显示平均值
           meanline = False,
           meanprops = dict(linestyle = 'solid', #设置平均值的线条类型
                            marker = 'o', #设置平均值的数据显示类型为圆圈
                            markersize = 8, #设置平均值数据点的图形尺寸
                            markerfacecolor = 'w', #设置平均值数据点的中心颜色
                            markeredgecolor = 'r', #设置平均值数据点的边缘颜色
                            markeredgewidth = 2), #设置平均值线条宽度
           showfliers = True, #显示离群值
           flierprops = {'color':'gray','marker':'.','markersize':3,'markeredgecolor':'gray
'}, #设置离群值为灰色、形状为点,尺度为 3
           boxprops = dict(color = 'k'), #设置箱体颜色为黑色
           medianprops = dict(linestyle = 'solid', #设置中值线条类型
                              color = 'k', #设置中值颜色
                              linewidth = 2), #设置中值数据线条宽度
           whis = (10, 90), #上下线条区间为 10% 和 90% 的数据范围
           )

# % % 设置 y 轴显示
    start_0 = dropnan_data.stack().min()
    end_0 = dropnan_data.stack().max()
    start_1.append(start_0)
    end_1.append(end_0)

    start = min(start_1)
    end = max(end_1)

    ax.set_ylim(start,end)

    ax.grid(True,linestyle = ":",linewidth = 1,alpha = 0.5)       #设置区间
    ax.set_xticks([i + 0.5 for i in range(24)]) #设置 x 轴坐标位置
    ax.set_xticklabels([i for i in range(24)],fontsize = 10) #设置 x 轴坐标标签
```

```
    ax.set_xlabel('时间',fontsize = 10) ♯设置 x 轴标签
    ax.set_ylabel(name,fontsize = 10) ♯设置 y 轴标签
    ax.set_title(name + '日变化图',fontsize = 20) ♯设置图片名称

    fig.savefig('图 9.4_' + name + '_日变化图.png',dpi = 300, bbox_inches = 'tight',pad_inches = 0.1)
♯设置图片保存名称、类型、图片分辨率和图片调整方式
    plt.close()
    return()


if __name__ = = '__main__':  ♯主程序部分
    weather_filename = 'chap9_weather_temp.csv' ♯设置第一步保存的 csv 数据文件
    data_weather = pd.read_csv(weather_filename, header = 0) ♯读取数据文件
    data_weather['date_time'] = pd.to_datetime(data_weather['date_time'])  ♯转换标准日期时间类型

    plot_single_meterial_boxplot_1png(data_weather,'Temp') ♯调用函数绘制日平均温度的变化箱线图


end = time.clock() ♯设置结束时间钟
print('>>>Total running time: % s Seconds' % (end - start)) ♯计算并显示程序运行时间
```

程序编写完毕后在 Spyder 的代码编辑框中运行。通过快捷键 F5 运行程序。在程序运行框(IPython console)中出现运行结果,如下显示:

Total running time：1.8182522999995854 Seconds

同时,在数据文件夹下生成温度日变化箱线图的多 y 轴样式图,如图 9.4 所示。

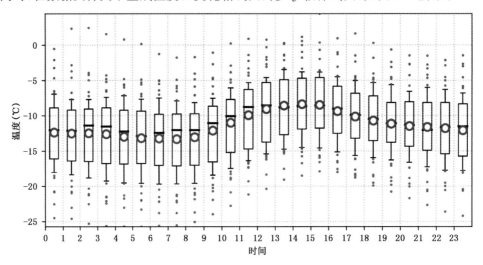

图 9.4　温度日变化箱线图

第 10 章　空气动力学粒径谱仪资料处理应用

本章重点知识点包括批量数据文件的读取与存储、数据运算、函数、粒子谱图的绘制、平均谱图的绘制等。

10.1　空气动力学粒径谱仪介绍及数据说明

空气动力学粒径谱仪(简称:APS,型号:TSI 3321,生产厂家:美国 TSI)是国际上气溶胶观测最受欢迎的设备之一,应用广泛。该设备基于空气动力学原理,通过单独的高速处理器在加速气流中检测单颗粒的飞行时间,来换算粒子的空气动力学粒径。APS 通过 32 个通道,对 $0.3\sim20\ \mu m$ 直径的颗粒物进行实时测量,最高时间分辨率为 1 s。本章中的数据 APS 的采样时间分辨率设置为 1 min。APS 保存的原始数据为.A21 专用格式,使用前需要使用随机软件回放成 txt 数据,通常回放为对数均一化的分档数浓度(dn/dlogDp)。APS 设备的数据为每次开机关机是一个数据文件,并不是按照每天一个文件来命名的。

本章数据共有 3 个文件,是 APS 回放后的 txt 格式,数据来源于 Bi 等(2019)文章。数据文件中,前面 6 行为数据描述信息,第 7 行为文件名,第 8 行开始为观测数据,本个例中的时间分辨率为 1 min。数据列共有 83 列,包含设备质控信息和各通道信息,数据之间间隔为制表符" ",文件名命名格式如 10.1 图所示。

```
Sample File      C:\BKDATA\APS_2019\APS_2018_YJP\20180514.A21
Sample Time      50
Density 1
Stokes Correction        off
Lower Channel Bound      0.486968
Upper Channel Bound      20.5353
Sample #         Date    Start Time      Aerodynamic Diameter    <0.523  0.542   0.583   0.626   0.673   0.723   0.777   0.835   0.898   0.965   1.037   1.114
1.197   1.286   1.382   1.486   1.596   1.715   1.843   1.981   2.129   2.288   2.458   2.642   2.839   3.051   3.278   3.523   3.786   4.068   4.371   4.698
5.048   5.425   5.829   6.264   6.732   7.234   7.774   8.354   8.977   9.647   10.37   11.14   11.97   12.86   13.82   14.86   15.96   17.15   18.43   19.81
Event 1 Event 3 Event 4 Dead Time       Inlet Pressure  Total Flow      Sheath Flow     Analog Input Voltage 0   Analog Input Voltage 1  Digital Input Level 0
Digital Input Level 1   Digital Input Level 2   Laser Power     Laser Current   Sheath Pump Voltage     Total Pump Voltage      Box Temperature Avalanch Photo Diode
Temperature     Avalanch Photo Diode Voltage    Status Flags    Median(滋)       Mean(滋)  Geo. Mean(滋)    Mode(滋) Geo. Std. Dev.  Total Conc.
1       05/14/18        15:31:35        dN/dlogDp       2519.77 963.706 841.634 701.477 555.867 427.345 322.976 237.576 173.603 127.793 92.8493 66.2771 46.5015
34.7513 29.6058 23.4619 19.1996 16.8957 13.2093 11.0974 10.1758 9.56141 7.60305 6.68147 5.87508 4.7615  3.99352 2.84154 2.30395 2.49595 1.65117 1.07518 0.959981
0.767985        0.383992        0.230395        0.230395        0.115198        0.115198        0.153597        0.115198        0.0383992
0       0       0       0       0       0       0       174799  14953   0       0       1878    973.8   4.97    3.98    0
0       75      51.7    2.708   2.799   35.7    34.4    244     0000 0000 0000 0000  0.641905        0.734502        0.695398        0.542469
1.33384 778.945(#/cm3)
2       05/14/18        15:32:34        dN/dlogDp       2487.9  966.125 837.449 705.509 558.67  426.193 322.515 240.418 177.596 126.257 94.8461 65.7011 48.383
37.6312 29.1066 24.8059 20.4284 16.3197 14.0925 12.6333 10.867  8.87022 8.40943 6.75826 5.87508 4.60791 3.87832 2.95674 2.76474 2.34235 1.65117 1.34397 0.652787
0.729585        0.537589        0.230395        0.230395        0.0767985       0.0383992       0       0       0.0383992       0.0767985       0.0383992
0       0.0383992       0       0.0383992       0       0       0       172771  14705   0       0       1860    975     4.97    3.96    0
0       0       75      51.7    2.727   2.795   35.7    34.4    244     0000 0000 0000 0000  0.642434        0.73608 0.696609        0.542469
```

图 10.1　APS 数据格式

10.2　编程目标和程序算法设计

10.2.1　编程目标

（1）进一步了解编程的整体步骤，熟悉利用函数对整体任务进行分解编程的思路；

（2）熟练掌握批量数据文件的读取与数据拼接方法；

（3）熟悉数据计算运算方法，尤其是分档气溶胶数浓度转换、气溶胶表面积浓度和体积浓度的换算方法；

（4）掌握粒子谱时间序列图的绘制方法，尤其是对数色标的显示设置方法，掌握不同格式图片的输出设置；

（5）程序可在设置完成后一键操作，完成所有的处理，输出所有绘图信息；也可根据需要处理完毕数据后，仅仅输出用户指定的项目图形，输出指定的数据。

10.2.2　程序设计思路和算法步骤

针对 10.2.1 节的需求，程序的开发思路和算法如下：

（1）对 APS 设备软件回放保存的 txt 格式数据进行批量处理或单个文件处理，按照时间顺序对待处理的数据进行拼接，添加标准时间日期格式，保存输出 csv 格式新的数据文件。

（2）读取第（1）步生成的 csv 数据文件，去除 500 nm 以下的分档测量值，计算质控后的数浓度，绘图并保存。

（3）读取第（1）步的 csv 数据文件，根据数浓度谱数据计算得到分档数浓度、分档表面积浓度和分档质量浓度，绘制 3 种浓度的谱分布的时间序列图。根据用户定义的多个时间段，计算 3 种浓度的平均谱分布并绘制 3 个子图。

10.3　程序代码解析

本章中的程序代码适用于 Python 3 及以上版本，支持包括 Windows、Linux 和 OS X 操作系统。为了方便调取查看程序处理过程中的数据，建议读者使用 Anoconda 编译环境中自带的 Spyder 编译器编译运行代码。

在编写程序之前，把空气动力学粒径谱仪的数据存放到目标文件夹 chap10（本例中为 E:\\BIKAI_books\\data\\chap10）。

10.3.1　批量读取数据、拼接、排序

本部分读取批量 APS 的数据文件，按照时间顺序对待处理的数据进行拼接，添加标准时间日期格式，保存输出 csv 格式新的数据文件。程序文件为"chap10_exam_code_1.py"，完整

代码及说明如下：

```python
#!/usr/bin/env python3
# -*- coding: utf-8 -*-

import os   #导入系统模块
os.chdir("E:\\BIKAI_books\\data\\chap10")   #设置路径
os.getcwd()   #获取路径
import pandas as pd   #导入数据处理模块
import glob2   #导入批处理模块
import time   #导入时间模块
start = time.clock()   #设置时间钟,用于计算程序耗时


batch_aps_filenames = '2018 *.txt'   #设置批量文件名的共性特征,"*"表示任意字符


file_aps_names = glob2.glob(batch_aps_filenames)   #读取批量数据文件名称
print(file_aps_names)   #输出所有数据文件名称


data_aps = pd.DataFrame()   #设置空白数据框
for i in range(len(file_aps_names)):   #按照排序后的批量文件名,循环处理绘图
    data_aps_single = pd.read_table(file_aps_names[i],   #设置文件名
                                    sep = '\t',   #设置数据间隔
                                    header = None,   #设置为无标题
                                    skiprows = 7)   #跳过前 7 行无效数据
    data_aps = pd.concat([data_aps,data_aps_single],ignore_index = True)   #读取后的单个数据依次追
加到空白数据结构中
data_aps.columns = ['Sample','Date','Start Time','Aerodynamic Diameter','0.3','0.542','0.583','
0.626','0.673','0.723','0.777','0.835','0.898','0.965','1.037','1.114','1.197','1.286','1.
382','1.486','1.596','1.715','1.843','1.981','2.129','2.288','2.458','2.642','2.839','3.051
','3.278','3.523','3.786','4.068','4.371','4.698','5.048','5.425','5.829','6.264','6.732','
7.234','7.774','8.354','8.977','9.647','10.37','11.14','11.97','12.86','13.82','14.86','15.
96','17.15','18.43','19.81','Event 1','Event 3','Event 4','Dead Time','Inlet Pressure','Total
Flow','Sheath Flow','Analog Input Voltage 0','Analog Input Voltage 1','Digital Input Level 0','Dig
ital Input Level 1','Digital Input Level 2','Laser Power','Laser Current','Sheath Pump Voltage','To
tal Pump Voltage','Box Temperature','Avalanch Photo Diode Temperature','Avalanch Photo Diode Voltage
','Status Flags','Median(μm)','Mean(μm)','Geo. Mean(μm)','Mode(μm)','Geo. Std. Dev.','Total
Conc.']   #设置数据标题


#%% 以下为转换标砖日期时间格式
```

```
data_aps['Date'] = pd.to_datetime(data_aps['Date'])
data_aps['Start Time'] = pd.to_timedelta(data_aps['Start Time'])
data_aps['date_time'] = data_aps['Date'] + pd.to_timedelta(data_aps['Start Time'].astype(str))
data_aps['date_time'] = pd.to_datetime(data_aps['date_time'],format = '%Y-%m-%d %H:%M:%S')

data_aps = data_aps.sort_values(by = 'date_time') #对所有数据按照日期时间进行排序

data_aps.to_csv('result_2018aps_combine.csv', index = False) #输出保存为 csv 数据

end = time.clock() #设置结束时间钟
print('>>>Total running time: %s Seconds'%(end-start)) #计算并显示程序运行时间
```

　　程序编写完毕后在 Spyder 的代码编辑框中运行。通过快捷键 F5 运行程序。在程序运行框(IPython console)中出现运行结果,如下显示:

```
['20180514.txt', '20180517.txt', '20180522.txt']
Total running time: 4.766361700000001 Seconds
```

　　同时,在数据文件夹下生成"result_2018aps_combine.csv"的数据文件。

10.3.2　数据质量控制及绘图

　　本部分读取 10.3.1 节生成的"result_2018aps_combine.csv"数据文件,提取 500 nm 以下的分档测量值,计算质控后的数浓度,绘图并保存。程序文件为"chap10_exam_code_2.py",完整代码及说明如下:

```
#!/usr/bin/env python3
# -*- coding: utf-8 -*-

import os   #导入系统模块
os.chdir("E:\\BIKAI_books\\data\\chap9")   #设置路径
os.getcwd()   #获取路径
import pandas as pd   #导入数据处理模块
import matplotlib
matplotlib.rcParams['font.sans-serif'] = ['FangSong']   # 用仿宋字体显示中文
matplotlib.rcParams['axes.unicode_minus'] = False       # 正常显示负号的设置
import matplotlib.pyplot as plt   #导入绘图模块
import matplotlib.dates as mdate   #导入日期修改模块
import datetime as dt   #导入时间数据模块
import time   #导入时间模块
```

```
start = time.clock()  # 设置时间钟,用于计算程序耗时


def read_cal_n500(file_aps):
    '''构造数据读取函数,读取 aps 数据,转换时间格式,提取分档谱数据,转为分档数浓度,计算 500nm 以
上颗粒数浓度'''
    data_aps = pd.read_csv(file_aps, header = 0)  # 读取数据,设置首行为数据标题行

    data_aps['date_time'] = pd.to_datetime(data_aps['date_time'],
            format = '%Y-%m-%d %H:%M:%S')  # 转换日期时间格式类型
    headerpsd = ['0.3','0.542','0.583','0.626','0.673','0.723','0.777','0.835','0.898','0.965
','1.037','1.114','1.197','1.286','1.382','1.486','1.596','1.715','1.843','1.981','2.129','
2.288','2.458','2.642','2.839','3.051','3.278','3.523','3.786','4.068','4.371','4.698','
5.048','5.425','5.829','6.264','6.732','7.234','7.774','8.354','8.977','9.647','10.37','
11.14','11.97','12.86','13.82','14.86','15.96','17.15','18.43','19.81']  # 设置需要提取的分档
数据的列名称
    data_aps_dn_psd = pd.DataFrame()  # 建立空数据
    for i in headerpsd:  # 循环读入
        data_aps_dn_psd[i] = data_aps[i]
    data_aps_dn_psd = data_aps_dn_psd.set_index(data_aps['date_time'])  # 设置分档数据的索引为时
间索引


    # %% 以下为分档数浓度的计算和转换
    data_aps_n_psd = pd.DataFrame()  # 建立分档数浓度数据
    data_aps_n_psd = data_aps_dn_psd * 0.03125  # 根据等距分档系数计算转为各档的数浓度
    data_aps_n_psd['0.3'] = data_aps_dn_psd['0.3'] * 0.25  # 首档的系数为 0.25,重新计算


    # 提取计算总数浓度 0.5um 以上的颗粒
    data_aps_total_con = pd.Series()
    col_list = list(data_aps_n_psd)
    col_list.remove('0.3')  # 剔除 0.3 档的这一列的数据

    data_aps_total_con = data_aps_n_psd[col_list].sum(axis = 1)  # 累积计算总数浓度
    return(data_aps_total_con)  # 返回质控后的数浓度


def plot_aps_n500(data_aps_total_con):
    '''构造数浓度绘图函数,读取质控后的数浓度值,绘制时间序列点图,保存图片'''
    fig, ax = plt.subplots()  # 图片分离为 fig 画布对象和 ax 绘图区对象
    fig.set_size_inches(10, 6)  # 设置图片尺寸,单位为英寸
```

```python
    data_aps = pd.DataFrame()
    data_aps['date_time'] = data_aps_total_con.index

    ax.plot(data_aps_total_con.index, #设置 x 轴数据
            data_aps_total_con, #设置 y 轴数据
            color = 'k', #设置图线颜色
            linestyle = '', #设置连线类型为兵败
            marker = 'o', #设置数据点标记为圆圈
            alpha = 0.9, #设置透明度
            ms = 4, #设置数据点圆圈尺寸
            mec = 'k', #设置数据点圆圈边缘颜色为黑色
            mfc = 'w') #设置数据点圆圈中间颜色为白色

    ax.grid(True, #设置显示网格线
            linestyle = ":", #设置网格线类型为虚线
            linewidth = 1, #设置网格线宽度
            alpha = 0.5) #设置网格线透明度

    ax.set_xlabel('日期时间')
    ax.set_ylabel('数浓度 (个/$cm^3$)')
    ax.xaxis.set_major_formatter(mdate.DateFormatter('%m/%d')) #设置 x 轴日期时间的显示格式
    ax.set_xticks(pd.date_range(data_aps['date_time'][0] - dt.timedelta(hours = data_aps['date_time'][0].hour, minutes = data_aps['date_time'][0].minute, seconds = data_aps['date_time'][0].second, microseconds = data_aps['date_time'][0].microsecond), data_aps['date_time'].iloc[-1], freq = '2d')) #设置 x 轴坐标绘图的起止点和间隔
    fig.savefig('图 10.1_气溶胶数浓度时间序列图.png', #设置图片保存的名称和类型,
                dpi = 300, #设置图片分辨率
                bbox_inches = 'tight', pad_inches = 0.1) #设置图片边框
    plt.close() #关闭图片
    return()


if __name__ == '__main__':  #主程序部分
    file_aps = 'result_2018aps_combine.csv' #设置第一步生成的 aps 文件名称
    data_aps = read_cal_n500(file_aps)  #调用函数提取分档信息,计算质控后的数浓度
    plot_aps_n500(data_aps) #调用数据绘图 aps


end = time.clock() #设置结束时间钟
print('>>>Total running time: %s Seconds' % (end - start)) #计算并显示程序运行时间
```

程序编写完毕后在 Spyder 的代码编辑框中运行。通过快捷键 F5 运行程序。在程序运行框(IPython console)中出现运行结果,如下显示:

Total running time:1.976180199999817 Seconds

同时,在数据文件夹下生成气溶胶数浓度时间序列图,如图 10.2 所示。

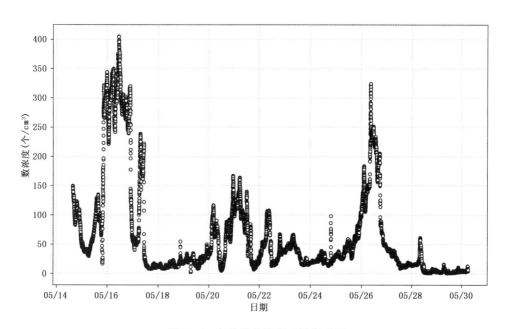

图 10.2　气溶胶数浓度时间序列图

10.3.3　计算绘图气溶胶谱

本部分读取 10.3.1 生成的"result_2018aps_combine.csv"数据文件,根据数浓度谱数据计算得到分档数浓度、分档表面积浓度和分档质量浓度,绘制 3 种浓度的谱分布的时间序列图。根据用户定义的多个时间段,计算 3 种浓度的平均谱分布并绘制 3 个子图。程序文件为"chap10_exam_code_3.py",完整代码及说明如下:

```python
#!/usr/bin/env python3
# -*- coding: utf-8 -*-

import os   # 导入系统模块
os.chdir("E:\\BIKAI_books\\data\\chap10")   # 设置路径
os.getcwd()   # 获取路径
```

```python
import pandas as pd    # 导入数据处理模块
import numpy as np    # 导入数据处理模块
from numpy import ma    # 导入数据遮挡模块
import matplotlib.colors as clr # 导入颜色处理函数
import math # 导入计算模块
import matplotlib
matplotlib.rcParams['font.sans-serif'] = ['FangSong']    # 用仿宋字体显示中文
matplotlib.rcParams['axes.unicode_minus'] = False    # 正常显示负号的设置
import matplotlib.pyplot as plt    # 导入绘图模块
import matplotlib.dates as mdate # 导入日期修改模块
import time # 导入时间模块
start = time.clock()  # 设置时间钟,用于计算程序耗时


def cbar_ticks(start, end):
    '''构造指数色标尺度函数,读取数据上下限,返回色标标签的指数形式上下限'''
    cbar_lib_list = [0.00000000001, 0.0000000001, 0.000000001, 0.00000001, 0.0000001, 0.000001, 0.00001, 0.0001, 0.001, 0.01, 0.1, 1, 10, 100, 1000, 10000, 100000, 1000000, 10000000] # 构造一个指数形式集合列表
    id_start = []
    id_end = []

    for i in range(len(cbar_lib_list)): # 依次比较数值在列表中的位置
        if  cbar_lib_list[i] <= start:
            id_start = i
        if cbar_lib_list[i] <= end :
            id_end = i + 1
    result_start = id_start
    result_end = id_end
    cbar_list = cbar_lib_list[result_start:result_end + 1] # 获得色标列表
    return(cbar_list)


def aps_read_cal__dn_ds_dm_psd(file_aps):
    '''构造数据计算和转换函数,读取 csv 文件,提取分档数据,根据分档数浓度计算出分档表面积浓度和分档质量浓度,并绘制 3 种浓度的谱的时间序列图'''
    data_aps = pd.read_csv(file_aps, header = 0) # 读取数据文件,设置首行为数据标题
    data_aps.columns = ['Sample', 'Date', 'Start Time', 'Aerodynamic Diameter', '0.3', '0.542', '0.583', '0.626', '0.673', '0.723', '0.777', '0.835', '0.898', '0.965', '1.037', '1.114', '1.197', '1.286', '1.382', '1.486', '1.596', '1.715', '1.843', '1.981', '2.129', '2.288', '2.458', '2.642', '2.839',
```

'3.051','3.278','3.523','3.786','4.068','4.371','4.698','5.048','5.425','5.829','6.264','
'6.732','7.234','7.774','8.354','8.977','9.647','10.37','11.14','11.97','12.86','13.82','
14.86','15.96','17.15','18.43','19.81','Event 1','Event 3','Event 4','Dead Time','Inlet Pressure
','Total Flow','Sheath Flow','Analog Input Voltage 0','Analog Input Voltage 1','Digital Input Level
0','Digital Input Level 1','Digital Input Level 2','Laser Power','Laser Current','Sheath Pump Volt-
age','Total Pump Voltage','Box Temperature','Avalanch Photo Diode Temperature','Avalanch Photo Diode
Voltage','Status Flags','Median(μm)','Mean(μm)','Geo. Mean(μm)','Mode(μm)','Geo. Std. Dev.','To-
tal Conc.','date_time']♯设置数据标题名称

　　data_aps['date_time'] = pd.to_datetime(data_aps['date_time'],format = '%Y-%m-%d %H:%
M:%S')♯转换日期时间类型
　　♯%% 计算数浓度,dn/dlogDp,单位 （个/cm^3）
　　headerpsd = ['0.542','0.583','0.626','0.673','0.723','0.777','0.835','0.898','0.965','
'1.037','1.114','1.197','1.286','1.382','1.486','1.596','1.715','1.843','1.981','2.129','
'2.288','2.458','2.642','2.839','3.051','3.278','3.523','3.786','4.068','4.371','4.698','
'5.048','5.425','5.829','6.264','6.732','7.234','7.774','8.354','8.977','9.647','10.37','
11.14','11.97','12.86','13.82','14.86','15.96','17.15','18.43','19.81'] ♯设置需要提取用来计
算的分档数据列的名称
　　data_aps_dn_dlogdp = pd.DataFrame()♯设置分档数浓度空白数据
　　for i in headerpsd:♯依次循环读入分档数浓度的数据
　　　　data_aps_dn_dlogdp[i] = data_aps[i]
　　data_aps_dn_dlogdp = data_aps_dn_dlogdp.set_index(data_aps['date_time'])♯设置索引为日期
时间

　　♯%% 计算表面积分档浓度的方法
　　♯ 单位为:dS/dlogDp (μm²/μm³),计算公式为:dS/dlogDp = dN/dlogDp × Pi × Dp²
　　data_aps_ds_psd = pd.DataFrame()♯新建表面积浓度空白数据
　　for j in headerpsd:
　　　　data_aps_ds_psd[j] = data_aps_dn_dlogdp[j] * math.pi * float(j) * * 2 ♯计算分档表面积浓度
　　data_aps_ds_psd = data_aps_ds_psd.set_index(data_aps['date_time']) ♯设置索引为日期时间

　　♯%% 计算分档质量浓度的方法
　　♯ 单位为:dM/dlogDp (mg/m³),计算公式为:dM/dlogDp = dM/dlogDp × (Pi/6) × Dp³ × density
　　data_aps_dm_psd = pd.DataFrame()♯新建质量浓度空白数据
　　for k in headerpsd:
　　　　data_aps_dm_psd[k] = data_aps_dn_dlogdp[k] * (math.pi/6) * float(k) * * 3 * 0.001 ♯计算分档
质量浓度
　　data_aps_dm_psd = data_aps_dm_psd.set_index(data_aps['date_time'])♯设置索引为日期时间

```
    return(data_aps_dn_dlogdp,data_aps_ds_psd,data_aps_dm_psd)


def plot_dn_ds_dm_psd_timeseries(data_aps_dn_dlogdp,data_aps_ds_dlogdp,data_aps_dm_dlogdp):
    '''构造数浓度、表面积浓度和质量浓度的谱分布绘图函数,读入分档信息,绘图并保存'''
    fig,(ax1,ax2,ax3) = plt.subplots(3,1,sharex = True) #图片分离为 fig 画布对象和 3 个绘图区,子图
分布为 3 行 1 列,共用 x 轴
    fig.set_size_inches(12,8) #设置图片尺寸,单位为英寸


    # %% 数浓度绘图
    x_aps_dn = data_aps_dn_dlogdp.index.tolist() #设置 x 轴
    y_aps_dn = [float(x) for x in      data_aps_dn_dlogdp.columns.tolist()] #设置 y 轴
    X_aps_dn,Y_aps_dn = np.meshgrid(x_aps_dn,y_aps_dn) #生成 xy 绘图矩阵


    #设置数浓度色标刻度间隔
    z_aps_dn_tem = data_aps_dn_dlogdp.values
    z_aps_dn_tem = ma.masked_where(z_aps_dn_tem < = 0, z_aps_dn_tem) #遮挡 0 值
    start_list_dn = z_aps_dn_tem.min() #找到最小值
    end_list_dn = z_aps_dn_tem.max() #找到数据中给最大值
    cbar_ticks_list_dn = cbar_ticks(start_list_dn,end_list_dn) #调用函数找到色标的上下限范围
    gap_ax_dn = np.logspace(math.log10(start_list_dn),math.log10(end_list_dn),30,endpoint = True)
#色标区分转为指数形式,分为 30 个区间


    # 设置数浓度绘图的填充 z 轴数据
    z_aps_dn = data_aps_dn_dlogdp
    Z_aps_dn = z_aps_dn.T #转置为同 xy 相同的类型


    #剔除关机时段,如果有中断 20 min 以上,则设置空白
    for ii in range(len(x_aps_dn) - 1):
        if (x_aps_dn[ii + 1] - x_aps_dn[ii]).seconds>1200 :
            z_aps_dn.loc[x_aps_dn[ii]:x_aps_dn[ii + 1],:] = np.nan
    print('>>> Hi, X,Y,Z for aps dn plot psd  is finished!     done!!!') #输入处理进度信息


    im_aps_dn = ax1.contourf(X_aps_dn,Y_aps_dn,Z_aps_dn,gap_ax_dn,norm = clr.LogNorm(),cmap = 'jet
',origin = 'lower') #使用绘图函数 contourf


    #以下为设置数浓度主图
    ax1.yaxis.grid(False) #设置不显示网格
```

```
ax1.set_ylabel('尺度($\mu$m)') #设置 y 轴标签
ax1.set_yscale('log')    #设置指数显示 y 轴尺寸
ax1.tick_params(labelsize = 12) #设置标签大小
ax1.set_title('APS 数浓度、表面积浓度和质量浓度时间序列',fontsize = 12) #设置标题


# 以下为设置数浓度色标
fig.subplots_adjust(left = 0.07, right = 0.87) #调整图片尺寸
box_aps_dn = ax1.get_position() #获得主图坐标
pad, width = 0.01, 0.01    #获得主图位置
cax_aps_dn = fig.add_axes([box_aps_dn.xmax + pad, box_aps_dn.ymin, width, box_aps_dn.height])
#设置色标的位置
cbar_aps_dn = fig.colorbar(im_aps_dn,cax = cax_aps_dn,ticks = cbar_ticks_list_dn,extend = 'max')
#绘图色标
cbar_aps_dn.set_label('数浓度(个/$ cm^3 $)') #设置数浓度色标单位
cbar_aps_dn.ax.tick_params(labelsize = 10)    # 设置色标的标尺字体大小


# % % 以下为表面积浓度数据处理与绘图
x_aps_ds = data_aps_ds_dlogdp.index.tolist() # 设置 x 轴
y_aps_ds = [float(x) for x in    data_aps_ds_dlogdp.columns.tolist()] #设置 y 轴
X_aps_ds,Y_aps_ds = np.meshgrid(x_aps_ds,y_aps_ds) #生成 xy 绘图矩阵


# 设置表面积浓度色标刻度间隔
z_aps_ds_tem = data_aps_ds_dlogdp.values
z_aps_ds_tem = ma.masked_where(z_aps_ds_tem <= 0, z_aps_ds_tem) #遮挡 0 值
start_list_ds = z_aps_ds_tem.min() # 找到最小值
end_list_ds = z_aps_ds_tem.max() #找到数据中的最大值
cbar_ticks_list_ds = cbar_ticks(start_list_ds,end_list_ds) #调用函数找到色标的上下限范围
gap_ax_ds = np.logspace(math.log10(start_list_ds),math.log10(end_list_ds),30,endpoint = True)
#色标区分转为指数形式,分为 30 个区间


# 设置表面积浓度绘图的填充 z 轴数据
z_aps_ds = data_aps_ds_dlogdp
Z_aps_ds = z_aps_ds.T # 转置为同 xy 相同的类型


# 剔除关机时段,如果有中断 20 min 以上,则设置空白
for ii in range(len(x_aps_ds) - 1):
    if (x_aps_ds[ii + 1] - x_aps_ds[ii]).seconds>1200 :
        z_aps_ds.loc[x_aps_ds[ii]:x_aps_ds[ii + 1],:] = np.nan
```

```
print('>>> Hi, X,Y,Z for aps dn plot psd  is finished!    done!!!') # 输入处理进度信息


im_aps_ds = ax2.contourf(X_aps_ds,Y_aps_ds,Z_aps_ds,gap_ax_ds,norm = clr.LogNorm(),cmap = 'jet
',origin = 'lower') # 使用绘图函数 contourf


# 设置表面积浓度主图
ax2.yaxis.grid(False) # 设置不限时网格
ax2.set_ylabel('尺度($\mu$m)') # 设置 y 轴标签
ax2.set_yscale('log')   # 设置指数显示 y 轴尺寸
ax2.tick_params(labelsize = 12) # 设置标签大小


# 设置色标
fig.subplots_adjust(left = 0.07, right = 0.87) # 调整图片尺寸
box_aps_ds = ax2.get_position() # 获得主图坐标
pad, width = 0.01, 0.01   # 获得主图位置
cax_aps_ds = fig.add_axes([box_aps_ds.xmax + pad, box_aps_ds.ymin, width, box_aps_ds.height])
# 设置色标的位置
cbar_aps_ds = fig.colorbar(im_aps_ds,cax = cax_aps_ds,ticks = cbar_ticks_list_ds,extend = 'max')
# 绘图色标
cbar_aps_ds.set_label('表面积浓度($\mu$m^2$/$cm^3$)') # 设置表面积浓度色标单位
cbar_aps_ds.ax.tick_params(labelsize = 10)   # 设置色标的标尺字体大小


# %% 以下为质量浓度绘图
x_aps_dm = data_aps_dm_dlogdp.index.tolist() # 设置 x 轴
y_aps_dm = [float(x) for x in    data_aps_dm_dlogdp.columns.tolist()] # 设置 y 轴
X_aps_dm,Y_aps_dm = np.meshgrid(x_aps_dm,y_aps_dm) # 生成 xy 绘图矩阵


# 设置质量浓度色标刻度间隔
z_aps_dm_tem = data_aps_dm_dlogdp.values
z_aps_dm_tem = ma.masked_where(z_aps_dm_tem< = 0, z_aps_dm_tem) # 遮挡 0 值
start_list_dm = z_aps_dm_tem.min() # 找到最小值
end_list_dm = z_aps_dm_tem.max() # 找到数据中的最大值
cbar_ticks_list_dm = cbar_ticks(start_list_dm,end_list_dm) # 调用函数找到色标的上下限范围
gap_ax_dm = np.logspace(math.log10(start_list_dm),math.log10(end_list_dm),30,endpoint = True)
# 色标区分转为指数形式,分为 30 个区间


# 设置绘图的填充 z 轴数据
z_aps_dm = data_aps_dm_dlogdp
```

```
    Z_aps_dm = z_aps_dm.T # 转置为与 xy 相同的类型


    # 剔除关机时段,如果有中断 20 min 以上,则设置空白
    for ii in range(len(x_aps_dm) - 1):
        if (x_aps_dm[ii + 1] - x_aps_dm[ii]).seconds>1200:
            z_aps_dm.loc[x_aps_dm[ii]:x_aps_dm[ii + 1], :] = np.nan
    print('>>>Hi, X, Y, Z for aps dn plot psd  is finished!     done!!!') # 输入处理进度信息


    im_aps_dm = ax3.contourf(X_aps_dm, Y_aps_dm, Z_aps_dm, gap_ax_dm, norm = clr.LogNorm(), cmap = 'jet
', origin = 'lower') # 使用绘图函数 contourf


    # 以下为设置质量浓度主图
    ax3.yaxis.grid(False) # 设置不限时网格
    ax3.set_ylabel('尺度(μm)') # 设置 y 轴标签
    ax3.set_yscale('log')   # 设置指数显示 y 轴尺寸
    ax3.tick_params(labelsize = 12) # 设置标签大小


    # 以下为设置质量浓度色标
    fig.subplots_adjust(left = 0.07, right = 0.87) # 调整图片尺寸
    box_aps_dm = ax3.get_position() # 获得主图坐标
    pad, width = 0.01, 0.01    # 获得主图位置
    cax_aps_dm = fig.add_axes([box_aps_dm.xmax + pad, box_aps_dm.ymin, width, box_aps_dm.height])
    # 设置色标的位置
    cbar_aps_dm = fig.colorbar(im_aps_dm, cax = cax_aps_dm, ticks = cbar_ticks_list_dm, extend = 'max')
# 绘图色标
    cbar_aps_dm.set_label('质量浓度(mg/ $ m^3 $ )') # 设置质量浓度色标单位
    cbar_aps_dm.ax.tick_params(labelsize = 10)     # 设置色标的标尺字体大小


    ax3.xaxis.set_major_formatter(mdate.DateFormatter('%m/%d'))     # 设置 x 轴日期时间格式显示
    ax3.set_xlabel('时间', fontsize = 15)   # 设置 x 轴名称
    fig.savefig('图10.2_APS气溶胶粒子谱时间序列图.png', # 设置图片保存名称和格式
                dpi = 300, # 设置图片分辨率
                bbox_inches = None, pad_inches = 1.5) # 设置图片微调模式
    plt.close()   # 关闭图片
    return()


def plot_psd_mean(data_aps_dn_dlogdp, data_aps_ds_dlogdp, data_aps_dm_dlogdp, time_list, color_c):
    '''构造绘图函数,绘制多个时间段的平均谱到同一个图,读取参数为 3 种分档浓度数值、时间列表、颜
```

色列表'''

```
    fig, (ax1, ax2, ax3) = plt.subplots(1, 3, sharex = True)  # 图片分离为 fig 画布对象和 3 个绘图区子图,
子图 3 行 1 列
    fig.set_size_inches(15, 6)  # 设置图片尺寸, 单位为英寸


    fig.suptitle('数浓度、表面积浓度和质量浓度平均谱分布', fontsize = 30, y = 1.03)  # 设置画布对象
的标题, 字体尺寸和位置
    # % % 数浓度平均谱的计算与绘图
    x_aps_dn = [float(x) for x in    data_aps_dn_dlogdp.columns.tolist()]  # 设置 y 轴
    data_aps_mean_dn = pd.DataFrame()    # 建立空数组
    for i in range(len(time_list)):    # 循环读入时间段数据
        data_aps_mean_dn = data_aps_dn_dlogdp.loc[time_list[i][0]:time_list[i][1], :].mean()
# 计算该时段的平均值


        df_ave_dNdDp = pd.DataFrame()    # 设置空白数据框, 用来存放绘图数据
        df_ave_dNdDp['dp'] = x_aps_dn
        df_ave_dNdDp['dN'] = data_aps_mean_dn.T.values


        ax1.plot(df_ave_dNdDp['dp'], df_ave_dNdDp['dN'], color = color_c[i], label = time_list[i][0]
+ ' - ' + time_list[i][1], linestyle = ' - ', lw = 1, alpha = 1, marker = 'o', ms = 4, mec = color_c[i], mfc =
color_c[i])    # 绘图平均谱
        ax1.set_xlabel('尺度(μm)', fontsize = 15)  # 设置 x 轴标签
        ax1.set_ylabel('数浓度(个/cm $ {^3} $ )', fontsize = 15)  # 设置 y 轴标签
        ax1.set_yscale('log')  # 设置 y 轴为指数形式
        ax1.set_xscale('log')  # 设置 x 轴为指数形式
        ax1.grid(True, linestyle = ":", linewidth = 1, alpha = 0.5)  # 添加网格
        ax1.set_xlim(0.35, 25)  # 设置 x 轴显示上下限
        ax1.legend(loc = 'best', fontsize = 6)  # 设置图例位置
        ax1.tick_params(labelsize = 15)    # 设置坐标轴的字体尺寸


    # % % 表面积浓度平均谱的计算与绘图
    x_aps_ds = [float(x) for x in    data_aps_ds_dlogdp.columns.tolist()]  # 设置 y 轴
    data_aps_mean_ds = pd.DataFrame()    # 建立空数组
    for i in range(len(time_list)):    # 循环读入时间段数据
        data_aps_mean_ds = data_aps_ds_dlogdp.loc[time_list[i][0]:time_list[i][1], :].mean()
    # 计算该时段的平均值
```

```
        df_ave_dsdDp = pd.DataFrame()  #设置空白数据框,用来存放表面积浓度绘图数据
        df_ave_dsdDp['dp'] = x_aps_ds
        df_ave_dsdDp['dN'] = data_aps_mean_ds.T.values


        ax2.plot(df_ave_dsdDp['dp'],df_ave_dsdDp['dN'],color = color_c[i],label = time_list[i][0]
+ '-' + time_list[i][1],linestyle = '-',lw = 1,alpha = 1,marker = 'o',ms = 4,mec = color_c[i],mfc =
color_c[i])      #绘图平均谱
        ax2.set_xlabel('尺度(μm)',fontsize = 15) #设置 x 轴标签

        ax2.set_ylabel('表面积浓度($μ^2$/$cm^3$)',fontsize = 15) #设置 y 轴标签

        ax2.set_yscale('log') #设置 y 轴为指数形式
        ax2.set_xscale('log') #设置 x 轴为指数形式
        ax2.grid(True,linestyle = ":",linewidth = 1,alpha = 0.5)#添加网格
        ax2.set_xlim(0.35, 25) #设置 x 轴显示上下限
        ax2.legend(loc = 'best',fontsize = 6)#设置图例位置
        ax2.tick_params(labelsize = 15)      #设置坐标轴的字体尺寸


    #以下为质量浓度平均谱的计算与绘图
    x_aps_dm = [float(x) for x in      data_aps_dm_dlogdp.columns.tolist()] #设置 y 轴
    data_aps_mean_dm = pd.DataFrame()      #建立空数组
    for i in range(len(time_list)):      #循环读入时间段数据
        data_aps_mean_dm = data_aps_dm_dlogdp.loc[time_list[i][0]:time_list[i][1],:].mean()
    #计算该时段的平均值

        df_ave_dmdDp = pd.DataFrame()   #设置空白数据框,用来存放表面积浓度绘图数据
        df_ave_dmdDp['dp'] = x_aps_dm
        df_ave_dmdDp['dN'] = data_aps_mean_dm.T.values


        ax3.plot(df_ave_dmdDp['dp'],df_ave_dmdDp['dN'],color = color_c[i],label = time_list[i][0]
+ '-' + time_list[i][1],linestyle = '-',lw = 1,alpha = 1,marker = 'o',ms = 4,mec = color_c[i],mfc =
color_c[i])      #绘图平均谱
        ax3.set_xlabel('尺度(μm)',fontsize = 15) #设置 x 轴标签
        ax3.set_ylabel('质量浓度(mg/$m^3$)',fontsize = 15) #设置 y 轴标签
        ax3.set_yscale('log') #设置 y 轴为指数形式
        ax3.set_xscale('log') #设置 x 轴为指数形式
        ax3.grid(True,linestyle = ":",linewidth = 1,alpha = 0.5)#添加网格
        ax3.set_xlim(0.35, 25) #设置 x 轴显示上下限
        ax3.legend(loc = 'best',fontsize = 6)#设置图例位置
        ax3.tick_params(labelsize = 15)      #设置坐标轴的字体尺寸
```

```
        fig.subplots_adjust(wspace = 0.3)
        fig.savefig('图 10.3_APS 浓度平均谱.png',  # 设置图片名称和格式
                    dpi = 300,  # 设置图片分辨率
                    bbox_inches = 'tight', pad_inches = 0.1)  # 设置图片边框
        plt.close()   # 程序中不显示图片
        return()


if __name__ = = '__main__':  # 主程序部分
        file_aps = 'result_2018aps_combine.csv'  # 设置第一步生成的 aps 文件名称
        data_aps_dn_psd, data_aps_ds_psd, data_aps_dm_psd = aps_read_cal__dn_ds_dm_psd(file_aps)  # 调用
函数读取数据计算数浓度、表面积浓度和质量浓度的分档数据
        plot_dn_ds_dm_psd_timeseries(data_aps_dn_psd, data_aps_ds_psd, data_aps_dm_psd)  # 调用函数绘图
气溶胶数浓度、表面积浓度和质量浓度的谱分布时间序列

        time_list = [['2018 - 05 - 16 00:00:00', '2018 - 05 - 16 12:00:00'],
                     ['2018 - 05 - 18 00:00:00', '2018 - 05 - 18 12:00:00'],
                     ['2018 - 05 - 22 20:00:00', '2018 - 05 - 23 08:00:00']]  # 输入 3 个不同的时间段

        color_list = ['g', 'r', 'b',]   # 输入 3 个时间段对应的颜色

        plot_psd_mean(data_aps_dn_psd, data_aps_ds_psd, data_aps_dm_psd, time_list, color_list)  # 调用程
序绘制不同时间段的平均谱


end = time.clock()  # 设置结束时间钟
print('>>>Total running time: % s Seconds' % (end - start))  # 计算并显示程序运行时间
```

程序编写完毕后在 Spyder 的代码编辑框中运行。通过快捷键 F5 运行程序。在程序运行框(IPython console)中出现运行结果,如下显示:

```
Hi, X, Y, Z for aps dn plot psd   is finished!        done!!!
Hi, X, Y, Z for aps ds plot psd   is finished!        done!!!
Hi, X, Y, Z for aps dm plot psd   is finished!        done!!!
Total running time: 19.710143400000106 Seconds
```

同时,在数据文件夹下生成 APS 气溶胶粒子谱时间序列图和 APS 时间段平均谱,见(彩)图 10.3 和(彩)图 10.4。

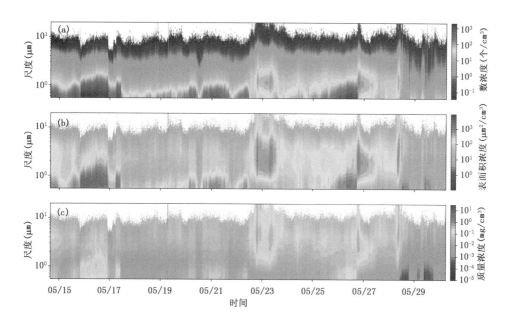

图 10.3　APS气溶胶数浓度谱(a)、表面积浓度谱(b)和质量浓度谱(c)的时间序列图

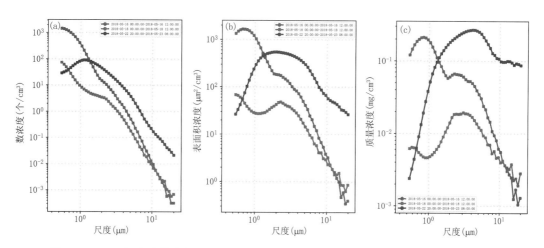

图 10.4　APS气溶胶数浓度(a)、表面积浓度(b)和质量浓度(c)在不同时段的平均谱分布

第 11 章 中尺度 WRF 模式模拟结果处理与应用

本章以 WRF 模式数据为例介绍了 nc 格式数据文件读取、云降水物理量数据提取、雷达剖面绘图、gif 动图绘制等方法的综合应用。

11.1 中尺度 WRF 模式和数据文件介绍

天气研究与预报模式（Weather Research and Forecast Model，WRF）简称"中尺度 WRF 模式"，诞生于 20 世纪 90 年代，是由美国国家大气研究中心（National Center for Atmospheric Research，NCAR）、美国国家环境预报中心（National Centers for Environmental Prediction，NCEP）和美国国家海洋与大气管理局（National Oceanic and Atmospheric Administration，NOAA）等机构联合开发完成的中尺度天气预报数值模式。WRF 模式作为公共模式，由 NCAR 负责维护和技术支持，免费对外发布，到 2020 年 4 月 23 日更新为 V 4.2 版本。

中尺度 WRF 模式广泛应用于天气预报和天气研究中，既可以作为全球模式进行天气预报，也可以作为区域模式进行天气现象的数值模拟，包括数据同化的研究、物理过程参数化的研究、区域气候模拟、空气质量模拟、海气耦合以及理想试验模拟等。

中尺度 WRF 模式的结果为"网络通用数据格式"（NetCDF，简称 nc），包含维度、变量、全局属性和各物理量的属性等信息。本章的数据文件为"chap11_WRF.nc"，另外"chap11_WRF_info.txt"文件存放了 nc 格式数据文件中的数据变量信息。读者也可以通过安装 Panoply 等可视化软件打开查看数据。在本章的个例中重点关注的数据为雷达回波、降水量、云水比质量浓度、霰比质量浓度、冰晶比质量浓度、雨水比质量浓度、雪晶比质量浓度、水汽混合比质量浓度、云水数浓度、冰粒子浓度、雨滴浓度等物理量。

11.2 编程目标和程序算法设计

11.2.1 编程目标

(1)进一步熟悉编程的整体步骤，熟悉利用函数对整体任务进行分解编程的思路；

(2)熟练掌握 nc 格式数据文件的读取及提取各物理量参数在不同时段、不同高度层的数据；

（3）掌握雷达色标的定制方法及绘制雷达回波剖面图的方法；

（4）掌握地图底图叠加物理量的绘图方法，掌握 gif 动图的绘制方法；

（5）程序可在设置完成后一键操作，完成所有的处理，输出所有绘图信息；也可根据需要处理完毕数据后，仅仅输出用户指定的项目图形，输出指定的数据。

11.2.2 程序设计思路和算法步骤

针对 11.2.1 节的需求，本章以雷达回波、降水量，以及水成物数浓度和质量浓度等物理参量为例介绍程序编写的思路和方法，本章程序的开发思路和算法如下：

（1）读取目标文件夹的 nc 格式数据文件，提取数据范围内不同时间的降水信息，计算累积降水量和当前时次的降水量，并匹配不同时间的雷达 mdbz 数据绘图。所有图片按照时间序列演变拼接成 gif 动画文件，用于展示。

（2）选取特定时次，绘制最大雷达回波强度平面图。根据两个端点的经纬度，对雷达回波进行切片，并在图上标示出来。绘图切片路径的垂直方向雷达回波图，叠加温度高度数据。

（3）提取计算常规云微物理参数的质量浓度数据图。选取特定时次，绘图最大雷达回波强度。根据两个端点的经纬度，进行切片。绘图叠加温度高度数据的切片路径的垂直方向雷达回波图。分别绘制常规云微物理参数的浓度数据图。

（4）根据用户需要的物理量提取数据范围内不同时间的数据。根据用户定义的时间和不同的高度层，分别提取汇集绘图不同层次的物理量图。

11.3 WRF 模式模拟结果程序代码解析

本章中的程序代码适用于 Python 3 及以上版本，支持包括 Windows、Linux 和 OS X 操作系统。为了方便调取查看程序处理过程中的数据，建议读者使用 Anoconda 编译环境中自带的 Spyder 编译器编译运行代码。

在编写程序之前，把 WRF 模式数据和地理分区 shp_for_basemap 文件夹存放到目标文件夹 chap11(本例中为 E:\\BIKAI_books\\data\\chap11)。

11.3.1 提取雷达回波和降水分布信息并绘图

本部分读取目标文件夹的 nc 格式数据文件，提取数据范围内不同时间的最大雷达回波反射率 mdbz 数据和降水信息，计算累积降水量和当前时次的降水量。根据时间序列演变，分别绘制子图并保存。所有图片按照时间序列演变拼接成 gif 动画文件，用于展示。

本部分的程序中使用到了 WRF-python 扩展包，需要进行安装，WRF-Python 包的安装方法见 2.4.2 节。另外，本例使用 FFmpeg 工具创建 gif 动画。FFmpeg 模块的安装请参考 2.4.2 节。在本例代码中需要添加安装地址，详见代码说明。

本部分程序文件为"chap11_exam_code_1.py",本例完整代码及说明如下:

```python
#!/usr/bin/env python3
# -*- coding: utf-8 -*-


import os # 导入系统模块
os.environ['PROJ_LIB'] = 'D:\\anaconda3\\Library\\share' # 设置绘图环境变量,使用说明见本书 2.4.2
节中 basemap 模块的安装
os.chdir("E:\\BIKAI_books\\data\\chap11") # 设置路径
os.getcwd()
from wrf import getvar    # 导入变量提取模块
from netCDF4 import Dataset # 导入 nc 读取模块
import pandas as pd    # 导入数据处理模块
import matplotlib.pyplot as plt    # 导入绘图模块
from mpl_toolkits.basemap import Basemap    # 导入地图绘图模块
from matplotlib import ticker  # 修改刻度
import numpy as np    # 导入数据处理模块
import math   # 导入数值计算模块
import subprocess    # 导入进程管理模块
import matplotlib.colors as colors    # 调用颜色模块
import matplotlib
matplotlib.rcParams['font.sans-serif'] = ['FangSong']    # 用仿宋字体显示中文
matplotlib.rcParams['axes.unicode_minus'] = False      # 正常显示负号的设置
from collections import OrderedDict # 导入 collections 模块中的 OrderedDict 类,用来对字典对象中元素
排序
cmaps = OrderedDict()   # 设置定制色标空数据集
import time   # 导入时间模块
start = time.clock() # 设置时钟,用于计算程序运行时间


def colormap():
    '''构造国内通用的雷达回波标准色标库函数'''
    # 定义一个颜色区间范围
    cdict = [(1,1,1),  # 白色
             (0,1,1), # 蓝绿色
             (0,157/255,1), # 浅蓝色
             (0,0,1), # 蓝色
             (9/255,130/255,175/255), # 浅绿色
             (0,1,0), # 绿色
             (8/255,175/255,20/255), # 深绿色
```

```
            (1,214/255,0), # 黄色
            (1,152/255,0), # 浅橙色
            (1,0,0), # 红色
            (221/255,0,27/255), # 浅红色
            (188/255,0,54/255), # 中红色
            (121/255,0,109/255), # 深红色
            (121/255, 51/255,160/255), # 浅紫色
            (195/255,163/255,212/255), # 紫色
        ] # 按照上面定义的 colordict,将数据分成对应的部分,indexed:代表顺序
    return colors.ListedColormap(cdict, 'indexed')


def plot_basemap(ax1):
    '''构造底图绘图函数,输入参数为绘图区对象 ax1'''
    # 底图地图设置
    m = Basemap(projection = 'cyl', # 设置投影方式
                llcrnrlon = lon.min(), # 设置地图左下角的经度
                urcrnrlon = lon.max(), # 设置地图右上角的经度
                llcrnrlat = lat.min(), # 设置地图左下角的纬度
                urcrnrlat = lat.max(), # 设置地图右上角的纬度
                ax = ax1,   # 设置与底图匹配的主图
                resolution = 'c') # 设置分辨率级别为原始分辨率


    # %% 叠加行政区划
    m.readshapefile('shp_for_basemap/bou2_4p', # 设置行政区地理信息
                'bou2_4p', # 设置行政区地理信息
                color = 'k', # 设置行政区颜色
                linewidth = 2) # 设置行政区线条宽度
    # %% 绘制纬度线,4 个 label 表示左右上下
    m.drawparallels(np.arange(math.ceil(lat.min()), # 设置纬度线绘图下限
                math.ceil(lat.max()),1), # 设置纬度线绘图上限和间隔
                labels = [1, 0, 0, 0], # 设置为左侧显示纬度线
                linewidth = 0.0, # 纬度线宽度设为 0
                fontsize = 15) # 设置纬度线标签字体尺寸
    # %% 绘制等经度线
    m.drawmeridians(np.arange(math.ceil(lon.min()), # 设置经度线绘图下限
                math.ceil(lon.max()), 1), # 设置经度线绘图下限
                labels = [0, 0, 0, 1], # 设置为右侧显示经度线
                linewidth = 0.0, # 经度线宽度设为 0
```

```
                    fontsize = 15)  # 设置经度线标签字体尺寸
    # % % 设置坐标轴标签
    ax1. set_yticks(np. arange(math. ceil(lat. min()), lat. max(), 1))  # 设置 y 轴尺寸范围
    ax1. yaxis. set_major_formatter(ticker. FormatStrFormatter('% 2.1f'))
    ax1. set_yticklabels([])  # 设置 y 轴标签空白
    ax1. set_xticks(np. arange(math. ceil(lon. min()), lon. max(), 1))  # 设置 x 轴尺寸范围
    ax1. set_xticklabels([])  # 设置 x 轴标签空白
    ax1. xaxis. set_ticks_position("bottom")  # 设置 x 轴标签的位置
    return(m)  # 返回底图


    # % % 动图 gif 绘制
def make_gif(gif_name):
    '''构造动画绘图函数'''
    batch_input = 'dbz_rainfall_ % 02d. png'  # 设置制作动画的批量文件名特征
    file_output = gif_name + '. gif'  # 设置动画保存的名称


    # 判断路径是否存在, 返回 True 或 False, 如果如果存在就删除, 如果不存在就建立
    alive = os. path. exists(file_output)
    if alive == 0:
        pass
    else:
        os. unlink(file_output)


    fps = 2  # 设置动画帧率(单位为 Hz)
    shell_input = ['D:\\ffmpeg - 20200626 - 7447045 - win64 - static\\bin\\ffmpeg',  # 输入 ffmpeg 安
装地址
                '- r',
                str(fps),  # 设置编码帧率
                '- i',
                batch_input,  # 设置输入的图片的特征
                file_output]  #  # 保存的 gif 文件名称
    gif = subprocess. Popen(args = shell_input, stdin = subprocess. PIPE, stdout = subprocess. PIPE, stderr
= subprocess. PIPE, universal_newlines = True)  # 调用子进程


    if gif. wait() == 0:  # 设置提示
        print('-------------------------')
        print('make gif file done!!!')
```

```
            print('------------------------')
        else:
            print('------------------------')
            print('can not make gif !!!')
            print('------------------------')


    for filename in os.listdir():  # 循环读入文件,删除中间过程图片文件,仅保留 gif 文件
        if filename.startswith('dbz') and filename.endswith('.png'):
            os.unlink(filename)
    return()


def plot_nc(ax1,m,z,i,gap_ax,gap_cb,cmap,cbar_name):
    '''构造绘图函数,调用参量,绘制雷达回波、降水量等平面分布图'''
    im = m.contourf(x,y,z,  # 设置 x,y,z 数值,内容见主程序
                    gap_ax,  # 设置颜色区间
                    cmap = cmap,  # 设置色标类型
                    extend = 'both')    # 设置超出范围值的显示方式
    # % % 设置色标图例
    fig.subplots_adjust(left = 0.07,right = 0.87)  # 设置主图位置调整参数
    box = ax1.get_position()  # 获取主图的位置
    pad, height = 0.1, 0.04  # 设置与主图的间隔和色标宽度
    cax = fig.add_axes([box.xmin,box.ymin - pad,box.width,height])    # 设置色标尺寸
    cbar = fig.colorbar(im,cax = cax,ticks = gap_cb,extend = 'both',orientation = 'horizontal')  # 设
置色标显示方式
    cbar.set_label(cbar_name,fontsize = 20)  # 设置色标名称和字体尺寸
    return()


# % % 以下为主程序
if __name__ == '__main__':

    filename = 'chap11_WRF.nc'    # 设置需要处理的数据文件名

    var_name = 'mdbz'  # 设置提取的最大雷达回波强度参量名
    var_name_1 = 'RAINC'  # 设置提取的累积积云降水
    var_name_2 = 'RAINNC'  # 设置累积格点降水

    # % % 以下为读取数据的部分
    ncfile = Dataset(filename)    # 读取 nc 格式数据文件,传入 ncfile 对象中,包含了该文件的全部信息
```

```
#提取时间数据
time_nc = [str(i, encoding = "utf - 8") for i in ncfile.variables['Times']]
time_nc = pd.to_datetime(pd.Series(time_nc), format = '%Y - %m - %d_%H:%M:%S') #提取的日期
时间转为标准格式


# 读取经纬度和高度分层信息
lat = ncfile.variables['XLAT'][0, :, 0] #提取图中纬度信息
lon = ncfile.variables['XLONG'][0, 0, :] #提取图中经度信息
x = lon.tolist() #设置 x 轴为经度
y = lat.tolist() #设置 y 轴为纬度
X, Y = np.meshgrid(x, y) #转为矩阵


# %% 以下为提取不同时间的数据进行循环绘图
for i in range(len(time_nc)):
    time_name = str(time_nc[i])
    time_name_1 = str(time_nc[i])[0:4] + str(time_nc[i])[5:7] + str(time_nc[i])[8:10] + '_' +
str(time_nc[i])[11:13] + str(time_nc[i])[14:16] + str(time_nc[i])[17:19]#修改时间格式

    var_nc = getvar(ncfile, var_name, timeidx = i)    #提取该时次雷达回波数据
    var_nc_rain_1 = getvar(ncfile, var_name_1, timeidx = i)    #提取该时次累积积云降水
    var_nc_rain_2 = getvar(ncfile, var_name_2, timeidx = i)    #提取该时次累积格点降水
    var_nc_1 = var_nc_rain_1 + var_nc_rain_2    #计算累积降水

    if i == 0:
        var_nc_2 = var_nc_1    #设置初始累积降水等于差值降水
    else:
        var_nc_rain_1_2 = getvar(ncfile, var_name_1, timeidx = i - 1)    #提取前一个时次的累积积
云降水信息
        var_nc_rain_2_2 = getvar(ncfile, var_name_2, timeidx = i - 1)    #提取前一个时次的累积格
点降水信息
        var_nc_2 = var_nc_1 - (var_nc_rain_1_2 + var_nc_rain_2_2)    #计算前一个时次的累积降水

    # %% 以下为绘图
    fig, (ax1, ax2, ax3) = plt.subplots(1, 3, sharex = True) #图形分离为 fig 画布对象和 3 个绘图区,
排列为 1 行 3 列
    fig.set_size_inches(21, 6) #设置主图尺寸,单位为英寸
    fig.suptitle(str(time_nc[i]), fontsize = 30, y = 0.9) #设置画布标题文字和字体尺寸、字体的
```

位置

```
m1 = plot_basemap(ax1)    #调用函数绘制第 1 个子图地图底图
m2 = plot_basemap(ax2)    #调用函数绘制第 2 个子图地图底图
m3 = plot_basemap(ax3)    #调用函数绘制第 3 个子图地图底图


# % % 绘图雷达
gap_ax = np.arange( - 5,75,5) #设置显示
gap_cb = np.arange( - 5,75,5)    #设置显示
plot_nc(ax1, #子图位置
        m1, #底图位置
        var_nc, #设置绘图参量为雷达回波
        i,
        gap_ax, #设置颜色划分
        gap_cb, #设置色标
        colormap(), #设置显示颜色为定制雷达回波色彩库
        'dBZ') #设置单位
ax1.set_title('最大雷达回波反射率',fontsize = 20)#设置子图标题和字体尺寸
# % % 绘图降水差异
gap_ax_1 = np.arange(0,2,0.1) #设置显示
gap_cb_1 = np.arange(0,2,0.2)
plot_nc(ax2, #子图位置
        m2, #底图位置
        var_nc_2, #设置绘图参量为当前时刻降水
        i,
        gap_ax_1, #设置颜色划分
        gap_cb_1, #设置色标
        'YlGn', #设置显示颜色类型
        'mm')#设置单位
ax2.set_title('当前时刻降水',fontsize = 20)#设置子图标题和字体尺寸


# % % 累计降水
gap_ax_2 = np.arange(0,2,0.1) #设置显示
gap_cb_2 = np.arange(0,2,0.2)
plot_nc(ax3, #子图位置
        m3, #底图位置
        var_nc_1, #设置绘图参量为累积降水
        i,
```

```
                gap_ax_2, ♯设置颜色划分
                gap_cb_2, ♯设置色标
                'YlGn', ♯设置显示颜色类型
                'mm') ♯设置单位
        ax3.set_title('累积降水量', fontsize = 20) ♯设置子图标题和字体尺寸


        ♯ % % 保存图片
        plt.savefig('radar_rainfall_' + time_name_1, ♯保存雷达回波降水图
                dpi = 300, bbox_inches = 'tight',
                pad_inches = 0.1)
        plt.savefig('dbz_rainfall_ % 02d' % i, ♯保存降水量图
                dpi = 300, bbox_inches = 'tight',
                pad_inches = 0.1)
        plt.close() ♯关闭程序内存中绘图
        print('plotted ' + time_name + '. Done ' + str(int((i + 1)/len(time_nc) * 100)) + ' % ') ♯设置
屏幕提示信息


    gif_name = 'fig11_radar_rainfall' + time_nc[0].strftime(' % Y - % m - % d % H: % M: % S')[0:4] +
time_nc[0].strftime(' % Y - % m - % d % H: % M: % S')[5:7] + time_nc[0].strftime(' % Y - % m - % d %
H: % M: % S')[8:10] ♯设置动画文件名称
    make_gif(gif_name) ♯调用函数绘制 gif 动画


end = time.clock() ♯设置结束时间钟
print('>>> Total running time: % s Seconds' % (end - start)) ♯计算并显示程序运行时间
```

　　程序编写完毕后在 Spyder 的代码编辑框中运行。通过快捷键 F5 运行程序。在程序运行框(IPython console)中出现运行结果,如下显示:

```
    plotted 2019-09-12 16:04:00. Done 16 %
    plotted 2019-09-12 16:05:00. Done 33 %
    plotted 2019-09-12 16:06:00. Done 50 %
    plotted 2019-09-12 16:07:00. Done 66 %
    plotted 2019-09-12 16:08:00. Done 83 %
    plotted 2019-09-12 16:09:00. Done 100 %
    ------------------------
    make gif file done!!!
    ------------------------
    Total running time: 22.04638900000009 Seconds
```

同时,在数据文件夹下生成每个时次的雷达回波和降水量分布图,以及按照时间演变拼接成的 gif 动画(彩图 11.1)。

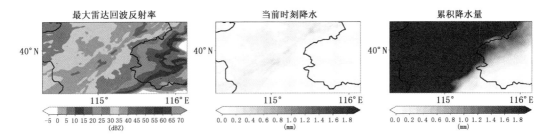

图 11.1　雷达回波和降水量分布图

11.3.2　雷达回波与云中微物理参量剖面绘图

本部分介绍绘制常规云微物理参数的质量浓度数据图。选取特定时次,绘图最大雷达回波强度。根据两个端点的经纬度,进行切片绘制雷达回波垂直剖面图。叠加切片路径垂直方向的雷达回波和温度数据,并添加绘制地形,同时输出常规云微物理参数的浓度垂直剖面图。

本例的程序文件为“chap9_exam_code_2.py”,完整代码及说明如下:

```python
#!/usr/bin/env python3
# -*- coding: utf-8 -*-

import os  # 导入系统模块
os.environ['PROJ_LIB'] = 'D:\\anaconda3\\Library\\share'  # 设置绘图环境变量,使用说明见 2.4.2 节中
basemap 模块的安装
os.chdir("E:\\BIKAI_books\\data\\chap11")  # 设置路径
os.getcwd()
from wrf import getvar, to_np, latlon_coords, vertcross, interpline, CoordPair  # 导入变量提取模块
from netCDF4 import Dataset  # 导入 nc 读取模块
import xarray as xr  # 导入 netCDF 数据读取模块
import pandas as pd  # 导入数据处理模块
import matplotlib.pyplot as plt  # 导入绘图模块
from mpl_toolkits.basemap import Basemap  # 导入地图绘图模块
import numpy as np  # 导入数据处理模块
import math  # 导入数值计算模块
import matplotlib.colors as colors  # 调用颜色模块
import matplotlib
matplotlib.rcParams['font.sans-serif'] = ['FangSong']  # 用仿宋字体显示中文
matplotlib.rcParams['axes.unicode_minus'] = False  # 正常显示负号的设置
```

```python
from collections import OrderedDict # 导入 collections 模块中的 OrderedDict 类,用于对字典对象中元素
排序
cmaps = OrderedDict()    # 设置定制色标空数据集
import time    # 导入时间模块
start = time.clock() # 设置时钟,用于计算程序运行时间


def colormap():
    '''构造国内通用的雷达回波标准色标库函数'''
    cdict = [(1,1,1), # 白色
             (0,1,1), # 蓝绿色
             (0,157/255,1), # 浅蓝色
             (0,0,1), # 蓝色
             (9/255,130/255,175/255), # 浅绿色
             (0,1,0), # 绿色
             (8/255,175/255,20/255), # 深绿色
             (1,214/255,0), # 黄色
             (1,152/255,0), # 浅橙色
             (1,0,0), # 红色
             (221/255,0,27/255), # 浅红色
             (188/255,0,54/255), # 中红色
             (121/255,0,109/255), # 深红色
             (121/255, 51/255,160/255), # 浅紫色
             (195/255,163/255,212/255), # 紫色
             ]# 按照上面定义的 colordict,将数据分成对应的部分,indexed:代表顺序
    return colors.ListedColormap(cdict, 'indexed')


def plot_basemap(lon,lat,z,var,ax1):
    '''构造底图绘图函数'''
    x = lon.tolist()# 设置 x 轴
    y = lat.tolist()# 设置 y 轴
    X,Y = np.meshgrid(x,y)# 构造经纬度矩阵
    m = Basemap(projection = 'cyl', # 设置投影方式
                llcrnrlon = lon.min(), # 设置左下角的经度
                urcrnrlon = lon.max(), # 设置右上角的经度
                llcrnrlat = lat.min(), # 设置左下角的纬度
                urcrnrlat = lat.max(), # 设置右上角的纬度
                ax = ax1,    # 设置与底图匹配的主图
                resolution = 'c')# 设置分辨率级别为原始分辨率
```

```
#       m.drawcoastlines(linewidth = 0.72, color = 'gray') #设置大陆轮廓线
    m.readshapefile('shp_for_basemap/bou2_4p', 'bou2_4p', #设置行政区地理信息
                        color = 'k', linewidth = 2) #设置行政区线条颜色和宽度
    m.drawparallels(np.arange(math.ceil(lat.min()), math.ceil(lat.max()), 1), labels = [1, 0, 0, 0],
linewidth = 0.0, fontsize = 15) #绘制纬度线
    m.drawmeridians(np.arange(math.ceil(lon.min()), math.ceil(lon.max()), 1), labels = [0, 0, 0, 1],
linewidth = 0.0, fontsize = 15) #绘制等经度线
    #放后面绘图,覆盖上层
    ax1.set_yticks(np.arange(math.ceil(lat.min()), lat.max(), 1)) #坐标 y 轴刻度
    ax1.set_yticklabels([]) #设置 y 轴标签空白
    ax1.set_xticks(np.arange(math.ceil(lon.min()), lon.max(), 1)) #坐标 x 轴刻度
    ax1.set_xticklabels([]) #设置 x 轴标签空白
    ax1.xaxis.set_ticks_position("bottom") #设置 x 轴标签的位置

    gap_ax = np.arange(-5, 75, 5) #设置显示
    gap_cb = np.arange(-5, 75, 5) #设置色标显示

    im = m.contourf(x, y, z, gap_ax, cmap = colormap()) #设置绘图底图为轮廓线填充形式

    #--------设置 color bar----------------------
    fig.subplots_adjust(left = 0.07, right = 0.87) #设置主图位置调整参数
    box = ax1.get_position() #获取主图的位置
    pad, height = 0.1, 0.04 # 设置与主图的间隔和色标宽度
    cax = fig.add_axes([box.xmin, box.ymin - pad, box.width, height])    #设置色标尺寸
    cbar = fig.colorbar(im, cax = cax, ticks = gap_cb, extend = 'max', orientation = 'horizontal')   #设
置色标显示方式
    cbar.set_label('dBZ', fontsize = 20)
    ax1.set_title('最大雷达回波反射率', fontsize = 20) #设置色标名称和字体尺寸
    return(m) #返回底图

if __name__ == '__main__':

    filename = 'chap11_WRF.nc'   #设置需要处理的数据文件名

    water_var = ['QCLOUD', 'QGRAUP', 'QICE', 'QRAIN', 'QSNOW', 'QVAPOR'] #输入要绘图的水成物质量浓
度参量
    water_var_chn = ['云水比质量浓度', '霰比质量浓度', '冰晶比质量浓度', '雨水比质量浓度', '雪晶
比质量浓度', '水汽混合比']
```

```python
water_var_qn = ['QNICE','QNRAIN'] #输入要绘图的水成物数浓度参量
water_var_qn_chn = ['冰晶数浓度','雨滴数浓度'] #输入要绘图的水成物数浓度参量


#[ncfile.variables[ii].description for ii in water_var]


time_point = 1 #设置雷达回波切片的时次


#设置雷达回波切片的两端点经纬度
lat1,lon1 = 39.8,114.5 #起始点坐标
lat2,lon2 = 39.8,115.5 #结束点坐标


# % % 读取数据
ncfile = Dataset(filename)    #读取数据
ds = xr.open_dataset(filename) #读取数据


time_nc = [str(i, encoding = "utf-8") for i in ncfile.variables['Times']]    #提取时间读数据
time_nc = pd.to_datetime(pd.Series(time_nc), format = '%Y-%m-%d_%H:%M:%S')        #提取
的日期时间转为标准格式
time_name = str(time_nc[time_point])    #设置需要切片的时间名称


# 读取经纬度和高度分层信息
lat = ncfile.variables['XLAT'][0,:,0]
lon = ncfile.variables['XLONG'][0,0,:]


#提取切割点的坐标
start_point = CoordPair(lat = lat1, lon = lon1) #起始点的经纬度
end_point = CoordPair(lat = lat2, lon = lon2)


# % % 提取需要的数据
var_nc = getvar(ncfile, 'mdbz', timeidx = time_point) #获取目标时间点的最大雷达回波数据
ht = getvar(ncfile, "z", timeidx = time_point) #获取目标时间点的高度分布
ter = getvar(ncfile, "ter", timeidx = time_point) #获取目标时间点的海拔高度
dbz = getvar(ncfile, "dbz", timeidx = time_point) #获取目标时间点的雷达回波
temp = getvar(ncfile, "tc", timeidx = time_point) #获取目标时间点的温度
Z = 10 * * (dbz/10.) # 线性插值


# % % 以下为提取切片截面数据
#雷达回波截面数据
```

```
    z_cross = vertcross(Z, ht, wrfin = ncfile, start_point = start_point, end_point = end_point, latlon =
True, meta = True)    # 调用模块中的 vertcross 函数获取截面数据
    dbz_cross = 10.0 * np.log10(z_cross) # 插值处理
    dbz_cross_filled = np.ma.copy(to_np(dbz_cross)) # 插值填充

    for i in range(dbz_cross_filled.shape[-1]):
        column_vals = dbz_cross_filled[:, i]
        first_idx = int(np.transpose((column_vals > -200).nonzero())[0])
        dbz_cross_filled[0:first_idx, i] = dbz_cross_filled[first_idx, i]
    # 温度截面数据
    temp_cross = vertcross(temp, ht, wrfin = ncfile, start_point = start_point, end_point = end_point,
latlon = True, meta = True)
    temp_cross_filled = np.ma.copy(to_np(temp_cross))
    for i in range(temp_cross_filled.shape[-1]):
        column_vals = temp_cross_filled[:, i]
        first_idx = int(np.transpose((column_vals > -200).nonzero())[0])
        temp_cross_filled[0:first_idx, i] = temp_cross_filled[first_idx, i]

    # 地形插值
    ter_line = interpline(ter, wrfin = ncfile, start_point = start_point, end_point = end_point) # 本底
地形图

# %% 绘图
    fig, (ax1, ax2) = plt.subplots(1, 2, sharex = True) # 绘制 2 个子图
    fig.set_size_inches(17, 5)      # 设置图片尺寸
    fig.suptitle(time_name, fontsize = 30, y = 1.03) # 设置整图的标题, 字体尺寸和位置

    # %% ax1 左图绘制雷达平面图
    gap_ax = np.arange(-5, 75, 5) # 设置显示
    gap_cb = np.arange(-5, 75, 5)
    m = plot_basemap(lon, lat, var_nc, 'mdbz', ax1) # 绘制地图底图
    point_x, point_y = m([start_point.lon, end_point.lon],
                        [start_point.lat, end_point.lat]) # 绘制切片的两端点
    m.plot(point_x, point_y, latlon = True, color = "r", marker = "o", alpha = 1, lw = 3, ls = '--', zorder = 3)
# 设置切片的两端点之间的连线形式

    # %% ax2 右图回波横截面温度信息
    xs = np.arange(0, dbz_cross.shape[-1], 1)
```

```python
gap_temp = np.arange( - 50,30,5)  # 设置温度差异颜色间隔
gap_temp_minus = np.arange( - 50,0,5)  # 负温度显示
gap_temp_p = np.arange(0,30,5)  # 正温度显示


im = ax2.contourf(xs,to_np(dbz_cross.coords["vertical"]),to_np(dbz_cross_filled),gap_ax,cmap
= colormap(),extend = "both")  # 绘制雷达回波截面图
im2 = ax2.contour(xs,to_np(temp_cross.coords["vertical"]),to_np(temp_cross_filled),gap_temp_
p,extend = 'both',linewidths = 0.5,linestyles = 'solid',colors = 'k')  # 设置切片截面的温度分布等
高线
ax2.clabel(im2,fontsize = 12,inline = False)  # 设置等高线标签


im3 = ax2.contour(xs,to_np(temp_cross.coords["vertical"]),to_np(temp_cross_filled),gap_temp_
minus,extend = 'both',linewidths = 0.5,linestyles = 'dashed',colors = 'k')  # 设置负温度显示
ax2.clabel(im3,fontsize = 12,inline = False)  # 设置等高线标签


im4 = ax2.contour(xs,to_np(temp_cross.coords["vertical"]),to_np(temp_cross_filled),[0],origin
= 'lower',extend = 'both',linewidths = 2,linestyles = 'solid', colors = 'k')  # 设置 0 摄氏度温度线为
黑色加粗显示
ax2.clabel(im3, fontsize = 12, inline = False)  # 设置等高线标签


# %% 抠除山区地形
ax2.fill_between(xs,0,to_np(ter_line),facecolor = "k")
  # 设置坐标轴坐标
coord_pairs = to_np(dbz_cross.coords["xy_loc"])
x_ticks = np.arange(coord_pairs.shape[0])
x_labels = [pair.latlon_str() for pair in to_np(coord_pairs)]


  # 设置间隔
num_ticks = 4
thin = int((len(x_ticks) / num_ticks) + .5)  # 设置 x 轴显示间隔
ax2.set_xticks(x_ticks[::thin])  # 设置 x 轴范围
ax2.set_xticklabels(x_labels[::thin], rotation = 45, fontsize = 8,ha = "right")  # 设置 x 轴标签
ax2.set_ylim(0,12000)  # 设置 y 轴上下限
ax2.set_xlabel("纬度,经度",fontsize = 15)  # 设置 y 轴标签
ax2.set_ylabel("高度(m)",fontsize = 15)  # 设置 y 轴标签
ax2.set_title("反射率截面(dBZ)",fontsize = 20)  # 设置子图标题


fig.savefig('图 11.2_' + time_name[:4] + time_name[5:7] + time_name[8:10] + time_name[11:13] +
```

```
time_name[14:16] + time_name[17:19] + '雷达反射率截面.png', dpi = 300, bbox_inches = 'tight', pad_in-
ches = 0.1)
    plt.close()
#%% 以下为循环绘图水成物质量浓度
    for ii in range(len(water_var)):
        title_name_water = ncfile.variables[water_var[ii]].description #提取水成物名称
        cloud_var = ds[water_var[ii]][time_point, :] #用 ds 读取水成物信息
        #水成物数据提取
        w_cross = vertcross(cloud_var, ht, wrfin = ncfile, start_point = start_point, end_point = end_
point, latlon = True, meta = True)
        w_cross_filled = np.ma.copy(to_np(w_cross))
        for i in range(w_cross_filled.shape[ - 1]):
            column_vals = w_cross_filled[:, i]
            first_idx = int(np.transpose((column_vals > - 200).nonzero())[0])
            w_cross_filled[0:first_idx, i] = w_cross_filled[first_idx, i]
        w_cross_filled1 = w_cross_filled * 1000

        fig2, ax3 = plt.subplots()
        fig2.set_size_inches(8, 6) #设置水成物质量浓度绘图尺寸

        gap_cb_3 = np.linspace(0, to_np(w_cross_filled1).max(), 10) #设置颜色填充间隔

        im30 = ax3.contourf(xs, to_np(w_cross.coords["vertical"]), to_np(w_cross_filled1), 30, cmap =
'YlGn', ) #绘图垂直截面
        fig2.subplots_adjust(left = 0.07, right = 0.87) #设置色标子图
        box = ax3.get_position() #获取主图尺寸
        pad, width = 0.02, 0.02
        cax = fig2.add_axes([box.xmax + pad, box.ymin, width, box.height]) #设置色标子图的位置
        cbar = fig2.colorbar(im30, cax = cax, ticks = gap_cb_3, extend = 'max', orientation = 'vertical')
#设置色标显示
        cbar.set_label('g/kg', fontsize = 20) #设置色标单位

        im31 = ax3.contour(xs, to_np(temp_cross.coords["vertical"]), to_np(temp_cross_filled), gap_
temp_p, extend = 'both', linewidths = 0.5, linestyles = 'solid', colors = 'k') #设置温度正值显示格式
        ax3.clabel(im31, fontsize = 12, inline = False) #设置等高线标签
        im32 = ax3.contour(xs, to_np(temp_cross.coords["vertical"]), to_np(temp_cross_filled), gap_
temp_minus, extend = 'both', linewidths = 0.5, linestyles = 'dashed', olors = 'k') #设置温度截面绘图
        ax3.clabel(im32, fontsize = 12, inline = False) #设置等高线标签
```

```
            im33 = ax2.contour(xs,to_np(temp_cross.coords["vertical"]),to_np(temp_cross_filled),[0],
origin = 'lower',extend = 'both',linewidths = 2,linestyles = 'solid', colors = 'k') # 设置温度 0 摄氏
度的显示形式
            ax3.clabel(im33, fontsize = 12, inline = False) # 设置等高线标签


    #    # 扣除山区地形
            ax3.fill_between(xs,0,to_np(ter_line),facecolor = "k")    # 设置填充地形
            ax3.set_xticks(x_ticks[::thin]) # 设置 x 轴显示范围
            ax3.set_xticklabels(x_labels[::thin],rotation = 45,fontsize = 8, ha = "right") # 设置 x 轴标
签显示
            ax3.set_ylim(0,12000)
            ax3.set_xlabel("纬度,经度",fontsize = 15) # 设置 y 轴标签
            ax3.set_ylabel("高度(m)",fontsize = 15) # 设置 y 轴标签
            fig2.savefig('图 11.2_' + time_name[:4] + time_name[5:7] + time_name[8:10] + time_name[11:
13] + time_name[14:16] + time_name[17:19] + water_var_chn[ii] + '.png',dpi = 300, bbox_inches = '
tight',pad_inches = 0.1) # 保存图片
            plt.close()
            print('plot ' + title_name_water + ' done!') # 屏幕提示绘图进度


# % % 循环绘图水成物数浓度
    for ii in range(len(water_var_qn)):
            title_name_water = ncfile.variables[water_var_qn[ii]].description # 提取文件名
            cloud_var = ds[water_var_qn[ii]][time_point,:] # 用 ds 读取水成物信息
            # 水成物
            w_cross = vertcross(cloud_var,ht, wrfin = ncfile, start_point = start_point, end_point = end_
point,latlon = True,meta = True) # 提取垂直分布数据
            w_cross_filled = np.ma.copy(to_np(w_cross))
            for i in range(w_cross_filled.shape[ -1]):
                column_vals = w_cross_filled[:,i]
                first_idx = int(np.transpose((column_vals > - 200).nonzero())[0])
                w_cross_filled[0:first_idx, i] = w_cross_filled[first_idx, i]
            w_cross_filled1 = w_cross_filled # 填充等高线数据


            fig2,ax3 = plt.subplots()
            fig2.set_size_inches(8,6) # 设置图片尺寸,单位为英寸
            gap_cb_3 = np.linspace(0,to_np(w_cross_filled1).max(),10) # 设置颜色间隔区间
            im30 = ax3.contourf(xs,to_np(w_cross.coords["vertical"]),to_np(w_cross_filled1),30,cmap =
'YlGn') # 绘制垂直方向等高线图
```

```
# 以下为设置色标的方法
fig2.subplots_adjust(left = 0.07, right = 0.87)
box = ax3.get_position()
pad, width = 0.02, 0.02 # colorbar 的设置
cax = fig2.add_axes([box.xmax + pad, box.ymin, width, box.height])
cbar = fig2.colorbar(im30, cax = cax, ticks = gap_cb_3, extend = 'max', orientation = 'vertical')
cbar.set_label('个/kg', fontsize = 20)


im31 = ax3.contour(xs, to_np(temp_cross.coords["vertical"]), to_np(temp_cross_filled), gap_
temp_p, extend = 'both', linewidths = 0.5, linestyles = 'solid', colors = 'k') # 绘图温度截面等高线图
ax3.clabel(im31, fontsize = 12, inline = False) # 设置等高线标签
# 截面负温度等高线绘图
im32 = ax3.contour(xs, to_np(temp_cross.coords["vertical"]), to_np(temp_cross_filled), gap_
temp_minus, extend = 'both', linewidths = 0.5, linestyles = 'dashed', colors = 'k')
ax3.clabel(im32, fontsize = 12, inline = False)
# 绘图温度为 0 摄氏度的等高线曲线
im33 = ax2.contour(xs, to_np(temp_cross.coords["vertical"]), to_np(temp_cross_filled), [0],
origin = 'lower', extend = 'both', linewidths = 2, linestyles = 'solid', colors = 'k')


ax3.clabel(im33, fontsize = 12, inline = False)
# 扣除山区地形
ax3.fill_between(xs, 0, to_np(ter_line), facecolor = "k") # 绘制地形
ax3.set_xticks(x_ticks[::thin])
ax3.set_xticklabels(x_labels[::thin], rotation = 45, fontsize = 8, ha = "right") # 设置 x 轴
标签
ax3.set_ylim(0, 12000)
ax3.set_xlabel("纬度,经度", fontsize = 15) # 设置 y 轴标签
ax3.set_ylabel("高度(m)", fontsize = 15) # 设置 y 轴标签
ax3.set_title(water_var_qn_chn[ii], fontsize = 20) # 设置副标题
fig2.savefig('图 11.2_' + time_name[:4] + time_name[5:7] + time_name[8:10] + time_name[11:13] +
time_name[14:16] + time_name[17:19] + water_var_qn_chn[ii] + '.png', dpi = 300, bbox_inches =
'tight', pad_inches = 0.1) # 保存图片
print('plot ' + title_name_water + ' done!') # 屏幕添加绘图进度信息
plt.close()
end = time.clock() # 设置结束时间钟
print('>>> Total running time: % s Seconds' % (end - start)) # 计算并显示程序运行时间
```

程序编写完毕后在 Spyder 的代码编辑框中运行。通过快捷键 F5 运行程序。在程序运行框(IPython console)中出现运行结果,如下显示:

```
plot Cloud water mixing ratio done!
plot Graupel mixing ratio done!
plot Ice mixing ratio done!
plot Rain water mixing ratio done!
plot Snow mixing ratio done!
plot Water vapor mixing ratio done!
E:/BIKAI_books/code/chap11/chap11_exam_code_2.py:250:RuntimeWarning:invalid value encountered in greater
  first_idx=int(np.transpose((column_vals>-200).nonzero())[0])
plot Ice Number concentration done!
plot Rain Number concentration done!
Total running time:17.944018199999846 Seconds
```

    同时,在数据文件夹下生成目标时刻的雷达回波和雷达回波切片的垂直廓线结构,同时输出各水成物的质量浓度和数浓度的垂直剖面图((彩)图 11.2～(彩)图 11.5)以及图 11.6。

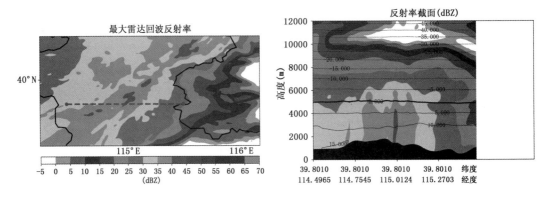

图 11.2　雷达回波切片剖面图与温度剖面图

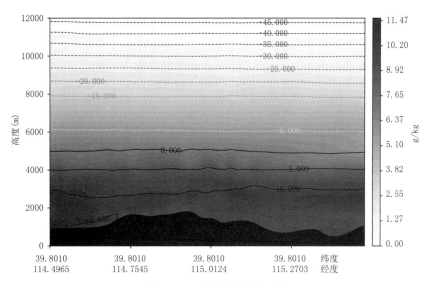

图 11.3　水汽混合比剖面图

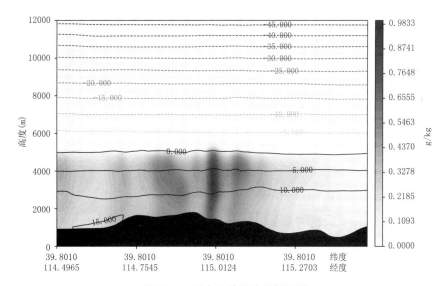

图 11.4　雨水比质量浓度剖面图

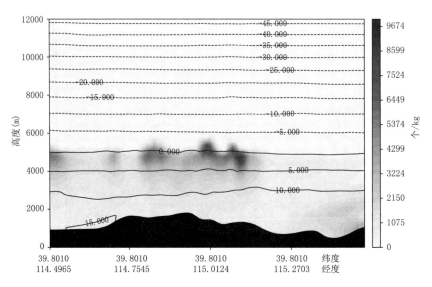

图 11.5　雨滴数浓度剖面图

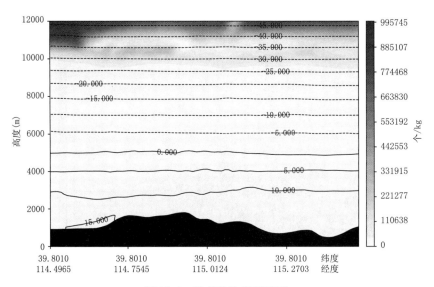

图 11.6　冰晶数浓度剖面图

第 12 章　机载气象探测设备资料处理应用

本章主要介绍不同飞机轨迹图的绘制方法、空中气象要素时间序列图绘制、气象要素垂直廓线计算与绘图、机载 Ka 波段云雷达回波资料的高度校正等。

12.1　机载气象探测设备数据介绍

本章介绍的机载气象探测设备为美国粒子测量公司(DMT)生产的飞机综合气象探测系统(Aircraft Integrated Meteorological Measurement System,简称 AIMMS-20)。该设备在国际上应用广泛,我国多省的气象飞机均搭载该设备。AIMMS-20 可探测温度、湿度、气压、经纬度,以及空速,同时该探头还能测量三维风速包括水平和垂直风速。温度探测范围为 $-40\sim50\ ℃$,精度为 $0.3\ ℃$;相对湿度的探测精度为 2.0%,分辨率为 0.1%,垂直风速的精度为 0.75 m/s。

本章使用的数据文件为"07AIMMS2020100818093022.csv",数据取自马新成等(2012)的文章。数据文件中第 1~13 行为数据介绍信息,第 14 行为数据名称,第 15 行开始为观测数据,共有 31 列,数据的时间分辨率为 1 s。时间格式有 2 种,一种是当天午夜开始的以秒为单位的浮点型数据时间戳,名称为"Time",一种是小时、分钟和秒的字符串格式,名称分别为"Hours""Minutes""Seconds"。

本章使用的机载云雷达资料为美国 Prosensing 公司生产的 Ka 波段云雷达(KPR)观测数据,原始数据经过随机软件回放为 nc 数据文件格式。本例中有 2 个 nc 数据文件,本章重点关注时间、相对高度、雷达回波等物理量。为了对雷达回波进行高度校正,将同时使用包含时间和飞行高度的数据"kpr_20180812_flight_height.csv"。

12.2　编程目标和程序算法设计

12.2.1　编程目标

(1)进一步熟悉编程的整体步骤,掌握利用函数对整体任务进行分解编程的思路;

(2)掌握使用 Basemap 绘制飞行轨迹图并叠加不同地图底图的方法;

（3）掌握多坐标轴绘图的方法；

（4）掌握气象要素不同高度间距的平均值计算及垂直廓线的绘图方法；

（5）掌握 netCDF 模块读取 nc 数据文件的方法，熟悉机载云雷达高度校准的方法批量数据文件的读取与数据拼接方法；

（6）程序可在设置完成后一键操作，完成所有的处理，输出所有绘图信息；也可根据需要处理完毕数据后，仅仅输出用户指定的项目图形，输出指定的数据。

12.2.2　程序设计思路和算法步骤

针对 12.2.1 节的需求，程序的开发思路和算法如下：

（1）飞行轨迹图绘制。在平面地图上绘图二维飞机航测轨迹，灰度表示地形海拔高度，颜色表示飞机高度；同时绘制底图为卫星视角的飞行轨迹，以及叠加温度的三维立体飞行轨迹图。

（2）读取机载气象要素数据，绘制飞行高度、温度、相对湿度、气压、垂直速度的时间序列图，分别输出单要素子图和多 y 轴显示图。

（3）读取机载气象要素数据，根据用户选择的高度间隔区间，计算物理量的平均值，并绘制气象数据的垂直分布图。

（4）读取机载云雷达设备探测资料，根据飞机飞行高度，修正机载雷达探测到的雷达回波垂直分布。

12.3　程序代码解析

本章中的程序代码适用于 Python 3 及以上版本，支持包括 Windows、Linux 和 OS X 操作系统。为了方便调取查看程序处理过程中的数据，建议读者使用 Anoconda 编译环境中自带的 Spyder 编译器编译运行代码。

在编写程序之前，把本章的数据存放到目标文件夹 chap12（本例中为 E:\\BIKAI_books\\data\\chap12）。

12.3.1　飞机飞行轨迹图绘制

本部分读取机载气象数据"07AIMMS20201000818093022.csv"，绘制不同样式的飞行轨迹图。在平面地图上绘图二维飞机航测轨迹，灰度表示地形海拔高度，颜色表示飞机高度。同时绘制底图为卫星视角的飞行轨迹，以及叠加温度的三维立体飞行轨迹图。程序文件为"chap12_exam_code_1.py"，完整代码及说明如下：

```
#!/usr/bin/env python3
#  -*- coding: utf-8 -*-
```

```
import os # 导入系统模块
os.environ['PROJ_LIB'] = 'D:\\anaconda3\\Library\\share' # 设置绘图环境变量,使用说明见 2.4.2 节
中 basemap 模块的安装
os.chdir("E:\\BIKAI_books\\data\\chap12") # 设置路径
os.getcwd()
import matplotlib.colors as clr # 导入颜色处理模块
from mpl_toolkits.mplot3d import Axes3D  # 导入 3D 显示模块
import matplotlib as mpl # 导入绘图模块
import pandas as pd  # 导入数据处理模块
import matplotlib.pyplot as plt  # 导入绘图模块
from mpl_toolkits.basemap import Basemap  # 导入地图绘图模块
import numpy as np  # 导入数据处理模块
import matplotlib
matplotlib.rcParams['font.sans - serif'] = ['FangSong']   # 用仿宋字体显示中文
matplotlib.rcParams['axes.unicode_minus'] = False      # 正常显示负号的设置
from collections import OrderedDict # 导入 collections 模块中的 OrderedDict 类,用来对字典对象中元素
排序
cmaps = OrderedDict()   # 设置定制色标空数据集
import time  # 导入时间模块
start = time.clock() # 设置时钟,用于计算程序运行时间


def reverse_colourmap(cmap, name = 'reverse_cmap'):
    '''构造颜色反转函数,读入颜色名称,返回反转后的颜色'''
    turn_color = [] # 空白列表,用来存储颜色
    list_t = [] # 空白列表,存放当前色图中的颜色编码
    for j in cmap._segmentdata: # 对当前色图中的颜色对应的数字进行重新编码
        list_t.append(j) # 当前颜色数值编码存入列表
        color_pool = cmap._segmentdata[j]
        color_data = []
        for i in color_pool:
            color_data.append((1 - i[0], i[2], i[1]))
        turn_color.append(sorted(color_data))
    new_color_Linear = dict(zip(list_t, turn_color))
    reverse_cmap = mpl.colors.LinearSegmentedColormap(name, new_color_Linear)
    return (reverse_cmap)


    # 读取数据
def read_aimms_data(aimms_name):
```

```
    '''
    构造气象数据读取函数,读入 AIMMS20 文件名,修改时间为标准日期时间格式,提取并返回经纬度信息
    '''
    data_aimms = pd.read_csv(aimms_name, #文件名
                            header = 0,  #首行为标题
                            skiprows = 13) #跳过前 13 行
    data_aimms.columns = ['Time','Hours','Minutes','Seconds','Temp(C)','RH(%)','Pressure
(mBar)','Wind_Flow_N_Comp(m/s)','Wind_Flow_E_Comp(m/s)','Wind_Speed_(m/s)','Wind_Direction_
(deg)','Wind_Solution','Hours_2','Minutes_2','Seconds_2','Latitude(deg)','Longitude(deg)','Al-
titude(m)','Velocity_N(m/s)','Velocity_E(m/s)','Velocity_D(m/s)','Roll_Angle(deg)','Pitch_an-
gle(deg)','Yaw_angle(deg)','True_Airspeed(m/s)','Vertical_Wind','Sideslip_angle(deg)','AOA_
pres_differential','Sideslip_differential','Status','GPS_time'] #数据文件名
    data_aimms['Date'] = aimms_name[9:13] + '-' + aimms_name[13:15] + '-' + aimms_name[15:17] #从
文件名中提取日期
    data_aimms['Date'] = pd.to_datetime(data_aimms['Date'])    #转为日期数据类型
    data_aimms['date_time'] = data_aimms['Date'] + pd.to_timedelta(data_aimms['Time'].astype(int),
unit = 's')   #转为标准日期时间格式

    data_aimms_1 = data_aimms.loc[:,['date_time','Latitude(deg)','Longitude(deg)','Altitude(m)',
'Temp(C)']] #提取常用的数据类

    return(data_aimms_1)


def plot_basemap(ax1,fig,code_map_type):
    '''构造地图底图绘制函数,灰度表示海拔高度'''
    #读取经纬度高度数据,设置坐标轴
    # % % 地图设置
    m = Basemap(projection = 'cyl', #地图投影方式
                llcrnrlon = 114, #设置左下角的经度
                urcrnrlon = 119, #设置右上角的经度
                llcrnrlat = 37, #设置左下角的纬度
                urcrnrlat = 43, #设置右上角的纬度
                ax = ax1, #地图匹配的图形
                resolution = 'c') #地图分辨率为原始分辨率

    # % % 绘制纬度线,4 个 label 表示左右上下
    m.drawparallels(np.arange(37, 43.1, 1), #设置纬度线绘范围和间隔
                labels = [1, 0, 0, 0], #设置为左侧显示纬度线
```

```
                    linewidth = 0.0,) # 纬度线宽度设为 0
    # % % 绘制等经度线
    m.drawmeridians(np.arange(114, 119, 2), # 设置经度线绘图范围和间隔
                    labels = [0, 0, 0, 1], # 设置为右侧显示经度线
                    linewidth = 0.0,) # 经度线宽度设为 0


    if code_map_type == 1:
        m.arcgisimage(service = 'ESRI_Imagery_World_2D', xpixels = 1500, verbose = True) # 调用卫
星投影模式
        # % % 叠加行政区划
        m.readshapefile('shp_for_basemap/bou2_4p', # 设置行政区地理信息
                        'bou2_4p', # 设置行政区地理信息
                        color = 'w', # 设置行政区颜色
                        linewidth = 1) # 设置行政区线条宽度
    elif code_map_type == 0:
        # % % 叠加行政区划
        m.readshapefile('shp_for_basemap/bou2_4p', # 设置行政区地理信息
                        'bou2_4p', # 设置行政区地理信息
                        color = 'k', # 设置行政区颜色
                        linewidth = 2) # 设置行政区线条宽度
        # % % 读取经纬度高度数据,叠加地形高度
        gaolon = np.loadtxt('shp_for_basemap/gaochenglon.txt') # 读取经度
        gaolat = np.loadtxt('shp_for_basemap/gaochenglat.txt') # 读取纬度
        gaocheng = np.loadtxt('shp_for_basemap/gaocheng.txt') # 读取海拔高度
        gaolon, gaolat = np.meshgrid(gaolon, gaolat) # 建立矩阵
        # % % 绘制地形填充图
        norm = clr.Normalize(vmin = 0, vmax = 5000) # 设置地形数据显示的上下限
        cs = m.contourf(gaolon, # 设置 x 轴数据
                        gaolat, # 设置 y 轴数据
                        gaocheng, # 设置填充数据

                        cmap = reverse_colourmap(plt.cm.gray), # 调用函数进行颜色反转
                        levels = np.arange(0, 3000, 50), # 设置分层
                        alpha = 1, # 设置透明度
                        norm = norm)


    # % % 设置色标
    fig.subplots_adjust(left = 0.07, right = 0.87) # 调整主图位置
```

```python
        box_map = ax1.get_position()  #获得主图位置
        pad, width = 0.1, 0.01  #设置偏离参数和色标宽度
        cax_map = fig.add_axes([box_map.xmax - pad, box_map.ymin, width, box_map.height])    #设置色
标位置和尺寸
        cbar_map = fig.colorbar(cs, #色标匹配的主图
                                cax = cax_map, #色标位置
                                ticks = np.arange(0, 3100, 500)) #色标标注间隔
        cbar_map.set_label('地形高度(m)', fontsize = 15) #色标名称
        cbar_map.ax.tick_params(labelsize = 12) #色标刻度文字尺寸

    # % % 设置坐标轴标签
    ax1.set_yticks(np.arange(37, 43.1, 0.5)) #设置 y 轴尺寸范围和间隔
    ax1.set_yticklabels([]) #设置 y 轴标签空白
    ax1.set_xticks(np.arange(114, 119, 0.5)) #设置 x 轴尺寸范围
    ax1.set_xticklabels([]) #设置 x 轴标签空白

    return(m)

def plot_aircraft_track(data_aimms, code_map_type):
    '''构造轨迹绘制函数'''

    fig, ax1 = plt.subplots()
    fig.set_size_inches(12, 10) #设置轨迹图的尺寸,单位为英寸

    # % % 绘制飞机轨迹散点图
    norm = clr.Normalize(vmin = 0, vmax = 7000) #设置飞行高度均一化的范围

    #根据差异底图类型,设置相对应的色标放置方法
    if code_map_type = = 0:
        plot_basemap(ax1, fig, 0) #调用函数绘制灰色地形地图底图
        type_name = '_gray_base_'
        # % % 绘制轨迹图
        sca = ax1.scatter(data_aimms['Longitude(deg)'], #x 轴
                          data_aimms['Latitude(deg)'], #y 轴
                          marker = 'o', #数据点形状为圆圈
                          s = 1, #数据点尺寸
                          c = data_aimms['Altitude(m)'], #颜色对应的数据
                          label = '', #图例标签为空白
```

```
                            norm = norm, # 均 一 化
                            cmap = 'jet')      # 颜色选区'jet'类型


     # % % 设置飞机轨迹图色标
     cax = fig.add_axes([ 0.45, 0.15,0.25,0.02]) # 新建色标尺度,分别为 x 最小值,y 最小值,宽度,
高度

     cbar = fig.colorbar(sca, # 色标匹配的主体
                          cax = cax, # 色标位置
                          orientation = 'horizontal', # 色标排列方式为水平放置
                          extend = 'both')
     cbar.ax.set_title('飞行高度(m)',fontsize = 15)       # 色标字体
     cbar.ax.tick_params(labelsize = 12)      # 色标文字尺寸


  elif code_map_type = = 1:
     plot_basemap(ax1,fig,1)
     type_name = '_satelite_base_'


     # % % 绘制轨迹图
     sca = ax1.scatter(data_aimms['Longitude(deg)'], # x 轴
                          data_aimms['Latitude(deg)'], # y 轴
                          marker = 'o', # 数据点形状为圆圈
                          s = 1, # 数据点尺寸
                          c = data_aimms['Altitude(m)'], # 颜色对应的数据
                          label = '', # 图例标签为空白
                          norm = norm, # 均 一 化
                          cmap = 'jet')        # 颜色选区'jet'类型


     # % % 设置飞机轨迹图色标
     fig.subplots_adjust(left = 0.07,right = 0.87) # 调整主图位置
     box_map = ax1.get_position() # 获得主图位置
     pad, width = 0.01, 0.01 # 设置偏离参数和色标宽度
     cax_map = fig.add_axes([box_map.xmax + pad,box_map.ymin,width,box_map.height])    # 设置色
标位置和尺寸
     cbar_map = fig.colorbar(sca, # 色标匹配的主图
                          cax = cax_map, # 色标位置
                          extend = 'max')
     cbar_map.set_label('飞行高度(m)',fontsize = 15) # 色标名称
     cbar_map.ax.tick_params(labelsize = 12) # 色标刻度文字尺寸
```

```
#%% 保存图形
fig.savefig('flight_track' + type_name + aimms_name[9:13] + ' - ' + aimms_name[13:15] + ' - ' +
aimms_name[15:17] + '.png', #设置图片名称和类型
                dpi = 300, #设置图片分辨率
                bbox_inches = 'tight', pad_inches = 0.1) #图片自动微调
    plt.close() #程序中不显示图片
    return()


def plot_3D_track(data_aimms):
    '''构造 3D 绘图函数, 读入经纬度和高度信息, 绘制三维轨迹图, 色标表示温度, 通过图形能够查看温度
的变化'''
    fig = plt.figure()    #图片中分离出画布对象 fig
    fig.set_size_inches(5,5) #设置图片尺寸, 单位为英寸
    ax = Axes3D(fig)    #三维视图

    norm = clr.Normalize(vmin = - 20, vmax = 20)    #温度上下限
    sca = ax.scatter3D(data_aimms['Longitude(deg)'], #x 轴
                        data_aimms['Latitude(deg)'], #y 轴
                        data_aimms['Altitude(m)'], #z 轴
                        marker = 'o', #数据点样式
                        s = 1, #数据点尺寸
                        c = data_aimms['Temp(C)'], #颜色为温度
                        cmap = 'jet', #采用 jet 颜色集合
                        norm = norm)
    ax.scatter3D(data_aimms['Longitude(deg)'], data_aimms['Latitude(deg)'], 0, marker = 'o', s = 1, c
= 'gray', alpha = 0.3) #设置投影样式

    ax.set_zlim(0, 7000)    #z 轴高度
    ax.set_xlabel('经度', fontsize = 8) #x 轴标签
    ax.set_ylabel('纬度', fontsize = 8) #y 轴标签
    ax.set_zlabel('高度(m)', fontsize = 8) #z 轴标签
    ax.tick_params(labelsize = 10)    #刻度标签

    ax.zaxis.labelpad = 0 #设置标签位置偏移
    cax = fig.add_axes([ 0.05, 0.75, 0.02, 0.2]) #色标位置, 4 个参数分别为 x 轴最小坐标, y 轴最小坐
标, 宽度, 高度
    cbar = fig.colorbar(sca, cax = cax, orientation = 'vertical', extend = 'both') #绘图色标
    cbar.ax.set_title('温度($^\circ$C)', fontsize = 10) #色标标签
```

```
    cbar.ax.tick_params(labelsize = 10)     #色标刻度

    #保存图形
    fig.savefig('图12.3_3维飞行轨迹_' + aimms_name[9:13] + ' - ' + aimms_name[13:15] + ' - ' + aimms
_name[15:17] + '.png',dpi = 300)
    plt.close()
    return()

    # % % 以下为主程序
if __name__ = = '__main__':

    aimms_name = '07AIMMS2020100818093022.csv ' #机载气象信息的数据文件名称
    data_aimms = read_aimms_data(aimms_name) #调用函数提取飞机轨迹相关的数据

    plot_aircraft_track(data_aimms,0) #调用函数绘制灰色等高线地形平面轨迹图

    plot_aircraft_track(data_aimms,1) #调用函数绘制卫星地形平面轨迹图,需要连接互联网

    plot_3D_track(data_aimms) #绘图三维视图

end = time.clock() #设置结束时间钟
print('>>> Total running time: % s Seconds'% (end - start)) #计算并显示程序运行时间
```

程序编写完毕后在 Spyder 的代码编辑框中运行。通过快捷键 F5 运行程序。在程序运行框(IPython console)中出现运行结果,如下显示:

> http://server. arcgisonline. com/ArcGIS/rest/services/ESRI_Imagery_World_2D/MapServer/export? bbox=114.00000000000001,37.0,119.0,43.0&bboxSR=4326&imageSR=4326&size=1500,1800&dpi=96&format=png32&transparent=true&f=image
> Total running time：38.60170310000103 Seconds

其中,网址为下载卫星视角图片,本程序运行时需要连接互联网。同时,在数据文件夹下生成 3 张不同样式的飞行轨迹图(图 12.1,(彩)图 12.2,(彩)图 12.3)。

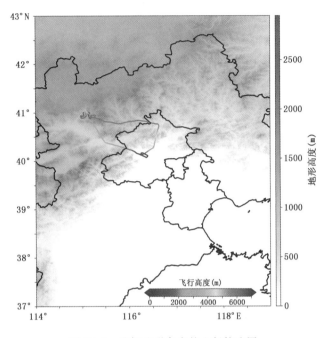

图 12.1 叠加地形高度的飞行轨迹图

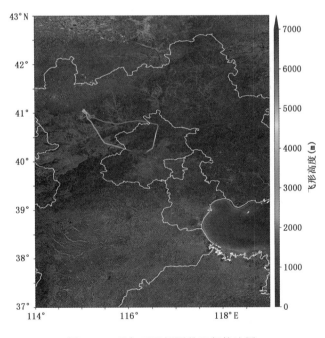

图 12.2 叠加卫星视图的飞行轨迹图

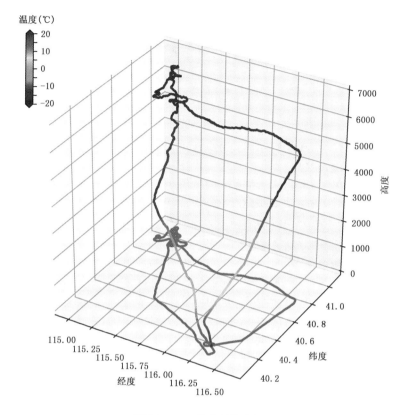

图 12.3　三维飞行轨迹图

12.3.2　气象要素时间序列绘图

本部分读取机载气象数据"07AIMMS2020041020122534.csv",绘制 2 种类型的气象要素时间序列图,包括高度、温度、湿度、气压、垂直速度等要素信息,两种图分别为多子图时间序列和多 y 轴单图时间序列图。程序文件为"chap12_exam_code_2.py",完整代码及说明如下:

```
#!/usr/bin/env python3
# -*- coding: utf-8 -*-

import os # 导入系统模块
os.chdir("E:\\BIKAI_books\\data\\chap12") # 设置路径
os.getcwd()
import pandas as pd # 导入数据处理模块
import matplotlib.pyplot as plt # 导入绘图模块
import matplotlib.dates as mdate # 导入日期
```

```python
import matplotlib
matplotlib.rcParams['font.sans - serif'] = ['FangSong']    # 用仿宋字体显示中文
matplotlib.rcParams['axes.unicode_minus'] = False        # 正常显示负号的设置
import time # 导入时间模块
start = time.clock()    # 设置时间钟,用于计算程序耗时


def read_aimms_data(aimms_name):
    '''构造气象数据读取函数,读入 AIMMS20 文件名,修改时间为标准日期时间格式,提取并返回温度、气
压、湿度、垂直速度、高度等信息'''
    data_aimms = pd.read_csv(aimms_name, header = 0, skiprows = 13) # 跳过前 13 行
    data_aimms.columns = ['Time', 'Hours', 'Minutes', 'Seconds', 'Temp(C)', 'RH(%)', 'Pressure
(mBar)', 'Wind_Flow_N_Comp(m/s)', 'Wind_Flow_E_Comp(m/s)', 'Wind_Speed_(m/s)', 'Wind_Direction_
(deg)', 'Wind_Solution', 'Hours_2', 'Minutes_2', 'Seconds_2', 'Latitude(deg)', 'Longitude(deg)', 'Al-
titude(m)', 'Velocity_N(m/s)', 'Velocity_E(m/s)', 'Velocity_D(m/s)', 'Roll_Angle(deg)', 'Pitch_an-
gle(deg)', 'Yaw_angle(deg)', 'True_Airspeed(m/s)', 'Vertical_Wind', 'Sideslip_angle(deg)', 'AOA_
pres_differential', 'Sideslip_differential', 'Status']
    data_aimms['date_time'] = pd.to_datetime(aimms_name[9:17]) + pd.to_timedelta(data_aimms['Time'].as-
type(int), unit = 's')    # 添加标准格式日期时间列
    data_aimms_1 = data_aimms.loc[:, ['date_time', 'Altitude(m)', 'Temp(C)', 'Vertical_Wind', 'RH(%)',
'Pressure(mBar)']] # 提取常用的数据类
    return(data_aimms_1)


def plot_subplots_elements_timeseries(data):
    '''构造气象数据绘图函数,绘制温度、气压、湿度、垂直速度、高度等信息的时间序列的单图'''
    fig, (ax1, ax2, ax3, ax4, ax5) = plt.subplots(5, 1, sharex = True) # 图片分离为画布对象 fig 和 5 个绘
图区对象,子图排列为 5 行 1 列.
    fig.set_size_inches(8, 10) # 设置子图尺寸,单位为英寸


    # 使用列表循环绘图
    ax = [ax1, ax2, ax3, ax4, ax5] # 把多个子图放置到一个列表
    ylist = ['Altitude(m)', 'Temp(C)', 'Vertical_Wind', 'RH(%)', 'Pressure(mBar)'] # 设置需要绘图
的气象要素
    ylabel_list = ['高度(m)', '温度($^\circ$C)', '垂直速度(m/s)', '相对湿度(%)', '气压(hpa)'] #
输入对应的气象要素的 y 轴标签


    # 循环绘制子图
    for i in range(len(ax)):
        ax[i].plot(data['date_time'], # x 轴
```

```
                   data[ylist[i]], # y 轴
                   c = 'k', # 绘图颜色为黑色
                   ls = ' - ', # 数据点连线
                   lw = 1, # 线条宽度
                   alpha = 0.7,)
              ax[i].grid(True, # 显示网格线
                   linestyle = ":", # 网格线类型为虚线
                   linewidth = 1, # 网格线宽度
                   alpha = 0.5) # 网格线透明度
              ax[i].set_ylabel(ylabel_list[i], # y 轴标签
                   fontsize = 15) # 设置 y 轴标签字体尺寸
              ax[i].tick_params(labelsize = 15) # 图例标签

         ax5.xaxis.set_major_formatter(mdate.DateFormatter('%H:%M')) # x 轴时间格式
         ax5.set_xlabel('时间', # x 轴标签
                        fontsize = 15) # x 轴标签字体尺寸
         fig.savefig('图 12.4_机载气象要素多子图时间序列.png', # 设置图片名称和格式
                     dpi = 300, # 设置图片分辨率
                     bbox_inches = 'tight', pad_inches = 0.1) # 设置图片边框
         plt.close()   # 程序中不显示图片
         return()


def plot_mul_ys_elements_timeseries(data_aimms):
         '''构造多 y 轴绘图函数, 多 y 轴绘图高度、温度、气压、垂直速度、湿度参量'''
         fig, ax = plt.subplots(1,1) # 设置子图个数和排列方式
         fig.set_size_inches(10,5) # 设置图片尺寸,单位为英寸


         ax1 = ax.twinx() # 设置双 y 轴 1
         ax2 = ax.twinx() # 设置双 y 轴 2
         ax3 = ax.twinx() # 设置双 y 轴 3
         ax4 = ax.twinx() # 设置双 y 轴 4


         f0, = ax.plot(data_aimms['date_time'] , # 设置 x 轴为时间
                  data_aimms['Altitude(m)'], # 主图左侧坐标轴为高度
                  c = 'k', # 设置线条颜色
                  ls = '', # 设置线条连线为空白
                  marker = 'o', # 设置数据点标志
                  ms = 2, # 设置数据点尺寸
```

```
        lw = 1,  # 设置线条宽度
        mec = 'k',  # 设置数据点边缘颜色
        mfc = 'k',  # 设置数据点中心颜色
        alpha = 0.3,  # 设置透明度
        label = '高度 (m)')  # 设置图例标签
f1, = ax1.plot(data_aimms['date_time'],  # 设置 x 轴为时间
        data_aimms['Temp(C)'],  # 主图左侧坐标轴为温度
        c = 'b',  # 设置线条颜色
        ls = '',  # 设置线条连线为空白
        marker = 'o',  # 设置数据点标志
        ms = 2,  # 设置数据点尺寸
        lw = 1,  # 设置线条宽度
        mec = 'b',  # 设置数据点边缘颜色
        mfc = 'b',  # 设置数据点中心颜色
        alpha = 0.3,  # 设置透明度
        label = '温度 ($ ^\circ $ C)')  # 设置图例标签


f2, = ax2.plot(data_aimms['date_time'],data_aimms['RH(%)'],c = 'r',ls = '', marker = 'o', ms
= 2,lw = 1, mec = 'r',mfc = 'r',alpha = 0.3,label = '相对湿度(%)')  # 设置右侧第一 y 轴绘图
f3, = ax3.plot(data_aimms['date_time'],data_aimms['Pressure(mBar)'],c = 'purple',ls = '',
marker = 'o',ms = 2,lw = 1,mec = 'purple',mfc = 'purple',alpha = 0.3,label = '气压(hpa)')  # 设置右侧第
二 y 轴绘图
f4, = ax4.plot(data_aimms['date_time'], data_aimms['Vertical_Wind'],c = 'g',ls = '',marker =
'o',ms = 2,lw = 1,mec = 'g',mfc = 'g',alpha = 0.3,label = '垂直速度(m/s)')  # 设置右侧第三 y 轴绘图


# 以下为设置坐标轴位置
ax2.spines['right'].set_position(('outward', 50))   # 设置气压坐标轴 y 轴位置
ax3.spines['right'].set_position(('outward', 100))   # 设置相对湿度坐标轴 y 轴位置
ax4.spines['right'].set_position(('outward', 170))   # 设置相对湿度坐标轴 y 轴位置


# 调整坐标轴标签位置
ax2.yaxis.set_ticks_position('right')  # 设置标签在坐标轴右侧
ax3.yaxis.set_ticks_position('right')  # 设置标签在坐标轴右侧
ax4.yaxis.set_ticks_position('right')  # 设置标签在坐标轴右侧


ylabel_list = ['高度(m)','温度( $ ^\circ $ C)','相对湿度(%)','气压(hpa)','垂直速度(m/s)']
# 输入对应的气象要素的 y 轴标签
```

```
axx = [ax, ax1, ax2, ax3, ax4]  # 把各图放到一个列表,用于循环绘图
ff = [f0, f1, f2, f3, f4]


for i in range(len(axx)):
    axx[i].set_ylabel(ylabel_list[i],  # y 轴标签
        fontsize = 15)  # 设置 y 轴标签字体尺寸


    if i == 0:
        axx[i].spines['left'].set_color(ff[i].get_color())  # 第一个 y 轴在左侧,设置对应多 y
坐标轴颜色为图线颜色
    else:
        axx[i].spines['right'].set_color(ff[i].get_color())  # 设置对应多 y 坐标轴颜色为图线
颜色


    axx[i].yaxis.label.set_color(ff[i].get_color())  # 坐标轴标签颜色设置,设置为与图中气象要
素的数据点对应的颜色一致
    axx[i].tick_params(labelsize = 15)  # 设置刻度文字尺寸
    axx[i].tick_params(axis = 'y', colors = ff[i].get_color())  # 设置坐标轴刻度的颜色与气象要
素数据点对应的颜色一致

    ax.set_title('机载气象要素时间序列图', fontsize = 15)  # 设置图片标题
    ax.xaxis.set_major_formatter(mdate.DateFormatter('%H:%M'))

    for tick in ax.get_xticklabels():  # 设置 x 轴标签旋转角度
        tick.set_rotation(30)

    fig.savefig('图 12.5_机载气象要素多 y 轴时间序列.png',  # 设置图片名称和格式
            dpi = 300,  # 设置图片分辨率
            bbox_inches = 'tight', pad_inches = 0.1)  # 设置图片边框
    plt.close()  # 程序中不显示图片
    return()


# %% 以下为主程序
if __name__ == '__main__':

    aimms_name = '07AIMMS2020100818093022.csv'  # 机载气象信息的数据文件名称

    data_aimms = read_aimms_data(aimms_name)  # 调用函数提取飞机轨迹相关的数据
```

```
plot_subplots_elements_timeseries(data_aimms) ＃调用函数绘图气象要素时间演变
```

```
plot_mul_ys_elements_timeseries(data_aimms) ＃调用函数绘图多 y 轴气象要素时间演变
```

```
end = time.clock() ＃设置结束时间钟
print('>>> Total running time: % s Seconds' % (end - start))＃计算并显示程序运行时间
```

程序编写完毕后在 Spyder 的代码编辑框中运行。通过快捷键 F5 运行程序。在程序运行框(IPython console)中出现运行结果,如下显示:

Total running time：2.216292999999496 Seconds

同时,在数据文件夹下生成飞机气象要素的 2 种时间序列图,见图 12.4 和(彩)图 12.5。

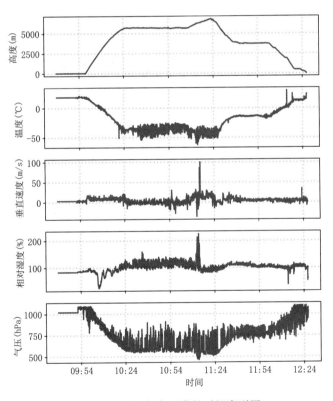

图 12.4　飞机气象要素的时间序列图

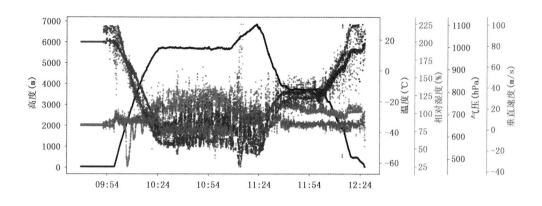

图 12.5　飞机气象要素的多 y 轴时间序列图

12.3.3　垂直分布计算与垂直廓线绘图

本部分以温度参量为例计算绘制平均垂直廓线,读取机载气象数据"07AIMMS202004 1020122534.csv",提取温度参量,分别按照起飞和降落阶段划分为两部分,根据用户定义的垂直间隔,分别计算起飞和下降阶段温度的平均值和标准差,并绘制温度廓线的误差棒图。程序文件为"chap12_exam_tode_3.py",完整代码及说明如下:

```
#!/usr/bin/env python3
# -*- coding: utf-8 -*-

import os #导入系统模块
os.chdir("E:\\BIKAI_books\\data\\chap12") #设置路径
os.getcwd()
import pandas as pd #导入数据处理模块
import matplotlib.pyplot as plt #导入绘图模块
from matplotlib import ticker
import matplotlib
matplotlib.rcParams['font.sans-serif'] = ['FangSong']    # 用仿宋字体显示中文
matplotlib.rcParams['axes.unicode_minus'] = False        # 正常显示负号的设置
import time #导入时间模块
start = time.clock()    #设置时间钟,用于计算程序耗时


    #读取数据
def read_aimms_data(aimms_name):
    '''构造气象数据读取函数,读入 AIMMS20 文件名,修改时间为标准日期时间格式,提取并返回温度、气
压、湿度、垂直速度、高度等信息'''
```

```
    data_aimms = pd.read_csv(aimms_name,header = 0,skiprows = 13) # 跳过前 13 行
    data_aimms.columns = ['Time','Hours','Minutes', 'Seconds','Temp(C)','RH(%)','Pressure
(mBar)','Wind_Flow_N_Comp(m/s)','Wind_Flow_E_Comp(m/s)','Wind_Speed_(m/s)', 'Wind_Direction_
(deg)','Wind_Solution','Hours_2','Minutes_2','Seconds_2','Latitude(deg)','Longitude(deg)','Al-
titude(m)', 'Velocity_N(m/s)', 'Velocity_E(m/s)', 'Velocity_D(m/s)','Roll_Angle(deg)','Pitch_an-
gle(deg)','Yaw_angle(deg)','True_Airspeed(m/s)' ,'Vertical_Wind','Sideslip_angle(deg)', 'AOA_
pres_differential','Sideslip_differential','Status','GPS Time']
    data_aimms['date_time'] = pd.to_datetime(aimms_name[9:17]) + pd.to_timedelta(data_aimms['Time'].
astype(int),unit = 's')   # 添加标准格式日期时间列
    data_aimms_1 = data_aimms.loc[:,['date_time','Altitude(m)','Temp(C)','Vertical_Wind','RH(%)',
'Pressure(mBar)']] # 提取常用的数据类
    return(data_aimms_1)


def cal_plot_elements_vertical_mean(a,para_name = 'Temp(C)'):
    '''构造函数,根据用户制定的高度平均,计算垂直方向平均值和标准差,绘制垂直廓线,具体内容如下:
    (1) 对数据进行处理,剔除 50 m 以下的高度;
    (2) 上升阶段:找到高度最大值,建立 2 个 df,根据最大值对应的时间,区分为两段数据,即生成 3 段
数据;
    (3) 根据用户定义选择固定时间范围内的不同高度的平均值;
    (4) 绘图
    '''
    data_aimms = read_aimms_data(aimms_name)
    data_aimms_v = data_aimms[(data_aimms['Altitude(m)']>40)] # 提取 40 m 以上为有效数据

    max_time = data_aimms_v['date_time'][(data_aimms_v['Altitude(m)'] == data_aimms_v['Altitude
(m)'].max())].tolist()[0] # 提取最大值的时间
    index_max_t = data_aimms_v[data_aimms_v['date_time'] == max_time].index[0]   # 找到最大值的时
间

    data_aimms_v_up = data_aimms_v[:index_max_t]   # 提取上升阶段数据
    data_aimms_v_down = data_aimms_v[index_max_t:]   # 提取下降阶段数据

    sort_up = (data_aimms_v_up['Altitude(m)']/a).astype(int).apply(lambda x: x * a) # 对上升阶段对
应高度间隔的数据进行分类
    data_aimms_v_up_mean = data_aimms_v_up.groupby(sort_up).mean().set_index('Altitude(m)') # 计
算上升阶段对应高度间隔的平均值
    data_aimms_v_up_std = data_aimms_v_up.groupby(sort_up).std().set_index('Altitude(m)') # 计算
上升阶段对应高度间隔的标准差
```

```
        sort_down = (data_aimms_v_down['Altitude(m)']/a).astype(int).apply(lambda x: x * a)    # 对下降
阶段对应高度间隔的数据进行分类
        data_aimms_v_down_mean = data_aimms_v_down.groupby(sort_down).mean().set_index('Altitude(m)')
# 计算下降阶段对应高度间隔的平均值
        data_aimms_v_down_std = data_aimms_v_down.groupby(sort_down).std().set_index('Altitude(m)')
# 计算下降阶段对应高度间隔的标准差


        # 绘制主图
        fig,ax = plt.subplots()  # 图片分离为画布对象 fig 和绘图区对象 ax
        fig.set_size_inches(6,8)  # 设置图片尺寸,单位为英寸


        # 绘制误差棒廓线图
        ax.errorbar(data_aimms_v_up_mean[para_name], # x 轴
                        data_aimms_v_up_mean.index, # y 轴
                        xerr = data_aimms_v_up_std[para_name].values, # x 轴误差
                        yerr = data_aimms_v_up_std.index.values, # y 轴误差
                        color = 'r', # 颜色
                        linestyle = '-', # 不显示数据点连线
                        alpha = 1, # 透明度
                        fmt = '-o', # 误差棒图形式
                        ms = 3, # 数据点尺寸
                        mec = 'r', # 数据点边缘颜色
                        mfc = 'r', # 数据点中心颜色
                        ecolor = 'r', # 棒线颜色
                        elinewidth = 1, # 棒线宽度
                        capsize = 3, # 端点线条尺度
                        errorevery = 1, # 数据点显示间隔
                        capthick = None,
                        label = str(a) + 'm 平均_上升阶段')  # 标签
        ax.errorbar(data_aimms_v_down_mean[para_name], data_aimms_v_down_mean.index,xerr = data_aimms_
v_down_std[para_name].values,yerr = data_aimms_v_down_std.index.values,color = 'b',linestyle =
'-',alpha = 1,fmt = '-o',ms = 3,mec = 'b',mfc = 'b',ecolor = 'b',elinewidth = 1,capsize = 3,errorev-
ery = 1,capthick = None,label = str(a) + 'm 平均_下降阶段')  # 绘制下降阶段误差棒图


        ax.yaxis.grid(True, # 显示网格线
                        which = 'major', # 网格线类型为主刻度
                        linestyle = ":")  # 网格线类型为虚线
```

```
ax.xaxis.grid(True, #显示网格线
             which = 'major', #网格线类型为主刻度
             linestyle = ":")    #网格线类型为虚线

ax.xaxis.set_minor_locator(ticker.MultipleLocator(1)) #设置 x 轴副刻度间隔
ax.yaxis.set_minor_locator(ticker.MultipleLocator(100)) #设置 y 轴副刻度间隔
ax.legend(loc = 'best', fontsize = 10) #图例位置和字体尺寸
ax.set_xlabel('温度( $ ^\circ $ C)', fontsize = 15) #x 轴标签
ax.set_ylabel('高度(m)', fontsize = 15) #y 轴标签
ax.set_ylim(0, 6000) #y 轴上下限
ax.set_xlim( - 30,21) #x 轴上下限
ax.tick_params(labelsize = 15) #刻度文字尺寸
#保存图形
fig.savefig('图 12.6_温度廓线_' + str(a) + 'm 平均.png', #图片名称和类型
           dpi = 300, #分辨率
           bbox_inches = 'tight', pad_inches = 0.1) #图片微调方式
plt.close()
return()


if __name__ == '__main__':

    aimms_name = '07AIMMS2020041020122534.csv' #读取数据文件
    data_aimms = read_aimms_data(aimms_name) #调用构造的函数读取数据

    cal_plot_elements_vertical_mean(200, 'Temp(C)')    #调用函数计算温度在 200 m 垂直间隔的值并
绘图


end = time.clock() #设置结束时间钟
print('>>> Total running time: % s Seconds' % (end - start)) #计算并显示程序运行时间
```

　　程序编写完毕后在 Spyder 的代码编辑框中运行。通过快捷键 F5 运行程序。在程序运行框(IPython console)中出现运行结果,如下显示:

Total running time:0.5945577999991656 Seconds

　　同时,在数据文件夹下生成温度廓线_200 m 平均图,如图 12.6 所示。

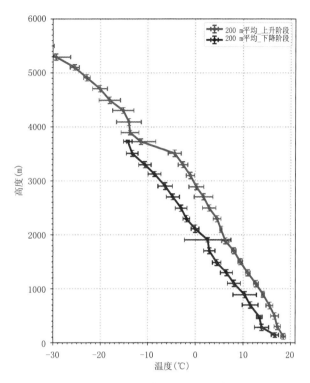

图 12.6　200 m 垂直间隔的温度廓线图

12.3.4　机载雷达回波高度修正

本部分根据飞行高度数据（"kpr_20180812_flight_height.csv"）对同步观测机载 KPR 云雷达的数据（nc 格式）进行修正,把相对飞机位置的雷达回波分布调整为相对地面位置的雷达回波垂直分布,并对雷达回波的垂直分布进行时间序列绘图。程序文件为"chap12_exam_code_4.py",完整代码及说明如下:

```python
#!/usr/bin/env python3
# -*- coding: utf-8 -*-

import os # 导入系统模块
os.chdir("E:\\BIKAI_books\\data\\chap12") # 设置路径
os.getcwd()
import numpy as np # 导入数据处理模块
import pandas as pd # 导入数据处理模块
import matplotlib.pyplot as plt # 导入绘图模块
import matplotlib.dates as mdate #
```

```python
import matplotlib
matplotlib.rcParams['font.sans-serif'] = ['FangSong']      # 用仿宋字体显示中文
matplotlib.rcParams['axes.unicode_minus'] = False           # 正常显示负号的设置
from netCDF4 import Dataset # 导入 nc 数据读写模块
from numpy import ma      # 导入数据遮挡模块
import glob2    # 导入批处理模块
import datetime as dt # 导入时间运算模块
import time # 导入时间模块
start = time.clock()    # 设置时间钟, 用于计算程序耗时


def read_height_file(height_file):
    '''构造高度读取函数, 读入高度数据, 转变时间类型'''
    data_m300 = pd.read_csv(height_file, header = 0) # 读入数据
    data_m300.columns = ['date_time', 'Altitude'] # 设置数据名称
    data_m300['date_time'] = pd.to_datetime(data_m300['date_time']) # 转为日期类型
    return(data_m300)


    # kpr 雷达数据读取
def load_single_kpr_data(kpr_file):
    '''
    构造单个 KPR 雷达文件数据读取程序, 读入文件名
    '''
    ncfile = Dataset(kpr_file)    # 读取 nc 格式数据文件

    # 提取时间数据
    time_nc = [dt.datetime.utcfromtimestamp(i).strftime("%Y-%m-%d %H:%M:%S") for i in ncfile.variables['TIME']]
    time_nc = pd.to_datetime(pd.Series(time_nc)) + pd.to_timedelta('8H', unit = 'H') # 转为北京时间

    # 提取高度分布, 数据中单位为 km, 转为 m, 数据中 15 m 一个间隔
    height = ncfile.variables['HEIGHT'][:].tolist() # 提取数据
    height_kpr = [1000 * i for i in height] # 转换单位为 m
    height_kpr_df = pd.DataFrame(height_kpr) # 转为 pandas 数据结构

    # 提取回波反射率数据, 并进行秒平均
    var_nc_kpr_dbz = ncfile.variables['CP'][:] # 提取回波数据
    var_nc_kpr_dbz_df = pd.DataFrame(var_nc_kpr_dbz) # 转变数据结构
    var_nc_kpr_dbz_df['date_time'] = time_nc # 添加回波数据的时间
```

```
        var_nc_kpr_dbz_df = var_nc_kpr_dbz_df.resample('1S',on = 'date_time').mean() #对回波数据进行
秒平均

        time_nc_new = time_nc.drop_duplicates(keep = 'first') #去除重复时间,保留第一个数据
        time_nc_new_df = pd.DataFrame(time_nc_new.values)

        #返回相对高度、时间和带有 index 的 dBZ 数据
        return(height_kpr_df,time_nc_new_df,var_nc_kpr_dbz_df)


def read_kpr_data():
    '''对多个数据进行拼接处理合并,高度修正 '''
    batch_files = 'kpr * .nc'   #设置批量文件名名称
    kpr_name = glob2.glob(batch_files) #读取为批量文件名
    if len(kpr_name)>1: #如果文件数量>1,对文件名根据时间进行排序
        list_all = pd.DataFrame(kpr_name) #文件名转为 pandas 数据结构
        list_all.columns = ['name']#数据名称
        list_all['name'].to_string() #转为字符串
        list_all['date_time'] = list_all['name']#复制新的一列用于时间处理
        #循环读取数据,按照时间格式进行排序
        for ii in range(len(list_all['name'])):
            list_all['date_time'].loc[ii] = list_all['name'].iloc[ii][ - 18: - 10] + list_all['name'].
iloc[ii][ - 9: - 3]#转为时间格式
        list_all['date_time'] = pd.to_datetime(list_all['date_time'])#转为时间类型
        list_all1 = list_all.sort_values(by = 'date_time') #按照时间进行排序
        sort_file_name = list_all1['name'].tolist() #排序后的文件名

        data_kpr_t = pd.DataFrame()#建立空白数据
        height_kpr_t = pd.DataFrame()#建立高度空白数据
        time_nc_new_df_t = pd.DataFrame()#建立时间空白数据
        for jj in range(len(sort_file_name)):
            kpr_file = sort_file_name[jj]#循环读入文件名
            height_kpr2,time_nc_new_df2,data_kpr2 = load_single_kpr_data(kpr_file)     #调用函数
读取相对高度、时间、回波反射率数据
            data_kpr_t = pd.concat([data_kpr_t,data_kpr2],ignore_index = True) #拼接回波反射率
数据
            height_kpr_t = pd.concat([height_kpr_t,height_kpr2],ignore_index = True,axis = 1) #拼
接高度数据
            time_nc_new_df_t = pd.concat([time_nc_new_df_t,time_nc_new_df2],ignore_index = True,
```

```python
        axis = 0)  # 拼接时间数据,横排拼接

            data_kpr_t.index = time_nc_new_df_t  # 设置回波反射率的索引为时间

    else:  # 如果只有单个数据文件,则直接读取
        height_kpr_t,time_nc_new_df_t,data_kpr_t = load_single_kpr_data(kpr_name[0])  # 读取单个数
据文件
        data_kpr_t.index = time_nc_new_df_t  # 设置时间为索引

    time_nc_new_df_t.columns = ['date_time']  # 这一步是为了后面拼接的时候有共同的 index

    return(height_kpr_t.iloc[:,0],time_nc_new_df_t,data_kpr_t)


def reshape_kpr_data(data_m300_v1,height_kpr_ori,time_nc_new_df,data_kpr_all):
    '''构造高度修正程序,读入时间和高度数据,读入 kpr 原始数据,修正雷达回波所在高度'''

    # 合并 kpr 时间数据和 m300 时间高度数据,用来筛选数据
    data_comb = pd.merge(time_nc_new_df,data_m300_v1,on = 'date_time',how = 'left')  # 合并数据
    data_comb['Altitude'] = data_comb['Altitude'].fillna(29)
    data_comb['code'] = data_comb['Altitude']/15 + 1  # 计算飞机高度对应的雷达回波相对高度的数
据间隔
    data_comb['code'] = data_comb['code'].astype(int)  # 向下取整

    # 选取高度,9000 m,一般飞行高度都在这之下,6956.08 为雷达回波探测的上下限
    list_height = [6956.08 + 15 * (i + 1) for i in range(600)]  # 转换新数据高度列表
    height_result = height_kpr_ori.values.tolist() + list_height  # 雷达回波相对高度增加 600 个数据
点,相当于增加 9000 m

    # 建立新的雷达回波数据集
    data_new_kpr = pd.DataFrame(np.ones((len(data_kpr_all),1530)) * - 99)  # 设置一个阈值,新建的数
据进行填充,原数据对应的最大间隔数量为(6956.08 * 2/15 + 600 = 1527.47),新数据设置为 1530
    data_new_kpr.index = data_kpr_all.index  # 设置索引

    # 写入原始的 kpr 数据.原始数据的高度间隔数量为 1530 - 600 = 930
    for ii in [i for i in range(930)]:
        data_new_kpr[ii] = data_kpr_all[ii]
    data_new_kpr1 = data_new_kpr.reset_index(drop = True)  # 去除索引
    data_new_kpr_t = data_new_kpr1.T  # 数据转置,为了后续进行数据移位
```

```
    for jj in range(len(data_kpr_all)):
        data_new_kpr_t.loc[:,jj] = data_new_kpr_t.loc[:,jj].shift(data_comb['code'].values[jj])
#根据飞机高度所对应的雷达回波相对高度的间隔,进行数据移位
    data_new_kpr_result = data_new_kpr_t.T #转置恢复为原来数据格式
    data_new_kpr_result.index = data_kpr_all.index #设置新数据的索引


    return(height_result,data_new_kpr_result)

def plot_kpr(height_modi,data_kpr):
    '''构造函数,绘图新数据'''

    x = data_kpr.index #x 轴为时间
    y = height_modi #y 轴为高度回波
    z = data_kpr #为修正后的雷达
    z = ma.masked_where(z< = - 35, z) #设置阈值,默认< - 35 的为噪音
    Z = z.T
    X,Y = np.meshgrid(x,y) #转为矩阵

    #绘图回波随高度变化
    fig,ax = plt.subplots()
    fig.set_size_inches(15,6)

    #雷达反射率间隔
    gap_ax = np.arange( - 20,10,0.1) #设置显示

    im = ax.contourf(X,Y,Z,gap_ax,cmap = 'jet',extend = 'both') #绘制等值线填充图

    ax.yaxis.grid(False) #不显示网格线
    ax.set_ylabel('高度 (m)',fontsize = 15)     #y 轴标签
    ax.set_xlabel('时间',fontsize = 15)     #x 轴标签
    ax.tick_params(labelsize = 15)          #坐标轴刻度字体尺寸

    ymin = 0 #y 轴起始点
    ymax = 4200 #y 轴上限
    ax.set_ylim(ymin,ymax)

    ax.xaxis.set_major_formatter(mdate.DateFormatter('%H:%M')) #x 轴时间显示格式
```

```
＃设置色标显示方式
fig.subplots_adjust(left = 0.07, right = 0.87)＃微调主图
box = ax.get_position()＃获取主图位置
pad, width = 0.02, 0.01 ＃色标与主图的间隔和宽度
cax = fig.add_axes([box.xmax + pad, box.ymin, width, box.height]) ＃色标的位置

cbar = fig.colorbar(im, cax = cax,
                        extend = 'both',
                        orientation = 'vertical')
cbar.set_label('(dBZ)', fontsize = 12)    ＃色标标签
cbar.ax.tick_params(labelsize = 12)      ＃色标字体尺寸

fig.savefig('图12.7_机载云雷达垂直回波廓线图.png', dpi = 300, bbox_inches = 'tight', pad_inches = 0.1)＃设置图片的名称和格式、分辨率以及微调方式
plt.close()    ＃关闭图片
return()
＃ ％ ％ 以下为主程序
if __name__ == '__main__':

    height_file = 'kpr_20180812_flight_height.csv'

    ＃ ％ ％ 调用函数读取时间和高度数据
    data_m300_v1 = read_height_file(height_file)

    ＃ ％ ％ 调用函数读取 kpr 原始数据
    height_kpr_ori, time_nc_new_df, data_kpr_all = read_kpr_data()

    ＃ ％ ％ 调用函数根据高度对回波反射率的高度进行修正
    height_modi, data_kpr = reshape_kpr_data( data_m300_v1, height_kpr_ori, time_nc_new_df, data_kpr_all)

    ＃ ％ ％ 调用函数绘制修正后的雷达回波垂直廓线分布图
    plot_kpr(height_modi, data_kpr)

end = time.clock() ＃设置结束时间钟
print('>>> Total running time: %s Seconds' % (end - start))＃计算并显示程序运行时间
```

　　程序编写完毕后在 Spyder 的代码编辑框中运行。通过快捷键 F5 运行程序。在程序运行框(IPython console)中出现运行结果,如下显示:

Total running time：43.34985380000012 Seconds

同时，在数据文件夹下生成机载云雷达垂直回波廓线图，如（彩）图 12.7 所示。

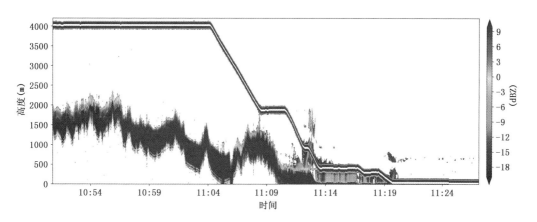

图 12.7　机载云雷达垂直回波廓线图

第13章 机载大气环境与云探测资料处理与应用

本章以机载气溶胶探测器(简称 PCASP)和气溶胶云粒子探头(CAS)为例介绍机载气溶胶谱和云谱探测设备的数据处理及应用。本章将介绍如何快速查看仪器测量信号的时间序列图和挑选重点参量绘制时间序列图,如何从气溶胶和云的分档数据中质控计算微观物理参量,绘制气溶胶谱的垂直分布图,根据给定时段计算平均粒子谱及绘图等应用。

13.1 机载大气环境与云探测资料介绍

13.1.1 数据来源

本章中机载气溶胶计算绘图相关的数据为"06SPP_20020161116151716.csv",是 PCASP 采集保存的数据。PCASP 量程为 $0.1\sim3.0~\mu m$,含有 30 个不同尺度间隔的测量通道,分辨率为 $0.01~\mu m$。数据文件中,前 19 行为数据介绍,第 20 行为数据标题,从第 21 行开始为测量数据,共有 56 列数据。由于设备测量方法的局限性,PCASP 前 2 档的数据不可靠,使用时需要剔除,然后重新计算数浓度和液态水含量、有效直径,因此,使用 PCASP 设备观测的空中气溶胶的粒径范围为 $0.12\sim3~\mu m$。另外,为了计算气溶胶谱的垂直变化,本章使用了 AIMMS-20 测量的机载气象要素数据"07AIMMS20201161116151716.csv",数据格式介绍见 12.1。以上数据取自 Liu 等(2020)的文章。

本章中云的探测数据为"02CAS201100818093022.csv",由 CAS 设备观测,CAS 量程为 $0.3\sim50~\mu m$,共 30 档,提供了分档的前向和后向散射测量值。数据文件中,前 36 行是数据介绍,第 37 行为数据标题,从第 38 行开始为测量数据,共有 169 列数据,分档数据常用前向散射的分档值。另外为了查看云与高度的关系,使用了 AIMMS-20 测量的机载气象要素数据"07AIMMS20201100818093022.csv",数据格式介绍见 12.1 节。这两组云探测数据取自马新成等(2012)的文章。

13.1.2 云微物理参量及计算方法

本部分以 CAS 为例介绍利用分档观测的谱分布资料计算数浓度、有效直径、平均直径、液态水含量等物理量。

CAS 由于散射信号的测量局限性,导致在两端边界部分的测量值不准确,因此我们剔除了数据第 1 档,并根据第 2~30 档分档信息重新计算微物理量。

每档的数浓度分布 $N_{con,i}$,计算见公式(13.1):

$$N_{con,i} = \frac{N_{cnt,t}}{1000V_i \Delta Dp_i} \tag{13.1}$$

式中,$N_{con,i}$ 为 CAS 第 i 档的数浓度分布,单位为 $cm^{-3}/\mu m$,$N_{cnt,i}$ 为第 i 档的个数,V_i 为第 i 档的采样体积,单位为 L。ΔDp_i 为第 i 档的档宽,单位为 μm。

云滴总数浓度 N_{con} 为第 2~30 档的数浓度之和,见公式(13.2):

$$N_{con} = \sum_{i=2}^{30} N_{con,i} \Delta Dp_i \tag{13.2}$$

式中,从第 2~30 档进行计算,N_{con} 单位为 cm^{-3}。$N_{con,i}$ 和 ΔDp_i 同公式(13.1)。

云滴有效直径(Effective Diameter,简称 ED)定义为云滴谱的第三阶矩和第二阶矩之比(Hansen and Travis,1974),表示见公式(13.3):

$$ED = \frac{\sum_{i=2}^{30} (Dp_i)^3 N_{con,i} \Delta Dp_i}{\sum_{i=2}^{30} (Dp_i)^2 N_{con,i} \Delta Dp_i} \tag{13.3}$$

式中,从 CAS 第 2~30 档进行计算,ED 单位为 μm,Dp_i 为第 i 档的中值尺度,单位为 μm;$N_{con,i}$ 和 ΔDp_i 同公式(13.1)。

云滴平均直径(Mean Diameter,简称 MD)表示见公式(13.4):

$$MD = \frac{1}{N_{con}} \sum_{i=2}^{30} (Dp_i) N_{con,i} \Delta Dp_i \tag{13.4}$$

式中,从 CAS 第 2~30 档进行计算,MD 单位为 μm;Dp_i 为第 i 档的中值尺度,单位为 μm;$N_{con,i}$ 和 ΔDp_i 同公式(13.1)。

液态水含量(Lquid Water Content,简称 LWC)的计算方法见公式(13.5):

$$LWC = \sum_{i=2}^{30} 10^{-9} \times \frac{\pi}{6} \times N_{con,i} \times \Delta Dp_i \times (Dp_i)^3 \times \rho_w \tag{13.5}$$

式中,从 CAS 的第 2~30 档进行计算,LWC 单位为 g/m^3;$N_{con,i}$ 为第 i 档的数浓度分布,单位为个/$cm^3/\mu m$;Dp_i 为第 i 档的中值尺度,单位为 μm;ΔDp_i 为第 i 档的档宽,单位为 μm。ρ_w 为水的密度,单位为 g/cm^3。

13.2　编程目标和程序算法设计

13.2.1　编程目标

(1)灵活掌握编程的整体步骤,掌握利用函数对整体任务进行分解编程的思路。

(2)掌握使用 Pandas 快速绘制设备所有信号通道时间序列图的方法。

(3)灵活掌握数据计算的编程方法,掌握从分档观测资料计算总数浓度、有效直径等参量的方法,掌握从云滴谱计算云滴有效直径、液态水含量等物理参量的方法。

（4）掌握气溶胶谱垂直分布图的绘制方法,掌握粒子谱的时间序列图和给定多时段平均粒子谱的绘图方法。

（5）程序可在设置完成后一键操作,完成所有的处理,输出所有绘图信息;也可根据需要处理完毕数据后,仅仅输出用户指定的项目图形,输出指定的数据。

13.2.2　程序设计思路和算法步骤

针对 13.2.1 节的需求,程序的开发思路和算法如下:

（1）读取机载气溶胶探测资料数据文件,提取气溶胶谱,剔除无效档的观测值,计算分档数浓度、气溶胶总数浓度、有效直径、平均直径等。结合高度数据,绘制气溶胶谱、数浓度、粒子直径的垂直分布图。

（2）读取云探测资料,提取云探测分档观测值,剔除第一档数据,计算数浓度、有效直径、平均直径、云滴谱宽等物理量的值并绘制这些云参量以及云滴谱的时间序列图。选取穿云时段,绘图垂直云滴谱。根据给定的时间段,绘制云滴平均谱。

13.3　程序代码解析

本章中的程序代码适用于 Python3 及以上版本,支持包括 Windows、Linux 和 OS X 操作系统。为了方便调取查看程序处理过程中的数据,建议读者使用 Anoconda 编译环境中自带的 Spyder 编译器编译运行代码。

在编写程序之前,把本章的数据存放到目标文件夹 chap13(本例中为 E:\\BIKAI_books\\data\\chap13)。

13.3.1　机载气溶胶数据处理与绘图

本部分读取机载气溶胶数据"06SPP_20020161116151716.csv"和飞行高度所在的气象数据"07AIMMS2020161116151716.csv"。根据飞行高度数据有效时段,提取气溶胶谱,计算分档数浓度,计算气溶胶数浓度、有效直径、平均直径、光学厚度等。结合高度数据,绘制气溶胶谱、数浓度、粒子直径的垂直分布图。程序文件为"chap13_exam_code_1.py",完整代码及说明如下:

```
#!/usr/bin/env python3
# -*- coding: utf-8 -*-

import os   # 导入系统模块
os.chdir("E:\\BIKAI_books\\data\\chap13")   # 设置路径
os.getcwd()   # 获取路径
```

```python
import pandas as pd  # 导入数据处理模块
import numpy as np  # 导入数据处理模块
import matplotlib.pyplot as plt  # 导入绘图模块
import matplotlib.colors as clr  # 导入颜色设置模块
import matplotlib.dates as mdate  # 导入日期调整模块
from numpy import ma  # 导入数据遮挡模块
import math  # 导入计算模块
import matplotlib
matplotlib.rcParams['font.sans-serif'] = ['FangSong']    # 用仿宋字体显示中文
matplotlib.rcParams['axes.unicode_minus'] = False        # 正常显示负号的设置
import time  # 导入时间模块
start = time.clock()    # 设置时间钟,用于计算程序耗时


def cbar_ticks(start, end):
    '''构造指数色标尺度函数,读取数据上下限,返回色标标签的指数形式上下限'''
    cbar_lib_list = [0.00000000001, 0.0000000001, 0.000000001, 0.00000001, 0.0000001, 0.000001,
0.00001, 0.0001, 0.001, 0.01, 0.1, 1, 10, 100, 1000, 10000, 100000, 1000000, 10000000]  # 构造一个指数形式
集合列表
    id_start = []
    id_end = []

    for i in range(len(cbar_lib_list)):  # 依次比较数值在列表中的位置
        if  cbar_lib_list[i] <= start:
            id_start = i
        if cbar_lib_list[i] <= end :
            id_end = i + 1
    result_start = id_start
    result_end = id_end
    cbar_list = cbar_lib_list[result_start:result_end + 1]  # 获得色标列表
    return(cbar_list)


def read_aimms_data(aimms_name):
    '''构造气象数据读取函数,读入 AIMMS20 文件名,修改时间为标准日期时间格式,提取并返回温度、气
压、湿度、垂直速度、高度等信息.'''
    data_aimms =  pd.read_csv(aimms_name, header = 0, skiprows = 13)  # 跳过前 13 行
    data_aimms.columns = ['Time', 'Hours', 'Minutes', 'Seconds', 'Temp(C)', 'RH(%)', 'Pressure
(mBar)', 'Wind_Flow_N_Comp(m/s)', 'Wind_Flow_E_Comp(m/s)', 'Wind_Speed_(m/s)', 'Wind_Direction_
(deg)', 'Wind_Solution', 'Hours_2', 'Minutes_2', 'Seconds_2', 'Latitude(deg)', 'Longitude(deg)', 'Al-
```

titude(m)', 'Velocity_N(m/s)', 'Velocity_E(m/s)', 'Velocity_D(m/s)', 'Roll_Angle(deg)', 'Pitch_angle(deg)', 'Yaw_angle(deg)', 'True_Airspeed(m/s)', 'Vertical_Wind', 'Sideslip_angle(deg)', 'AOA_pres_differential', 'Sideslip_differential', 'Status']

　　data_aimms['date_time'] = pd.to_datetime(aimms_name[9:17]) + pd.to_timedelta(data_aimms['Time'].astype(int), unit = 's')　　# 添加标准格式日期时间列

　　data_aimms_1 = data_aimms.loc[:, ['date_time', 'Temp(C)', 'RH(%)', 'Pressure(mBar)', 'Latitude(deg)', 'Longitude(deg)', 'Vertical_Wind', 'Altitude(m)', 'True_Airspeed(m/s)']]　　# 提取常用的数据类

　　data_2 = data_aimms_1[data_aimms_1['Altitude(m)']>40]　　　# 提取有效数据, 设置初始速度为 20 m/s 以上为有效数据, 剔除地面及飞机滑行时数据

　　return(data_2)

　　# 定义信号信息绘图函数
def pcasp_plot_log(df):
　　'''构造绘图函数, 绘制 pcasp 测量的所有信号时间序列图, 用于查看设备运行状态是否正常'''
　　headerlist = ['Status', 'Number_Conc(cts/cm^3)', 'Volume_Conc(um^3/cm^3)', 'SSP200_MVD(um)', 'SSP200_ED(um)', 'Sample_Flow(std cm^3/s)', 'Hi_Gain_Baseline(V)', 'Mid_Gain_Baseline(V)', 'Lo_Gain_Baseline(V)', 'Sheath_Flow(std cm^3/s)', 'Sample_Flow_(vol cm^3/s)', 'Sheath_Flow_(vol cm^3/s)', 'Pressure_(mb)', 'Ambient Temp_(C)', 'SPP_200_OPC_ch0', 'SPP_200_OPC_ch1', 'SPP_200_OPC_ch2', 'SPP_200_OPC_ch3', 'SPP_200_OPC_ch4', 'SPP_200_OPC_ch5', 'SPP_200_OPC_ch6', 'SPP_200_OPC_ch7', 'SPP_200_OPC_ch8', 'SPP_200_OPC_ch9', 'SPP_200_OPC_ch10', 'SPP_200_OPC_ch11', 'SPP_200_OPC_ch12', 'SPP_200_OPC_ch13', 'SPP_200_OPC_ch14', 'SPP_200_OPC_ch15', 'SPP_200_OPC_ch16', 'SPP_200_OPC_ch17', 'SPP_200_OPC_ch18', 'SPP_200_OPC_ch19', 'SPP_200_OPC_ch20', 'SPP_200_OPC_ch21', 'SPP_200_OPC_ch22', 'SPP_200_OPC_ch23', 'SPP_200_OPC_ch24', 'SPP_200_OPC_ch25', 'SPP_200_OPC_ch26', 'SPP_200_OPC_ch27', 'SPP_200_OPC_ch28', 'SPP_200_OPC_ch29', 'Laser_Ref_Voltage', 'Aux_Analog_1', 'Electronics_Temp(C)', 'Avg_Transit', 'FIFO_Full', 'Reset_Flag', 'Sync_Err_A', 'Sync_Err_B', 'Sync_Err_C', 'ADC_Overflow(cts)', 'date_time'] # 设置需要显示的信号通道名称
　　data_result_log = pd.DataFrame()　# 建立空白数据集
　　for i in headerlist:
　　　　data_result_log[i] = df[i] # 写入数据
　　# 设备信号参数绘图
　　fig, ax = plt.subplots() # 图片分离为画布对象 fig 和绘图区对象 ax
　　fig.set_size_inches(10, 50) # 设置图片尺寸, 单位为英寸

　　data_result_log = data_result_log.set_index('date_time') # 设置索引为时间
　　data_result_log.plot(subplots = True, ax = ax)　# 子图绘制

　　fig.savefig('图 13.1_pcasp_通道信息.png', dpi = 300, bbox_inches = 'tight', pad_inches = 0.1) #

设置图片保存名称和格式

```
        print('>>> pcasp 通道信号已经绘制完毕!!!')  #屏幕提示信息
        plt.close()
        return()


def read_cal_pcasp_data(file_name,code):
        '''
        构造数据读取函数,读入 PCASP 文件名,提取与 AIMMS 同步的时间范围内的数据,提取分档计数,计算
        '''
        data = pd.read_csv(file_name,
                        header = 0,  #标题行为首行
                        skiprows = 19)  #跳过前 19 行
        data.columns = ['Time', 'Hi_Gain_Baseline(V)', 'Mid_Gain_Baseline(V)', 'Lo_Gain_Baseline(V)',
        'Sample_Flow(std cm^3/s)', 'Laser_Ref_Voltage', 'Aux_Analog_1', 'Sheath_Flow(std cm^3/s)', 'Elec-
        tronics_Temp(C)', 'Avg_Transit', 'FIFO_Full', 'Reset_Flag', 'Sync_Err_A', 'Sync_Err_B', 'Sync_Err_
        C', 'ADC_Overflow(cts)', 'SPP_200_OPC_ch0', 'SPP_200_OPC_ch1', 'SPP_200_OPC_ch2', 'SPP_200_OPC_
        ch3', 'SPP_200_OPC_ch4', 'SPP_200_OPC_ch5', 'SPP_200_OPC_ch6', 'SPP_200_OPC_ch7', 'SPP_200_OPC_
        ch8', 'SPP_200_OPC_ch9', 'SPP_200_OPC_ch10', 'SPP_200_OPC_ch11', 'SPP_200_OPC_ch12', 'SPP_200_
        OPC_ch13', 'SPP_200_OPC_ch14', 'SPP_200_OPC_ch15', 'SPP_200_OPC_ch16', 'SPP_200_OPC_ch17', 'SPP_
        200_OPC_ch18', 'SPP_200_OPC_ch19', 'SPP_200_OPC_ch20', 'SPP_200_OPC_ch21', 'SPP_200_OPC_ch22',
        'SPP_200_OPC_ch23', 'SPP_200_OPC_ch24', 'SPP_200_OPC_ch25', 'SPP_200_OPC_ch26', 'SPP_200_OPC_
        ch27', 'SPP_200_OPC_ch28', 'SPP_200_OPC_ch29', 'Number_Conc(cts/cm^3)', 'Volume_Conc(um^3/cm^3)',
        'SSP200_MVD(um)', 'SSP200_ED(um)', 'Sample_Flow_(vol cm^3/s)', 'Sheath_Flow_(vol cm^3/s)', 'Pres-
        sure_(mb)', 'Ambient Temp_(C)', 'Status', 'GPS_Time']  #设置新文件名
        data['Date'] = pd.to_datetime(file_name[-18:-10])      #提取日期,转为日期类型
        data['date_time'] = data['Date'] + pd.to_timedelta(data['Time'].astype(int),unit = 's')   #转
为标准日期时间格式
        #是否绘制信号图
        if code == 1:
            pcasp_plot_log(data)  #调用函数绘图各通道信号
        else:
            pass


        data_aimms_start = str(data_aimms['date_time'].iloc[0])
        data_aimms_end = str(data_aimms['date_time'].iloc[-1])
        index_sp = data[data['date_time'] == data_aimms_start].index[0]  #开始时间对应的索引
        index_ep = data[data['date_time'] == data_aimms_end].index[0]  #结束时间对应的索引
```

```
data_pcasp = data.loc[index_sp:index_ep, :] #提取有效数据列


#剔除前两档数据
headerpsd_pcasp = ['SPP_200_OPC_ch2', 'SPP_200_OPC_ch3', 'SPP_200_OPC_ch4', 'SPP_200_OPC_ch5',
'SPP_200_OPC_ch6', 'SPP_200_OPC_ch7', 'SPP_200_OPC_ch8', 'SPP_200_OPC_ch9', 'SPP_200_OPC_ch10',
'SPP_200_OPC_ch11', 'SPP_200_OPC_ch12', 'SPP_200_OPC_ch13', 'SPP_200_OPC_ch14', 'SPP_200_OPC_
ch15', 'SPP_200_OPC_ch16', 'SPP_200_OPC_ch17', 'SPP_200_OPC_ch18', 'SPP_200_OPC_ch19', 'SPP_200_
OPC_ch20', 'SPP_200_OPC_ch21', 'SPP_200_OPC_ch22', 'SPP_200_OPC_ch23', 'SPP_200_OPC_ch24', 'SPP_
200_OPC_ch25', 'SPP_200_OPC_ch26', 'SPP_200_OPC_ch27', 'SPP_200_OPC_ch28', 'SPP_200_OPC_ch29']
#分档计数
data_c_psd_pcasp = pd.DataFrame() #建立新数据集
for kk in headerpsd_pcasp:
    data_c_psd_pcasp[kk] = data_pcasp[kk] #循环读入分档数据


# 采样体积计算, V = Area(mm^2) × speed(m/s) × time(s)
data_pcasp['sample_volumn'] = data_pcasp['Sample_Flow(std cm^3/s)'].map(lambda x: 1 * x)
# 计算分档浓度
data_con_psd_pcasp = data_c_psd_pcasp.div(data_pcasp['sample_volumn'], axis = 0) # axis = 0 表
示在行上进行处理


# 计算总数浓度,单位转为个/cm³
data_tot_con = data_con_psd_pcasp.sum(axis = 1) #累积计算总数浓度


# 计算谱分布,剔除前两档
pcasp_min_size = [0.115, 0.125, 0.135, 0.145, 0.155, 0.165, 0.175, 0.19, 0.21, 0.23, 0.25, 0.27, 0.29,
0.35, 0.45, 0.55, 0.7, 0.9, 1.1, 1.3, 1.5, 1.7, 1.9, 2.1, 2.3, 2.5, 2.7, 2.9] #分档下限
pcasp_max_size = [0.125, 0.135, 0.145, 0.155, 0.165, 0.175, 0.19, 0.21, 0.23, 0.25, 0.27, 0.29, 0.35,
0.45, 0.55, 0.7, 0.9, 1.1, 1.3, 1.5, 1.7, 1.9, 2.1, 2.3, 2.5, 2.7, 2.9, 3.1] #分档上限


# dlogDp 计算
dlogDp_pcasp = []
for jj in range(len(pcasp_min_size)):
    kk_pcasp = math.log10(pcasp_max_size[jj]/pcasp_min_size[jj])
    dlogDp_pcasp.append(kk_pcasp)


# 计算 dn/dlogDp
dlogDp_df_pcasp = pd.DataFrame(np.random.rand(data_con_psd_pcasp.shape[0], data_con_psd_
pcasp.shape[1])) #建立同样大小的随机数列
```

```
dlogDp_df_pcasp.columns = data_con_psd_pcasp.columns  # 数据标题设置一致
dlogDp_df_pcasp.index = data_con_psd_pcasp.index  # 索引设置一致
dlogDp_df_pcasp_1 = pd.DataFrame(dlogDp_pcasp).T  # 转向为横向数据集
for i in range(data_con_psd_pcasp.shape[0]):
    dlogDp_df_pcasp.iloc[i] = dlogDp_df_pcasp_1.values  # 每一行填充对应的 dlogDp
data_dn_dlogdp_pcasp = data_con_psd_pcasp / dlogDp_df_pcasp  # 计算谱分布数浓度
data_dn_dlogdp_pcasp.index = data_pcasp['date_time']


# 有效直径的计算
pcasp_mid_size = [0.12,0.13,0.14,0.15,0.16,0.17,0.18,0.2,0.22,0.24,0.26,0.28,0.3,0.4,0.5,
0.6,0.8,1,1.2,1.4,1.6,1.8,2,2.2,2.4,2.6,2.8,3]
data_pcasp_ed3_psd = pd.DataFrame()
data_pcasp_ed2_psd = pd.DataFrame()
data_pcasp_ed1_psd = pd.DataFrame()
data_pcasp_ed0_psd = pd.DataFrame()
for edi in range(len(headerpsd_pcasp)):
    data_pcasp_ed3_psd[headerpsd_pcasp[edi]] = data_con_psd_pcasp[headerpsd_pcasp[edi]] *
(pcasp_mid_size[edi]) ** 3  # 计算分档 3 阶距
    data_pcasp_ed2_psd[headerpsd_pcasp[edi]] = data_con_psd_pcasp[headerpsd_pcasp[edi]] *
(pcasp_mid_size[edi]) ** 2  # 计算分档 2 阶距
    data_pcasp_ed1_psd[headerpsd_pcasp[edi]] = data_con_psd_pcasp[headerpsd_pcasp[edi]] *
(pcasp_mid_size[edi]) ** 1  # 计算分档 1 阶距
    data_pcasp_ed0_psd[headerpsd_pcasp[edi]] = data_con_psd_pcasp[headerpsd_pcasp[edi]] *
(pcasp_mid_size[edi]) ** 0  # 计算分档 0 阶距
data_pcasp_ed3 = data_pcasp_ed3_psd.sum(axis = 1)  # 3 阶距
data_pcasp_ed2 = data_pcasp_ed2_psd.sum(axis = 1)    # 2 阶距
data_pcasp_ed1 = data_pcasp_ed1_psd.sum(axis = 1)  # 1 阶距
data_pcasp_ed0 = data_pcasp_ed0_psd.sum(axis = 1)    # 0 阶距


data_ed_pcasp = data_pcasp_ed3/data_pcasp_ed2  # 计算有效直径
data_md_pcasp = data_pcasp_ed1/data_pcasp_ed0  # 计算平均直径
data_MD_pcasp = pd.DataFrame(data_md_pcasp)
data_MD_pcasp.index = data_pcasp['date_time']  # 设置索引为时间
data_MD_pcasp.columns = ['MD(um)']


data_ED_pcasp = pd.DataFrame(data_ed_pcasp)
data_ED_pcasp.index = data_pcasp['date_time']  # 设置索引为时间
data_ED_pcasp.columns = ['ED(um)']
```

```python
    data_result_pcasp = pd.DataFrame(data_tot_con)
    data_result_pcasp.index = data_pcasp['date_time'] #设置索引为时间
    data_result_pcasp.columns = ['PCASP_con(#/cm^3)']   #设置数据标题

    data_result_pcasp['PCASP_ED'] = data_ED_pcasp['ED(um)'] #添加有效直径列
    data_result_pcasp['PCASP_MD'] = data_MD_pcasp['MD(um)'] #添加平均直径列

    return(data_result_pcasp, data_dn_dlogdp_pcasp) #返回数据

def pcasp_make_psd_plot():
    '''构造物理量绘图函数,绘制计算后的数浓度、有效直径、平均直径和谱的时间序列'''
    data_pcasp, data_dn_dlogdp_pcasp = read_cal_pcasp_data(file_pcasp_name, 0) #调用函数计算气溶胶
谱及数浓度和粒径
    data_aimms = read_aimms_data(file_aimms_name) #调用函数读取高度数据

    fig,(ax1,ax2,ax3,ax4,ax5) = plt.subplots(5,1,sharex = True) #图片分离为画布对象 fig 和 5 个绘
图区对象,子图排列方式为 5 行 1 列
    fig.set_size_inches(10,10) #设置图片尺寸,单位为英寸

    ax1.plot(data_aimms['date_time'], #x 轴
             data_aimms['Altitude(m)'], #y 轴
             c = 'k', #颜色
             ls = '', #数据点之间不连接
             marker = 'o', #数据点圆圈表示
             ms = 2, #数据点尺寸
             mec = 'k', #数据点边缘颜色
             mfc = 'k', #数据点表面颜色
             alpha = 1,) #透明度
    ax2.plot(data_pcasp.index , data_pcasp['PCASP_con(#/cm^3)'],c = 'k',ls = '',marker = 'o',ms = 2,
mec = 'k',mfc = 'k',alpha = 1)
    ax3.plot(data_pcasp.index,data_pcasp['PCASP_ED'],c = 'k',ls = '',marker = 'o',ms = 2,lw = 1,mec
= 'k',mfc = 'k',alpha = 1,label = '有效直径(μm)') #有效直径绘图,设置同上
    ax4.plot(data_pcasp.index,data_pcasp['PCASP_MD'],c = 'k',ls = '',marker = 'o',ms = 2,lw = 1,mec
= 'k',mfc = 'k',alpha = 0.5,label = '平均直径(μm)') #平均直径绘图,设置同上

    #设置 y 轴标签
    ax1.set_ylabel('高度(m)',fontsize = 15)
    ax2.set_ylabel('数浓度(个/cm$^3$)',fontsize = 15)
```

```
ax3.set_ylabel('尺度(μm)',fontsize = 15)
ax4.set_ylabel('尺度(μm)',fontsize = 15)

# 设置 y 轴显示方式和上下限
ax3.set_yscale('log')
ax4.set_yscale('log')
ax1.set_ylim(0,3600)
ax3.set_ylim(0.1,3)
ax4.set_ylim(0.1,3)

# 设置网格线,虚线、宽度为1,透明度为50%
ax1.grid(True,linestyle = ":",linewidth = 1,alpha = 0.5)
ax2.grid(True,linestyle = ":",linewidth = 1,alpha = 0.5)
ax3.grid(True,linestyle = ":",linewidth = 1,alpha = 0.5)
ax4.grid(True,linestyle = ":",linewidth = 1,alpha = 0.5)

# 设置图例显示
ax3.legend(loc = 'best', # 位置
            edgecolor = 'gray', # 颜色
            fontsize = 10, # 字体尺寸
            frameon = True) # 边框显示
ax4.legend(loc = 'best',edgecolor = 'gray',fontsize = 10,frameon = True)

# 坐标轴刻度标签尺寸
ax1.tick_params(labelsize = 15)
ax2.tick_params(labelsize = 15)
ax3.tick_params(labelsize = 15)
ax4.tick_params(labelsize = 15)

# 气溶胶谱图设置
pcasp_mid_size = [0.12,0.13,0.14,0.15,0.16,0.17,0.18,0.2,0.22,0.24,0.26,0.28,0.3,0.4,0.5,
0.6,0.8,1,1.2,1.4,1.6,1.8,2,2.2,2.4,2.6,2.8,3] # 粒径
x = data_dn_dlogdp_pcasp.index.tolist() # x 轴
y = pcasp_mid_size # y 轴
X,Y = np.meshgrid(x,y) # 生成矩阵

# 设置色标刻度间隔
z_tem = data_dn_dlogdp_pcasp.values
```

```
z_tem = ma.masked_where(z_tem <= 0, z_tem) #遮挡 0 值
start_list_dn = z_tem.min() #找到最小值
end_list_dn = z_tem.max() #找到数据中给最大值
cbar_ticks_list = cbar_ticks(start_list_dn, end_list_dn) #调用函数找到色标的上下限范围
gap_ax = np.logspace(math.log10(start_list_dn), math.log10(end_list_dn), 30, endpoint = True) #
色标区分转为指数形式,分为 30 个区间


#设置绘图填充 z 轴数据
z = data_dn_dlogdp_pcasp.values
Z = z.T    #转置为同 xy 相同的类型


#剔除关机时段,如果有中断 20 min 以上,则设置空白
for ii in range(len(x) - 1):
    if (x[ii + 1] - x[ii]).seconds>1000 :
        z.loc[x[ii]:x[ii + 1],:] = np.nan


im = ax5.contourf(X, Y, Z, gap_ax, norm = clr.LogNorm(), cmap = 'jet', origin = 'lower', extend =
'both')    #绘图谱图时间序列


ax5.yaxis.grid(False) #不显示网格
ax5.set_ylabel('尺度(μm)', fontsize = 15) #y 轴标签
ax5.set_yscale('log') #y 轴为对数格式显示
ax5.set_xlabel('时间', fontsize = 15)    #x 轴标签
ax5.tick_params(labelsize = 15)
ax5.set_ylim(0.1,3) #y 轴上下限
ax5.xaxis.set_major_formatter(mdate.DateFormatter('%H:%M')) #x 轴时间显示格式


#设置色标
fig.subplots_adjust(left = 0.07, right = 0.87) #主图微调
box = ax5.get_position() #获取主图位置
pad, width = 0.02, 0.02
cax = fig.add_axes([box.xmax + pad, box.ymin, width, box.height])    #色标位置
cbar = fig.colorbar(im, cax = cax, extend = 'both', ticks = cbar_ticks_list) #绘图色标
cbar.set_label('dn/dlogDp(个/$cm^3$)', fontsize = 10) #色标
cbar.ax.tick_params(labelsize = 15)    #色标刻度字体尺寸


fig.savefig('图 13.2_气溶胶谱和各参量时间序列.png', dpi = 300, bbox_inches = 'tight', pad_in-
ches = 0.1) #图片保存
```

```
    plt.close()
    return()


def plot_pcasp_height_psd_figure(verticle_time_list):
    '''调用函数绘图气溶胶垂直分布'''
    data_aimms = read_aimms_data(file_aimms_name) # 调用函数读取 AIMMS-20 数据
    data_aimms1 = data_aimms.set_index('date_time')
    data_aimms_result = data_aimms1.loc[verticle_time_list[0]:verticle_time_list[1],:] # 读取需要
绘图的时间段

    data_pcasp,data_dn_dlogdp_pcasp = read_cal_pcasp_data(file_pcasp_name,0)        # 调用函数计算气
溶胶谱等信息
    data_dn_dlogdp_pcasp_result = data_dn_dlogdp_pcasp.loc[verticle_time_list[0]:verticle_time_
list[1],:] # 读取需要绘图的时间段

    data_dn_dlogdp_pcasp_result1 = data_dn_dlogdp_pcasp_result.join(data_aimms_result['Altitude
(m)'], how = 'outer', rsuffix = '_1').groupby(by = 'Altitude(m)').mean() # 对每个高度进行平均

    data_pcasp_result = data_pcasp.loc[verticle_time_list[0]:verticle_time_list[1],:].join(data_
aimms_result['Altitude(m)'], how = 'outer', rsuffix = '_1').groupby(by = 'Altitude(m)').mean() # 对
每个高度进行平均


    # 设置谱绘图数据
    x = [0.12,0.13,0.14,0.15,0.16,0.17,0.18,0.2,0.22,0.24,0.26,0.28,0.3,0.4,0.5,0.6,0.8,1,1.2,
1.4,1.6,1.8,2,2.2,2.4,2.6,2.8,3] # 粒径
    y = data_dn_dlogdp_pcasp_result1.index.tolist()
    X,Y = np.meshgrid(x,y) # 生成矩阵


    # 设置色标刻度间隔
    z_tem = data_dn_dlogdp_pcasp_result1.values
    z_tem = ma.masked_where(z_tem <= 0, z_tem) # 遮挡 0 值
    start_list_dn = z_tem.min() # 找到最小值
    end_list_dn = z_tem.max() # 找到数据中的最大值
    cbar_ticks_list = cbar_ticks(start_list_dn,end_list_dn) # 调用函数找到色标的上下限范围
    gap_ax = np.logspace(math.log10(start_list_dn),math.log10(end_list_dn),30,endpoint = True) #
色标区分转为指数形式,分为 30 个区间


    # 设置绘图填充 z 轴数据
```

```
z = data_dn_dlogdp_pcasp_result1.values

fig,(ax1,ax2,ax) = plt.subplots(1,3,sharey = True)
fig.set_size_inches(10,10) #设置图片尺寸,单位为英寸
fig.suptitle('气溶胶垂直分布',fontsize = 25,y = 0.95) #设置主图标题文字和字体尺寸,字体的位置

ax1.plot(data_pcasp_result['PCASP_con(#/cm^3)'],data_pcasp_result.index,c = 'k',ls = '',marker = 'o',ms = 2,mec = 'k',mfc = 'k',alpha = 1)
ax2.plot(data_pcasp_result['PCASP_ED'],data_pcasp_result.index,c = 'k',ls = '',marker = 'o',ms = 2,lw = 1,mec = 'k',mfc = 'k',alpha = 1,label = '有效直径(μm)') #有效直径绘图,设置同上
ax2.plot(data_pcasp_result['PCASP_MD'],data_pcasp_result.index,c = 'r',ls = '',marker = 'o',ms = 2,lw = 1,mec = 'r',mfc = 'r',alpha = 1,label = '平均直径(μm)') #平均直径绘图,设置同上

im = ax.contourf(X,Y,z,gap_ax,norm = clr.LogNorm(),cmap = 'jet',origin = 'lower',extend = 'both')
#绘制谱图时间序列

#设置网格线
ax1.grid(True,linestyle = ":",linewidth = 1,alpha = 0.5)
ax2.grid(True,linestyle = ":",linewidth = 1,alpha = 0.5)
ax.yaxis.grid(False) #不显示网格

#设置图例
ax2.legend(loc = 'best',edgecolor = 'gray',fontsize = 10,frameon = True)

#设置 x 轴标签
ax1.set_xlabel('数浓度(个/cm$^3$)',fontsize = 15)
ax2.set_xlabel('尺度(μm)',fontsize = 15)
ax.set_xlabel('尺度(μm)',fontsize = 15) #x 轴标签
ax1.set_ylabel('高度(m)',fontsize = 15)

#设置坐标刻度上下限
ax1.set_ylim(0,3500) #y 轴上下限
ax2.set_xlim(0.1,3) #x 轴上下限
ax2.set_xscale('log') #x 轴为对数格式显示
ax.set_xlim(0.1,3) #x 轴上下限
ax.set_xscale('log') #x 轴为对数格式显示
#设置坐标轴刻度尺寸
```

```
    ax1.tick_params(labelsize = 15)
    ax2.tick_params(labelsize = 15)
    ax.tick_params(labelsize = 15)


    ＃设置色标
    fig.subplots_adjust(left = 0.07, right = 0.87)＃主图微调
    box = ax.get_position()＃获取主图位置
    pad, width = 0.02, 0.04
    cax = fig.add_axes([box.xmax + pad, box.ymin, width, box.height])    ＃色标位置
    cbar = fig.colorbar(im, cax = cax, extend = 'both', ticks = cbar_ticks_list)＃绘图色标
    cbar.set_label('dn/dlogDp(个/ $ cm^3 $ )', fontsize = 10)＃色标
    cbar.ax.tick_params(labelsize = 15)    ＃色标刻度字体尺寸


    fig.savefig('图 13.3_气溶胶谱垂直分布.png', dpi = 300, bbox_inches = 'tight', pad_inches = 0.1)
＃图片保存
    plt.close()
    return()


    ＃设置程序
if __name__ == '__main__':

    file_aimms_name = '07AIMMS2020161116151716.csv'        ＃ AIMMS-20 文件名
    file_pcasp_name = '06SPP_20020161116151716.csv'        ＃ PCASP 文件名

    data_aimms = read_aimms_data(file_aimms_name)    ＃调用函数读取 AIMMS-20 数据
    data_pcasp, data_dn_dlogdp_pcasp = read_cal_pcasp_data(file_pcasp_name, 1)        ＃调用函数计算气
溶胶谱等信息

    pcasp_make_psd_plot()    ＃调用构造的函数绘图时间序列

    verticle_time_list = ['2016 - 11 - 16 18:10:00', '2016 - 11 - 16 18:40:00']        ＃设置需要绘图垂
直分布的时间段
    plot_pcasp_height_psd_figure(verticle_time_list)＃调用函数绘制垂直气溶胶谱

end = time.clock()＃设置结束时间钟
print('>>> Total running time: % s Seconds' % (end - start))＃计算并显示程序运行时间
```

　　程序编写完毕后在 Spyder 的代码编辑框中运行。通过快捷键 F5 运行程序。在程序运行框(IPython console)中出现运行结果,如下显示:

pcasp 通道信号已经绘制完毕!!!

Total running time:42.04806599999999 Seconds

同时,在数据文件夹下生成 3 张图,分别是 PCASP 设备所有通道时间序列图(图 13.1)、计算后的气溶胶谱和数浓度、有效直径和平均直径时间序列图(图 13.2),以及根据用户指定的时间段绘制气溶胶谱的垂直分布图((彩)图 13.3)。

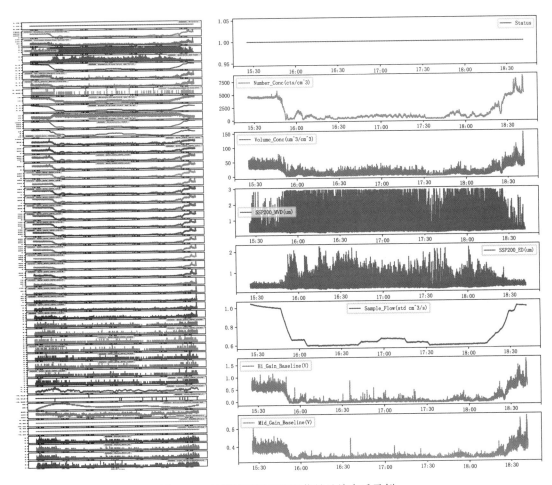

图 13.1　气溶胶各通道测量信号及放大后示例

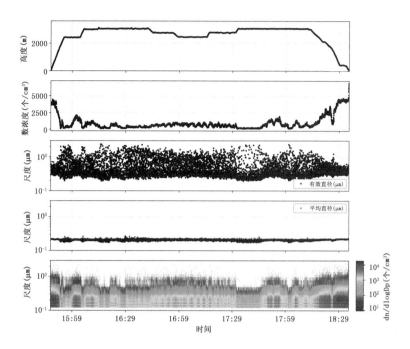

图 13.2　飞行高度、气溶胶谱及计算后的气溶胶数浓度和尺度时间序列

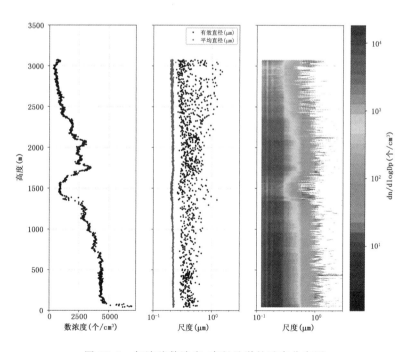

图 13.3　气溶胶数浓度、直径及谱的垂直分布图

13.3.2　机载云降水数据处理与绘图

本部分以 CAS 数据（"02CAS20100818093022. csv"）和配套机载气象信息（"07AIMMS 2020100818093022. csv"）为例介绍了机载云降水探测资料的处理与应用，包括提取分档探测信息，计算数浓度、平均直径、有效直径、液态含水量，保存为 csv 数据文件。把 10 个/cm^3 为判断依据，选取云中的数据，绘制云滴数浓度、有效直径、液态水含量和谱时间序列图，根据用户指定的时间段计算并绘制云粒子平均谱。程序文件为"chap13_exam_code_2. py"，完整代码及说明如下：

```python
#!/usr/bin/env python3
# -*- coding: utf-8 -*-

import os  #导入系统模块
os.chdir("E:\\BIKAI_books\\data\\chap13")  #设置路径
os.getcwd()  #获取路径
import pandas as pd #导入数据处理模块
import numpy as np #导入数据处理模块
import matplotlib.pyplot as plt #导入绘图模块
import matplotlib.colors as clr #导入颜色设置模块
import matplotlib.dates as mdate #导入日期调整模块
from numpy import ma #导入数据遮挡模块
import math #导入计算模块
import matplotlib
matplotlib.rcParams['font.sans-serif'] = ['FangSong']   # 用仿宋字体显示中文
matplotlib.rcParams['axes.unicode_minus'] = False      # 正常显示负号的设置
matplotlib.rcParams.update({'text.usetex': False, 'mathtext.fontset': 'cm',}) #修改字符显示,解决
指数形式负号显示的问题
import time #导入时间模块
start = time.clock()   #设置时间钟,用于计算程序耗时


def cbar_ticks(start,end):
    '''构造指数色标尺度函数,读取数据上下限,返回色标标签的指数形式上下限'''
    cbar_lib_list = [0.00000000001, 0.0000000001, 0.000000001, 0.00000001, 0.0000001, 0.000001,
0.00001, 0.0001, 0.001, 0.01, 0.1, 1, 10, 100, 1000, 10000, 100000, 1000000, 10000000] #构造一个指数形式
集合列表
    id_start = []
    id_end = []
    for i in range(len(cbar_lib_list)): #依次比较数值在列表中的位置
```

```
            if  cbar_lib_list[i]< = start:
                id_start = i
            if cbar_lib_list[i]< = end :
                id_end = i + 1
    result_start = id_start
    result_end = id_end
    cbar_list = cbar_lib_list[result_start:result_end + 1]#获得色标列表
    return(cbar_list)


def read_aimms_data(aimms_name):
    '''构造气象数据读取函数,读入 AIMMS-20 文件名,修改时间为标准日期时间格式,提取并返回温度、气
压、湿度、垂直速度、高度等信息.'''
    data_aimms = pd.read_csv(aimms_name,header = 0,skiprows = 13) #跳过前 13 行
    data_aimms.columns = ['Time','Hours','Minutes', 'Seconds','Temp(C)','RH( % )','Pressure
(mBar)','Wind_Flow_N_Comp(m/s)','Wind_Flow_E_Comp(m/s)','Wind_Speed_(m/s)','Wind_Direction_
(deg)','Wind_Solution','Hours_2','Minutes_2','Seconds_2','Latitude(deg)','Longitude(deg)','Al-
titude(m)', 'Velocity_N(m/s)', 'Velocity_E(m/s)', 'Velocity_D(m/s)','Roll_Angle(deg)','Pitch_an-
gle(deg)','Yaw_angle(deg)','True_Airspeed(m/s)' ,'Vertical_Wind','Sideslip_angle(deg)','AOA_
pres_differential','Sideslip_differential','Status']
    data_aimms['date_time'] = pd.to_datetime(aimms_name[9:17]) + pd.to_timedelta(data_aimms['Time'].
astype(int),unit = 's')  #添加标准格式日期时间列
    data_aimms_1 = data_aimms.loc[:,['date_time','Temp(C)','RH( % )','Pressure(mBar)','Latitude
(deg)','Longitude(deg)','Vertical_Wind','Altitude(m)','True_Airspeed(m/s)']]  #提取常用的数据
类
    data_2 = data_aimms_1[data_aimms_1['Altitude(m)']>40]    #提取有效数据,设置初始速度为 20 秒
米以上为有效数据,剔除地面及飞机滑行时数据
    return(data_2)


def read_cal_cas_data(file_name):
    '''构造数据读取函数,读入 CAS 文件名,提取与 AIMMS 同步的时间范围内的数据,提取分档计数,计算'''
    data = pd.read_csv(file_name,header = 0,skiprows = 36) #跳过前 36 行
    data.columns = ['Time', 'Sum_of_Transit', 'Sum_of_Particles', 'Fifo_Full', 'Reset_Flag', 'For-
ward_Overflow', 'Backward_Overflow', 'IAC_1', 'IAC_2', 'IAC_3', 'IAC_4', 'IAC_5', 'IAC_6', 'IAC_7
', 'IAC_8', 'IAC_9', 'IAC_10', 'IAC_11', 'IAC_12', 'IAC_13', 'IAC_14', 'IAC_15', 'IAC_16', 'IAC_
17', 'IAC_18', 'IAC_19', 'IAC_20', 'IAC_21', 'IAC_22', 'IAC_23', 'IAC_24', 'IAC_25', 'IAC_26',
'IAC_27', 'IAC_28', 'IAC_29', 'IAC_30', 'IAC_31', 'IAC_32', 'IAC_33', 'IAC_34', 'IAC_35', 'IAC_36
', 'IAC_37', 'IAC_38', 'IAC_39', 'IAC_40', 'IAC_41', 'IAC_42', 'IAC_43', 'IAC_44', 'IAC_45', 'IAC
_46', 'IAC_47', 'IAC_48', 'IAC_49', 'IAC_50', 'IAC_51', 'IAC_52', 'IAC_53', 'IAC_54', 'IAC_55',
```

'IAC_56', 'IAC_57', 'IAC_58', 'IAC_59', 'IAC_60', 'IAC_61', 'IAC_62', 'IAC_63', 'IAC_64', 'Dynamic_Pressure', 'Static_Pressure', 'Ambient_Temp', 'Forward_Heat_Sink_T', 'Back_Heat_Sink_T', 'Forward_Block_T', 'Backward_Block_T', 'Photodiode_1', 'Photodiode_2', 'Photodiode_3', 'Photodiode_4', 'Qualifier_TEC_Temp', 'Forward_TEC_Temp', 'Backward_TEC_T', 'Qual_Heat_Sink_T', 'Qual_Hi_Gain_Volt', 'Qual_Mid_Gain_Volt', 'Qual_Lo_Gain_Volt', 'Fwd_Hi_Gain_Volt', 'Fwd_Mid_Gain_Volt', 'Fwd_Lo_Gain_Volt', 'Back_Hi_Gain_Volt', 'Back_Mid_Gain_Volt', 'Back_Lo_Gain_Volt', 'Internal_Temp', 'RH_%', 'Spare_Analog', 'LWC_Hotwire', 'LWC_Slave_Monitor', 'Laser_Curr_Mon_(mA)', 'Laser_Monitor', 'CAS_Forw_ch0', 'CAS_Forw_ch1', 'CAS_Forw_ch2', 'CAS_Forw_ch3', 'CAS_Forw_ch4', 'CAS_Forw_ch5', 'CAS_Forw_ch6', 'CAS_Forw_ch7', 'CAS_Forw_ch8', 'CAS_Forw_ch9', 'CAS_Forw_ch10', 'CAS_Forw_ch11', 'CAS_Forw_ch12', 'CAS_Forw_ch13', 'CAS_Forw_ch14', 'CAS_Forw_ch15', 'CAS_Forw_ch16', 'CAS_Forw_ch17', 'CAS_Forw_ch18', 'CAS_Forw_ch19', 'CAS_Forw_ch20', 'CAS_Forw_ch21', 'CAS_Forw_ch22', 'CAS_Forw_ch23', 'CAS_Forw_ch24', 'CAS_Forw_ch25', 'CAS_Forw_ch26', 'CAS_Forw_ch27', 'CAS_Forw_ch28', 'CAS_Forw_ch29', 'CAS_Back_ch0', 'CAS_Back_ch1', 'CAS_Back_ch2', 'CAS_Back_ch3', 'CAS_Back_ch4', 'CAS_Back_ch5', 'CAS_Back_ch6', 'CAS_Back_ch7', 'CAS_Back_ch8', 'CAS_Back_ch9', 'CAS_Back_ch10', 'CAS_Back_ch11', 'CAS_Back_ch12', 'CAS_Back_ch13', 'CAS_Back_ch14', 'CAS_Back_ch15', 'CAS_Back_ch16', 'CAS_Back_ch17', 'CAS_Back_ch18', 'CAS_Back_ch19', 'CAS_Back_ch20', 'CAS_Back_ch21', 'CAS_Back_ch22', 'CAS_Back_ch23', 'CAS_Back_ch24', 'CAS_Back_ch25', 'CAS_Back_ch26', 'CAS_Back_ch27', 'CAS_Back_ch28', 'CAS_Back_ch29', 'Airspeed_(m/s)', 'CAS_#_Conc', 'CAS_LWC', 'CAS_MVD', 'CAS_ED', 'Status', 'GPS_Time']

```python
    data['Date'] = file_name[-18:-14] + '-' + file_name[-14:-12] + '-' + file_name[-12:-10]

    data['Date'] = pd.to_datetime(data['Date'])
    data['date_time'] = data['Date'] + pd.to_timedelta(data['Time'].astype(int),unit = 's')
    #选取与 AIMMS 设备相同的时间范围内数据
    data_aimms_start = str(data_aimms['date_time'].iloc[0])
    data_aimms_end = str(data_aimms['date_time'].iloc[-1])
    index_sp = data[data['date_time'] == data_aimms_start].index[0] #开始时间对应的索引
    index_ep = data[data['date_time'] == data_aimms_end].index[0] #结束时间对应的索引
    data_cas = data.loc[index_sp:index_ep+1,:] #提取有效数据列
    #剔除前两档数据
    headerpsd_cas = ['CAS_Forw_ch1', 'CAS_Forw_ch2', 'CAS_Forw_ch3', 'CAS_Forw_ch4', 'CAS_Forw_ch5', 'CAS_Forw_ch6', 'CAS_Forw_ch7', 'CAS_Forw_ch8', 'CAS_Forw_ch9', 'CAS_Forw_ch10', 'CAS_Forw_ch11', 'CAS_Forw_ch12', 'CAS_Forw_ch13', 'CAS_Forw_ch14', 'CAS_Forw_ch15', 'CAS_Forw_ch16', 'CAS_Forw_ch17', 'CAS_Forw_ch18', 'CAS_Forw_ch19', 'CAS_Forw_ch20', 'CAS_Forw_ch21', 'CAS_Forw_ch22', 'CAS_Forw_ch23', 'CAS_Forw_ch24', 'CAS_Forw_ch25', 'CAS_Forw_ch26', 'CAS_Forw_ch27', 'CAS_Forw_ch28', 'CAS_Forw_ch29'] #分档计数
    data_c_psd_cas = pd.DataFrame() #建立新数据集
    for kk in headerpsd_cas:
```

```
        data_c_psd_cas[kk] = data_cas[kk]  # 循环读入分档数据


    # 采样体积计算, V = Area(mm²) × speed(m/s) × time(s)
    data_cas['sample_volumn'] = data_cas['Airspeed_(m/s)'].map(lambda x: 0.25 × x)
    # 计算分档浓度
    data_con_psd_cas = data_c_psd_cas.div(data_cas['sample_volumn'], axis = 0)  # axis = 0 表示在行上
进行处理


    # 计算总数浓度,单位转为个/cm³
    data_tot_con = data_con_psd_cas.sum(axis = 1)  # 累积计算总数浓度


    # 计算谱分布,剔除第一档
    bin_list_cas = [0.68, 0.75, 0.82, 0.89, 0.96, 1.03, 1.1, 1.17, 1.25, 1.5, 2, 2.5, 3, 3.5, 4, 5, 6.5, 7.2,
7.9, 10.2, 12.5, 15, 20, 25, 30, 35, 40, 45, 50]
    # 计算 dDp
    bin_list_cas_wid = [bin_list_cas[i] - bin_list_cas[i - 1] for i in range(len(bin_list_cas))]
    bin_list_cas_wid[0] = 0.07
    # 计算 dn/dDp
    dDp_df_cas = pd.DataFrame(np.random.rand(data_con_psd_cas.shape[0], data_con_psd_cas.shape
[1]))  # 建立同样大小的随机数列
    dDp_df_cas.columns = data_con_psd_cas.columns  # 数据标题设置一致的
    dDp_df_cas.index = data_con_psd_cas.index  # 索引设置一致
    dDp_df_cas_1 = pd.DataFrame(bin_list_cas_wid).T    # 转向为横向数据集
    for i in range(data_con_psd_cas.shape[0]):
        dDp_df_cas.iloc[i] = dDp_df_cas_1.values        # 每一行填充对应的 dDp
    data_dn_dDp_cas = data_con_psd_cas / dDp_df_cas  # 计算谱分布数浓度
    data_dn_dDp_cas.index = data_cas['date_time']


    # 有效直径的计算
    cas_mid_size = [0.68, 0.75, 0.82, 0.89, 0.96, 1.03, 1.1, 1.17, 1.25, 1.5, 2, 2.5, 3, 3.5, 4, 5, 6.5, 7.2,
7.9, 10.2, 12.5, 15, 20, 25, 30, 35, 40, 45, 50]


    data_cas_ed3_psd = pd.DataFrame()
    data_cas_ed2_psd = pd.DataFrame()
    data_cas_ed1_psd = pd.DataFrame()
    data_cas_ed0_psd = pd.DataFrame()
    for edi in range(len(headerpsd_cas)):
        data_cas_ed3_psd[headerpsd_cas[edi]] = data_con_psd_cas[headerpsd_cas[edi]] * (cas_mid_
```

```
size[edi]) ** 3 #计算分档 3 阶距
        data_cas_ed2_psd[headerpsd_cas[edi]] = data_con_psd_cas[headerpsd_cas[edi]] * (cas_mid_
size[edi]) ** 2 #计算分档 2 阶距
        data_cas_ed1_psd[headerpsd_cas[edi]] = data_con_psd_cas[headerpsd_cas[edi]] * (cas_mid_
size[edi]) ** 1 #计算分档 1 阶距
        data_cas_ed0_psd[headerpsd_cas[edi]] = data_con_psd_cas[headerpsd_cas[edi]] * (cas_mid_
size[edi]) ** 0 #计算分档 0 阶距
    data_cas_ed3 = data_cas_ed3_psd.sum(axis = 1) #3 阶距
    data_cas_ed2 = data_cas_ed2_psd.sum(axis = 1)    #2 阶距
    data_cas_ed1 = data_cas_ed1_psd.sum(axis = 1) #1 阶距
    data_cas_ed0 = data_cas_ed0_psd.sum(axis = 1)    #0 阶距


    data_ed_cas = data_cas_ed3/data_cas_ed2 #计算有效直径
    data_md_cas = data_cas_ed1/data_cas_ed0 #计算平均直径
    data_MD_cas = pd.DataFrame(data_md_cas)
    data_MD_cas.index = data_cas['date_time'] #设置索引为时间
    data_MD_cas.columns = ['MD(um)']


    data_ED_cas = pd.DataFrame(data_ed_cas)
    data_ED_cas.index = data_cas['date_time'] #设置索引为时间
    data_ED_cas.columns = ['ED(um)']


    # 计算云滴液态水含量,计算公式为 m = dn × pi/6 × dp³ × density
    data_cas_dm_psd = pd.DataFrame()
    for mm in range(len(headerpsd_cas)):
        data_cas_dm_psd[headerpsd_cas[mm]] = data_con_psd_cas[headerpsd_cas[mm]] * (math.pi/6) *
(cas_mid_size[mm]) ** 3 * (10 ** -6) #PSD 的单位为个/cm³


    data_cas_lwc = data_cas_dm_psd.sum(axis = 1)
    data_cas_lwc = pd.DataFrame(data_cas_lwc)
    data_cas_lwc.index = data_cas['date_time'] #设置索引为时间
    data_cas_lwc.columns = ['lwc(g/m^3)']


    # 合并相关物理量到同一个文件
    data_result_cas = pd.DataFrame(data_tot_con)
    data_result_cas.index = data_cas['date_time'] #设置索引为时间
    data_result_cas.columns = ['CAS_con(#/cm^3)']    #设置数据标题
```

```
        data_result_cas['CAS_ED'] = data_ED_cas['ED(um)']  # 添加有效直径列
        data_result_cas['CAS_MD'] = data_MD_cas['MD(um)']  # 添加平均直径列
        data_result_cas['CAS_lwc'] = data_cas_lwc['lwc(g/m^3)']  # 添加平均直径列
        return(data_result_cas,data_dn_ddp_cas)  # 返回数据


def cas_make_psd_plot():
    '''构造物理量绘图函数,绘制计算后的数浓度、液态水含量、有效直径和谱的时间序列'''
        data_cas,data_dn_ddp_cas = read_cal_cas_data(file_cas_name)  # 调用函数计算云滴谱、数浓度、液态
    水含量和粒径
        data_cas_cloud = data_cas[data_cas['CAS_con(#/cm^3)'] >= 10]  # 提取云中数据
        data_aimms = read_aimms_data(file_aimms_name)  # 调用函数读取高度数据


        fig,(ax1,ax2,ax3,ax4,ax5) = plt.subplots(5,1,sharex = True)
        fig.set_size_inches(10,10)  # 设置图片尺寸,单位为英寸


        ax1.plot(data_aimms['date_time'],  # x 轴
                data_aimms['Altitude(m)'],  # y 轴
                c = 'k',  # 颜色
                ls = '',  # 数据点之间不连接
                marker = 'o',  # 数据点圆圈表示
                ms = 2,  # 数据点尺寸
                mec = 'k',  # 数据点边缘颜色
                mfc = 'k',  # 数据点表面颜色
                alpha = 1,  # 透明度
                label = '数浓度(#/cm^3)')  # 单位


        ax2.plot(data_cas_cloud.index , data_cas_cloud['CAS_con(#/cm^3)'],c = 'k',ls = '',marker =
    'o',ms = 2,mec = 'k',mfc = 'k',alpha = 1)    # 有效直径绘图,设置方法同上
        ax3.plot(data_cas_cloud.index,data_cas_cloud['CAS_lwc'],c = 'k',ls = '',marker = 'o',ms = 2,lw
    = 1,mec = 'k',mfc = 'k',alpha = 1)  # 有效直径绘图,设置方法同上
        ax4.plot(data_cas_cloud.index,data_cas_cloud['CAS_ED'],c = 'k',ls = '',marker = 'o',ms = 2,lw =
    1,mec = 'k',mfc = 'k',alpha = 0.5,label = '有效直径(μm)')  # 平均直径绘图,设置方法同上


        # 设置 y 轴标签
        ax1.set_ylabel('高度(m)',fontsize = 15)
        ax2.set_ylabel('数浓度(#/cm$^3$)',fontsize = 15)
        ax3.set_ylabel('液态水含量(g/$m^3$)',fontsize = 15)
        ax4.set_ylabel('尺度(μm)',fontsize = 15)
```

```
# 设置 y 轴显示方式和上下限
ax4.set_yscale('log')

# 设置网格线
ax1.grid(True,linestyle = ":",linewidth = 1,alpha = 0.5)
ax2.grid(True,linestyle = ":",linewidth = 1,alpha = 0.5)
ax3.grid(True,linestyle = ":",linewidth = 1,alpha = 0.5)
ax4.grid(True,linestyle = ":",linewidth = 1,alpha = 0.5)

# 设置图例显示
ax1.legend(loc = 'best', # 位置
           edgecolor = 'gray', # 颜色
           fontsize = 10, # 字体尺寸
           frameon = True) # 边框显示
ax2.legend(loc = 'best',edgecolor = 'gray',fontsize = 10,frameon = True)
ax3.legend(loc = 'best',edgecolor = 'gray',fontsize = 10,frameon = True)
ax4.legend(loc = 'best',edgecolor = 'gray',fontsize = 10,frameon = True)

# 坐标轴刻度标签尺寸
ax1.tick_params(labelsize = 15)
ax2.tick_params(labelsize = 15)
ax3.tick_params(labelsize = 15)
ax4.tick_params(labelsize = 15)

# 气溶胶谱图设置
cas_mid_size = [0.68,0.75,0.82,0.89,0.96,1.03,1.1,1.17,1.25,1.5,2,2.5,3,3.5,4,5,6.5,7.2,
7.9,10.2,12.5,15,20,25,30,35,40,45,50] # 粒径
x = data_dn_ddp_cas.index.tolist() # x 轴
y = cas_mid_size # y 轴
X,Y = np.meshgrid(x,y) # 生成矩阵

# 以下为设置色标刻度间隔
z_tem = data_dn_ddp_cas.values
z_tem = ma.masked_where(z_tem < = 0, z_tem) # 遮挡 0 值
start_list_dn = z_tem.min() # 找到最小值
end_list_dn = z_tem.max() # 找到数据中的最大值
cbar_ticks_list = cbar_ticks(start_list_dn,end_list_dn) # 调用函数找到色标的上下限范围
```

```
        gap_ax = np.logspace(math.log10(start_list_dn),math.log10(end_list_dn),30,endpoint = True) #
色标区分转为指数形式,分为 30 个区间

        # 设置绘图填充 z 轴数据
        z = data_dn_ddp_cas #.values

        # 剔除云外数据
        index_none_cloud = data_cas[data_cas['CAS_con(#/cm^3)']<10].index # 开始时间对应的索引
        z.loc[index_none_cloud,:] = np.nan
        Z = z.values.T    # 转置为同 xy 相同的类型

        im = ax5.contourf(X,Y,Z,gap_ax,norm = clr.LogNorm(),cmap = 'jet',origin = 'lower')    # 绘制谱图
时间序列

        ax5.yaxis.grid(False) # 不显示网格
        ax5.set_ylabel('尺度(μm)',fontsize = 15) # y 轴标签
        ax5.set_yscale('log') # y 轴为对数格式显示
        ax5.set_xlabel('时间',fontsize = 15)    # x 轴标签
        ax5.tick_params(labelsize = 15)
        ax5.set_ylim(0.6,50) # y 轴上下限
        ax5.xaxis.set_major_formatter(mdate.DateFormatter('%H:%M')) # x 轴时间显示格式

        # 设置色标
        fig.subplots_adjust(left = 0.07, right = 0.87) # 主图微调
        box = ax5.get_position() # 获取主图位置
        pad, width = 0.02, 0.02
        cax = fig.add_axes([box.xmax + pad, box.ymin, width, box.height])    # 色标位置
        cbar = fig.colorbar(im,cax = cax,extend = 'both',ticks = cbar_ticks_list) # 绘图色标
        cbar.set_label('个/ $ cm^3 $ /μm)',fontsize = 10) # 色标
        cbar.ax.tick_params(labelsize = 15)    # 色标刻度字体尺寸

        fig.savefig('图 13.4_云滴谱和各参量时间序列.png',dpi = 300, bbox_inches = 'tight', pad_inches
= 0.1) # 图片保存
        plt.close()
        return()


def plot_cas_multi_time_psds(time_list,color_list):
        '''根据选择的时段计算平均谱并绘图'''
```

```
    data_cas,data_dn_ddp_cas = read_cal_cas_data(file_cas_name)        # 调用函数计算云滴谱等信息

    y = [0.68,0.75,0.82,0.89,0.96,1.03,1.1,1.17,1.25,1.5,2,2.5,3,3.5,4,5,6.5,7.2,7.9,10.2,
12.5,15,20,25,30,35,40,45,50]  # 粒径

    fig,ax = plt.subplots()
    fig.set_size_inches(7,5)# 设置图片尺寸

    for i in range(len(time_list)):
        ave_data_cas_dNdp = data_dn_ddp_cas.loc[time_list[i][0]:time_list[i][1],:].mean()  # 计算
平均谱
        df_ave_dNdDp_cas = pd.DataFrame()
        df_ave_dNdDp_cas['dp'] = y
        df_ave_dNdDp_cas['dN'] = ave_data_cas_dNdp.T.values

        ax.plot( df_ave_dNdDp_cas['dp'], df_ave_dNdDp_cas['dN'],color = color_list[i],label = 'PSD
_(' + time_list[i][0] + ' - ' + time_list[i][1] + ')',linestyle = ' - ',lw = 2,alpha = 1,marker = 'o',ms
= 4,mec = color_list[i],mfc = color_list[i])    # 绘图

    ax.set_xlabel('尺度($\mu$m)',fontsize = 15)# x 轴标签
    ax.set_ylabel('分档数浓度 (个/cm $^3 $ /$\mu$m)',fontsize = 15)  # y 轴标签
    ax.legend(loc = 'best',edgecolor = 'gray',fontsize = 8,frameon = True)  # 图例
    ax.grid(True,linestyle = ":",linewidth = 1,alpha = 0.5)# 网格线
    ax.set_xlim(0.6, 60)  # x 轴范围
    ax.set_xscale('log')  # 对数形式显示
    ax.set_yscale('log')  # 对数形式显示
    ax.tick_params(labelsize = 15)  # 刻度标签

    fig.savefig('图 13.5_云滴平均谱.png',dpi = 300, bbox_inches = 'tight', pad_inches = 0.1)  # 保
存图片
    plt.close()
    return()

    # 主程序设置
if __name__ == '__main__':

    file_aimms_name = '07AIMMS2020100818093022.csv'      # AIMMS-20 文件名
    file_cas_name = '02CAS20100818093022.csv'            # CAS 文件名
```

```
# 读取数据,计算物理量,绘制时间序列图
data_aimms = read_aimms_data(file_aimms_name) # 调用函数读取 AIMMS-20 数据
data_cas,data_dn_ddp_cas = read_cal_cas_data(file_cas_name)      # 调用函数计算云滴谱等信息
data_cas.to_csv('云滴参量计算结果.csv', index = False) # 输出保存为 csv 数据
cas_make_psd_plot()      # 调用自定义的绘图函数绘制云滴谱时间序列图


# % % 计算绘制平均谱分布
time_list = [['2010 - 08 - 18 10:50:00','2010 - 08 - 18 10:55:00'],
             ['2010 - 08 - 18 10:35:00','2010 - 08 - 18 10:40:00'],
             ['2010 - 08 - 18 12:16:00','2010 - 08 - 18 12:20:00']]      # 设置需要绘图平均云滴谱
的时间段
color_list = ['r','g','b'] # 设置颜色
plot_cas_multi_time_psds(time_list,color_list) # 调用函数绘制时间列表中的平均谱

end = time.clock() # 设置结束时间钟
print('>>> Total running time: % s Seconds' % (end - start)) # 计算并显示程序运行时间
```

程序编写完毕后在 Spyder 的代码编辑框中运行。通过快捷键 F5 运行程序。在程序运行框(IPython console)中出现运行结果,如下显示:

Total running time：25.90732360000038 Seconds

同时,在数据文件夹下生成计算后的云参量数据文件"云滴参量计算结果.csv",以及云滴谱和各参量的时间序列图((彩)图 13.4)、给定时段云中平均谱图(图 13.5)。

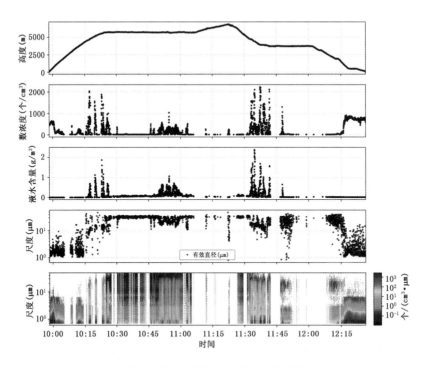

图 13.4 云滴谱及各参量的时间序列图

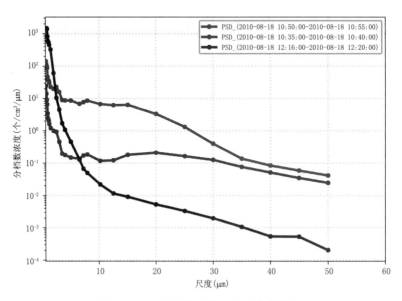

图 13.5 不同时间段的云中平均谱分布

第14章　地基微波辐射计数据处理与应用

本章以多通道地基微波辐射计为例介绍数据分组提取的处理方法,批量数据的综合绘图展示,不同时间段的气象要素的垂直廓线分布图绘制等。

14.1　微波辐射计设备及数据介绍

地基微波辐射计是我国气象观测领域常用的大气遥感仪器,本章以 MWP967KV 型地基多通道微波辐射计为例介绍微波辐射计的数据处理。微波辐射计能够多通道连续探测水汽和氧气的大气微波辐射,自动计算顶空大气温度、湿度、云水分布以及水汽、液态水含量等多种大气参数,同时还能监测工作现场的气温、湿度、气压、降水等气象要素以及设备工作状态信息。

微波辐射计通过数据采集软件保存有 3 种.csv 格式的数据信息,命名为:
"ZPyyyy-mm-dd_hh-mm-ssLV1.csv""ZPyyyy-mm-dd_hh-mm-ssLV2.csv"和"ZPyyyy-mm-dd_hh-mm-ssSTA.csv"。其中 yyyy-mm-dd_hh-mm-ss 表示文件生成的具体时刻,yyyy 表示年份,mm 表示月份,dd 表示日期,hh 表示小时(24 h 制),mm 表示时间分钟,ss 表示时间秒。LV1.csv 文件为亮温数据。

本章使用的数据分别是 2019 年 2 月 21 日—2019 年 2 月 24 日的微波辐射计的 LV2 气象产品文件,每天一个数据文件,共 4 个。以"LV2.csv"结尾的数据文件为气象产品文件。例如本章所用到的"ZP2019-02-21_00-00-59LV2.csv"文件包含包括"Tamb(C)"(温度)、"Rh(％)"(相对湿度)、"Pres(hPa)"(气压)、"Tir(℃)"(亮温)、"Rain"(降水量)、"Vint(cm)"(积分水汽含量)、"Lqint(mm)"(积分液态水含量)、"CloudBase(km)"(云底高度)等地表信息数据,以及垂直廓线数据,每次生成 4 行数据,数据类型为 11、12、13、14,分别对应温度廓线、水汽密度廓线、相对湿度廓线和液态水廓线。微波辐射计探测高度为 0~10 km,500 m 以下分辨率为 50 m,500~2000 m 分辨率为 100 m,2000 m~10 km 分辨率为 250 m。数据的时间分辨率为 2 min,每日单独生成一个数据文件。数据的前两行为数据标题,第 3 行为卫星定位的观测点经纬度信息。

14.2　编程目标和程序算法设计

14.2.1　编程目标

(1)熟练掌握编程的整体步骤,掌握利用函数对整体任务进行分解编程的思路;

(2)掌握批量数据的文件读取方法及基本信息绘图综合展示,熟练掌握廓线时间序列图的绘制方法;

(3)掌握根据变量对文件中数据进行分组分类提取的方法;

(4)掌握利用不同时间段计算温度等参量垂直廓线的方法;

(5)程序可在设置完成后一键操作,完成所有的处理,输出所有绘图信息;也可根据需要处理完毕数据后,仅仅输出用户指定的项目图形,输出指定的数据。

14.2.2　程序设计思路和算法步骤

针对 14.2.1 节的需求,程序的开发思路和算法如下:

(1)读取批量微波辐射计的 LV2 数据文件,绘制温度、相对湿度、液态水含量、水汽密度的垂直廓线和地面参量的时间演变图,每天生成一个图,所有图按照时间顺序拼接到一个 pdf 文件中,供初步查看目标时段。

(2)根据用户定义的时间段,挑选数据并合并绘图。提取相对湿度等参量及垂直廓线的时间演变,绘图并保存图片。

(3)读取数据,计算指定多个时间段内相对湿度等参量的平均垂直廓线,绘图并保存。

14.3　微波辐射计程序代码解析

本章中的程序代码适用于 Python 3 及以上版本,支持包括 Windows、Linux 和 OS X 操作系统。为了方便调取查看程序处理过程中的数据,建议读者使用 Anoconda 编译环境中自带的 Spyder 编译器编译运行代码。

在编写程序之前,把本章的数据存放到目标文件夹 chap14(本例中为 E:\\BIKAI_books\\data\\chap14)。

14.3.1　批量读取数据并绘图

本部分读取批量微波辐射计的 LV2 数据文件,把文件按照日期排序,按照顺序读取每天的文件并绘制温度、相对湿度、液态水含量、水汽密度的垂直廓线和地面参量的时间演变图,所有图按照时间顺序拼接到一个 pdf 文件中,供初步查看目标时段。程序文件为"chap14_exam_code_1.py",完整代码及说明如下:

```python
#!/usr/bin/env python3
# -*- coding: utf-8 -*-

import os   # 导入系统模块
os.chdir("E:\\BIKAI_books\\data\\chap14")   # 设置路径
os.getcwd()   # 获取路径
import matplotlib.pyplot as plt # 导入绘图模块
import pandas as pd   # 导入数据处理模块
from matplotlib import ticker   # 导入修改刻度模块
import matplotlib.dates as mdate # 导入修改日期模块
import numpy as np # 导入数据处理模块
import glob2   # 导入批处理模块
from matplotlib.backends.backend_pdf import PdfPages # 导入 pdf 文件处理模块
import matplotlib
matplotlib.rcParams['font.sans-serif'] = ['FangSong']   # 用仿宋字体显示中文
matplotlib.rcParams['axes.unicode_minus'] = False   # 正常显示负号的设置
import time # 导入时间模块
start = time.clock() # 设置时间钟,用于计算程序耗时


def batch_MWR_filenames(batch_files):
    '''构造批处理文件名函数,输入参数为批量文件名特征 batch_files,输出参数为排序后的文件名列表
MWR_file_name.函数读取批量数据文件名,按照数据日期时间对文件名进行排序,并输出为 Python 列表'''
    filenames = glob2.glob(batch_files)   # 批量读取原始文件名
    kk = pd.DataFrame(filenames)   # 文件名存入二维数据框
    kk.columns = ['name']   # 添加文件名的名称
    kk['name'].to_string() # 文件名转为字符串格式
    kk['date_time'] = kk['name'] # 复制另一个文件名列,存为日期时间
    for ii in range(len(kk['name'])):
        kk['date_time'].loc[ii] = kk['name'].iloc[ii][2:12] # 根据微波辐射计文件命令方式,改为日
期时间的格式,循环替换 'date_time' 列中的数据
    kk['date_time'] = pd.to_datetime(kk['date_time']) # 转为日期时间标准格式
    kk1 = kk.sort_values(by='date_time')   # 根据时间先后顺序对文件名排序
    MWR_file_name = kk1['name'].tolist()   # 排序后的文件名转为列表形式
    return(MWR_file_name)   # 函数返回排序后的文件名列表


def read_single_MWR_plot(filename):
    '''构造单文件处理与绘图函数,输入参数为单个文件名,提取物理量的数据,提取廓线数据,绘图温度、
湿度、水汽、积分液水和相应的廓线图'''
```

```
data_MWR = pd. read_csv(filename, # 读取数据
                        skiprows = 3, # 跳过前 3 行无效数据
                        header = None) # 设置为数据无标题
data_MWR. columns = ['Record','date_time','code','Tamb(C)','Rh(%)','Pres(hPa)','Tir(℃)',
'Rain','Vint(cm)','Lqint(mm)','CloudBase(km)','0.000km','0.050km','0.100km','0.150km',
'0.200km','0.250km','0.300km','0.350km','0.400km','0.450km','0.500km','0.600km','0.700km',
'0.800km','0.900km','1.000km','1.100km','1.200km','1.300km','1.400km','1.500km','1.600km',
'1.700km','1.800km','1.900km','2.000km','2.250km','2.500km','2.750km','3.000km','3.250km',
'3.500km','3.750km','4.000km','4.250km','4.500km','4.750km','5.000km','5.250km','5.500km',
'5.750km','6.000km','6.250km','6.500km','6.750km','7.000km','7.250km','7.500km','7.750km',
'8.000km','8.250km','8.500km','8.750km','9.000km','9.250km','9.500km','9.750km','10.000km']
# 设置输入 96 列数据的文件名
data_MWR['date_time'] = pd.to_datetime(data_MWR['date_time']) # 转为日期时间数据类型
data_MWR['code'] = data_MWR['code'].apply(str)     # 代码列变为字符串格式,方便后续利用
groupby 函数分组处理


# 以下为根据 code 代码 11、12、13、14 对数据进行分组
data_MWR_group = data_MWR.groupby(['code'])
#     print(data_MWR_group.size())     # 屏幕输出分组后数据量


data_MWR_Tamb = data_MWR_group.get_group('11')       # 提取温度廓线数据,单位为℃
data_MWR_WaterVapor = data_MWR_group.get_group('12')  # 提取水汽浓度廓线数据,单位为 g/m³
data_MWR_RH = data_MWR_group.get_group('13')         # 提取相对湿度廓线数据,单位为 %
data_MWR_LWC = data_MWR_group.get_group('14')        # 提取液态水廓线数据,单位为


# 挑选廓线谱分布的列,放到单独的数据表里面
headerpsd = ['0.000km','0.050km','0.100km','0.150km','0.200km','0.250km','0.300km',
'0.350km','0.400km','0.450km','0.500km','0.600km','0.700km','0.800km','0.900km','1.000km',
'1.100km','1.200km','1.300km','1.400km','1.500km','1.600km','1.700km','1.800km','1.900km',
'2.000km','2.250km','2.500km','2.750km','3.000km','3.250km','3.500km','3.750km','4.000km',
'4.250km','4.500km','4.750km','5.000km','5.250km','5.500km','5.750km','6.000km','6.250km',
'6.500km','6.750km','7.000km','7.250km','7.500km','7.750km','8.000km','8.250km','8.500km',
'8.750km','9.000km','9.250km','9.500km','9.750km','10.000km']# 设置需要分析的廓线文件名列表


# 温度廓线数据提取处理
data_MWR_Tamb_psd = pd.DataFrame() # 设置空数据表
for i in headerpsd:
    data_MWR_Tamb_psd[i] = data_MWR_Tamb[i]# 依次提取不同高度的廓线数据,存放到空数据表
```

```
data_MWR_Tamb_psd.index = data_MWR_Tamb['date_time']   # 设置索引,方便后续提取单独绘图谱
z_Tamb = data_MWR_Tamb_psd
Z_Tamb_psd = z_Tamb.T # 转置为时间为 x 轴


# 水汽廓线数据提取处理
data_MWR_WaterVapor_psd = pd.DataFrame() # 设置空数据表
for i in headerpsd:
    data_MWR_WaterVapor_psd[i] = data_MWR_WaterVapor[i] # 依次提取不同高度的廓线数据,存放到空
数据表
data_MWR_WaterVapor_psd.index = data_MWR_WaterVapor['date_time'] # 设置索引,方便后续提取单独
绘图谱
z_WaterVapor = data_MWR_WaterVapor_psd
Z_WaterVapor_psd = z_WaterVapor.T # 转置为时间为 x 轴


# 相对湿度廓线数据提取处理
data_MWR_RH_psd = pd.DataFrame() # 设置空数据表
for i in headerpsd:
    data_MWR_RH_psd[i] = data_MWR_RH[i] # 依次提取不同高度的廓线数据,存放到空数据表
data_MWR_RH_psd.index = data_MWR_RH['date_time'] # 设置索引,方便后续提取单独绘图谱
z_RH = data_MWR_RH_psd
Z_RH_psd = z_RH.T   # 转置为时间为 x 轴


# 液态水含量廓线数据提取处理
data_MWR_LWC_psd = pd.DataFrame() # 设置空数据表
for i in headerpsd:
    data_MWR_LWC_psd[i] = data_MWR_LWC[i] # 依次提取不同高度的廓线数据,存放到空数据表
data_MWR_LWC_psd.index = data_MWR_LWC['date_time'] # 设置索引,方便后续提取单独绘图谱
z_LWC = data_MWR_LWC_psd
Z_LWC_psd = z_LWC.T   # 转置为时间为 x 轴


# 处理廓线数据矩阵
x = data_MWR_Tamb['date_time'].tolist() # 设置 x 轴数据
y = [0.000,0.050,0.100,0.150,0.200,0.250,0.300,0.350,0.400,0.450,0.500,0.600,0.700,0.800,
0.900,1.000,1.100,1.200,1.300,1.400,1.500,1.600,1.700,1.800,1.900,2.000,2.250,2.500,2.750,
3.000,3.250,3.500,3.750,4.000,4.250,4.500,4.750,5.000,5.250,5.500,5.750,6.000,6.250,6.500,
6.750,7.000,7.250,7.500,7.750,8.000,8.250,8.500,8.750,9.000,9.250,9.500,9.750,10.000] # 设置 y
轴坐标数据
X,Y = np.meshgrid(x,y)   # 生成矩阵
```

```
fig,(ax12,ax1,ax22,ax2,ax32,ax3,ax42,ax4) = plt.subplots(8,1,sharex = True) # 图片分离为画布
对象 fig 和 8 个绘图区对象,子图的排列方式为 8 行 1 列
    fig.set_size_inches(16,16)    # 设置图片的尺寸,单位为英寸


    # 设置廓线图中和色标中的颜色间隔数据
    gap_ax_Tamb = np.linspace( - 50,0,50,endpoint = True)    # 设置廓线图中温度色条间隔
    gap_cb_Tamb = np.linspace( - 50,0,6,endpoint = True) # 设置温度色标的标签
    gap_ax_RH = np.linspace(0,100,50,endpoint = True)    # 设置廓线图中相对湿度色条间隔
    gap_cb_RH = np.linspace(0,100,6,endpoint = True)    # 设置相对湿度色标的标签
    gap_ax_LWC = np.linspace(0,0.3,50,endpoint = True)    # 设置廓线图中液态水含量色条间隔
    gap_cb_LWC = np.linspace( - 0,0.3,6,endpoint = True)    # 设置液态水含量色标的标签
    gap_ax_WaterVapor = np.linspace(0,3,50,endpoint = True)    # 设置廓线图中水汽色标间隔
    gap_cb_WaterVapor = np.linspace(0,3,6,endpoint = True)    # 设置水汽色标的标签


    # 绘制地面物理量参数
    ax12.plot(data_MWR_Tamb[ 'date_time'],
            data_MWR_Tamb[ 'Tamb(C)'], # 地面温度绘图
            c = 'k', # 设置颜色为黑色
            ls = '', # 设置折线图不显示
            lw = 1,    # 设置线条宽度
            marker = '.', # 设置点的格式
            ms = 2, # 设置数据点的尺寸
            alpha = 1, # 设置透明度
            label = '地面温度( $ ^\circ $ C)') # 设置图例标签名称


    ax22.plot(data_MWR_RH[ 'date_time'],data_MWR_RH[ 'Rh( % )'],c = 'r',ls = '',lw = 1,marker = '.',
ms = 2,alpha = 1,label = '相对湿度( % )')# 相对湿度绘图,设置方法同上
    ax32.plot(data_MWR_WaterVapor[ 'date_time'],data_MWR_WaterVapor[ 'Vint(cm)'],c = 'b',ls = '',lw
= 1,marker = '.',ms = 2,alpha = 1,label = '积分水汽量(mm)')# 水汽绘图,设置方法同上
    ax42.plot(data_MWR_LWC[ 'date_time'],data_MWR_LWC[ 'Lqint(mm)'],c = 'g',ls = '',lw = 1,marker =
'.',ms = 2,alpha = 1,label = '积分液水量(mm)')# 液态水含量绘图,设置方法同上


    #    垂直廓线绘图
    CS1 = ax1.contourf(X,Y,
                Z_Tamb_psd, # 设置为温度廓线绘图
                gap_ax_Tamb, # 设置图中温度色标间隔
                cmap = 'jet', # 设置颜色类型
                origin = 'lower', # 设置初始位置从底部开始
```

```
                    extend = 'both')  # 设置超出色标范围的显示方式
    cbar1 = fig.colorbar(CS1,  # 设置色标对应的廓线图
                    shrink = 1.0,  # 设置色标条的缩放
                    aspect = 20,  # 设置色标条的长款比
                    pad = 0.05,  # 设置色标条离主图的距离
                    fraction = 0.05, ticks = gap_cb_Tamb, ax = [ax1, ax12])  # 设置色标尺寸覆盖
的主图
    cbar1.set_label('温度( $ ^\circ $ C)', fontsize = 8)  # 设置色标名称


    CS2 = ax2.contourf(X, Y, Z_RH_psd, gap_ax_RH, cmap = 'jet', origin = 'lower', extend = 'both')  # 设置
湿度垂直扩线, 方法同上
    cbar2 = fig.colorbar(CS2, shrink = 1.0, aspect = 20, pad = 0.05, fraction = 0.05, ticks = gap_cb_RH, ax
= [ax2, ax22])  # 设置色标的位置和尺寸信息, 方法同上
    cbar2.set_label('湿度( % )', fontsize = 8)  # 设置色标名称


    CS3 = ax3.contourf(X, Y, Z_WaterVapor_psd, gap_ax_WaterVapor, cmap = 'jet', origin = 'lower', extend
= 'both')  # 设置水汽垂直扩线, 方法同上
    cbar3 = fig.colorbar(CS3, shrink = 1.0, aspect = 20, pad = 0.05, fraction = 0.05, ticks = gap_cb_Water-
Vapor, ax = [ax3, ax32])  # 设置色标的位置和尺寸信息, 方法同上
    cbar3.set_label('水汽密度(g/m^3)', fontsize = 8)    # 设置色标名称


    CS4 = ax4.contourf(X, Y, Z_LWC_psd, gap_ax_LWC, cmap = 'jet', origin = 'lower', extend = 'both')  # 设
置液态水含量垂直扩线, 方法同上
    cbar4 = fig.colorbar(CS4, shrink = 1.0, aspect = 20, pad = 0.05, fraction = 0.05, ticks = gap_cb_LWC, ax
= [ax4, ax42])  # 设置色标的位置和尺寸信息, 方法同上
    cbar4.set_label('液态水含量(g/m^3)', fontsize = 8)  # 设置色标名称


    # 设置图片网格
    ax12.grid(True,  # 设置显示网格
            linestyle = ":",  # 设置网格线为虚线
            linewidth = 1,  # 设置网格线宽度
            alpha = 0.5)  # 设置网格线透明度
    ax22.grid(True, linestyle = ":", linewidth = 1, alpha = 0.5)  # 设置方法同上
    ax32.grid(True, linestyle = ":", linewidth = 1, alpha = 0.5)  # 设置方法同上
    ax42.grid(True, linestyle = ":", linewidth = 1, alpha = 0.5)  # 设置方法同上


    # 设置 y 轴标签
    ax1.set_ylabel('高度(km)')
```

```
    ax2.set_ylabel('高度(km)')
    ax3.set_ylabel('高度(km)')
    ax4.set_ylabel('高度(km)')
    ax12.set_ylabel('温度($^\circ$C)')
    ax22.set_ylabel('湿度(%)')
    ax32.set_ylabel('积分水汽(cm)')
    ax42.set_ylabel('积分液水(mm)')

    ax4.set_xlabel('时间',fontsize=10)       #设置x轴标签名称和字体尺寸
    ax4.xaxis.set_major_formatter(mdate.DateFormatter('%H:%M'))  #设置x轴时间显示方式
    ax4.xaxis.set_minor_locator(mdate.HourLocator(interval=1))  #设置x轴最小时间间隔为1 h
    ax4.yaxis.set_major_locator(ticker.MultipleLocator(2))  #设置y轴间隔

    ax12.set_title('微波辐射计时间序列 ' + str(data_MWR_Tamb['date_time'][0])[0:10],fontsize=
12)  #设置图的标题
    return()


    # 主程序
if __name__ == '__main__':   #主程序部分
    batch_files = 'ZP * LV2.CSV'  #设置批量文件名的共性特征,表示以"ZP"字符开头并且以"LV2.CSV"字
符结尾的文件

    filenames = batch_MWR_filenames(batch_files)  #调用函数,按照日期顺序对文件名进行排列,存为
列表

    # pdf 生成方式
    with PdfPages('微波辐射计综合图.pdf') as pdf:  #输入要保存的pdf文件名
        for i in filenames:  #按照排序后的批量文件名,循环处理绘图
            read_single_MWR_plot(i)  #读取单个数据文件并绘图
            pdf.savefig()  #把图片保存到pdf页面
            print('I am BK! plot ' + i[2:12] + '  done!!!')  #设置屏幕输出的提示信息
            plt.close()  #关闭程序中的图,以节省内存

end = time.clock()  #设置结束时间钟
print('>>> Total running time: %s Seconds'%(end-start))  #计算并显示程序运行时间
```

程序编写完毕后在 Spyder 的代码编辑框中运行。通过快捷键 F5 运行程序。在程序运行框(IPython console)中出现运行结果,如下显示:

```
I am BK! plot 2019—02—21    done!!!
I am BK! plot 2019—02—22    done!!!
I am BK! plot 2019—02—23    done!!!
I am BK! plot 2019—02—24    done!!!
Total running time：20.11744759999965 Seconds
```

同时，在数据文件夹下生成名为"MWR_all. pdf"的文件，打开后每页的图片如（彩）图 14.1 所示。

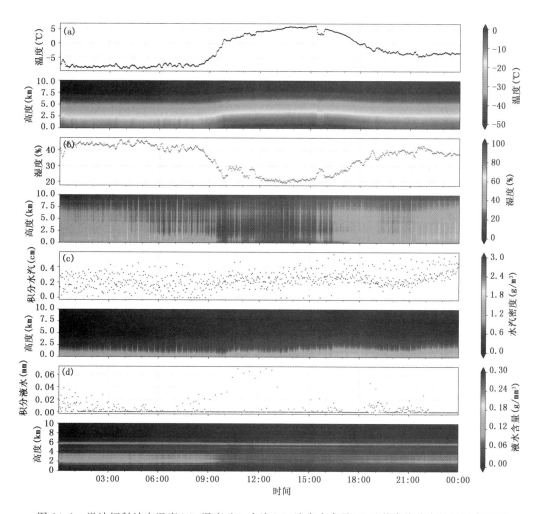

图 14.1　微波辐射计中温度(a)、湿度(b)、水汽(c)、液态水参量(d)及其廓线分布的时间序列图

14.3.2　目标时段的平均垂直廓线分布

本部分以湿度参量为例,介绍地面湿度及其垂直廓线的长时间序列绘图,以及根据自定义的时间段绘图平均垂直廓线的方法。批量读取 4 d 的微波辐射计 LV2 数据文件,对数据根据日期进行排序拼接,绘制长时间序列地面相对湿度及廓线的时间序列图。根据指定的 3 个不同的时间段,计算湿度平均廓线及标准差,并绘制带误差棒的垂直廓线图。程序文件为"chap14_exam_code_2.py",完整代码及说明如下:

```python
#!/usr/bin/env python3
# -*- coding: utf-8 -*-

import os    #导入系统模块
os.chdir("E:\\BIKAI_books\\data\\chap14")    #设置路径
os.getcwd()    #获取路径
import matplotlib.pyplot as plt #导入绘图模块
import pandas as pd    #导入数据处理模块
import matplotlib.dates as mdate #导入修改日期模块
from matplotlib import ticker # 修改刻度
import matplotlib
matplotlib.rcParams['font.sans-serif'] = ['FangSong']    # 用仿宋字体显示中文
matplotlib.rcParams['axes.unicode_minus'] = False        # 正常显示负号的设置
import numpy as np #导入数据处理模块
import glob2    #导入批处理模块
import time #导入时间模块
start = time.clock() #设置时间钟,用于计算程序耗时


def batch_MWR_filenames(batch_files):
    '''构造批处理文件名函数,输入参数为批量文件名特征 batch_files,输出参数为排序后的文件名列表
MWR_file_name.函数读取批量数据文件名,按照数据日期时间对文件名进行排序,并输出为 Python 列表'''

    filenames = glob2.glob(batch_files)    #批量读取原始文件名
    kk = pd.DataFrame(filenames)    #文件名存入二维的表格型数据结构
    kk.columns = 'name']    #添加文件名的名称
    kk['name'].to_string() #文件名转为字符串格式
    kk['date_time'] = kk['name'] #复制另一个文件名称,存为日期时间
    for ii in range(len(kk['name'])):
        kk['date_time'].loc[ii] = kk['name'].iloc[ii][2:12]#根据微波辐射计文件命令方式,改为日
期时间的格式,循环替换'date_time'列中的数据
```

```
        kk['date_time'] = pd.to_datetime(kk['date_time']) # 转为日期时间标准格式
        kk1 = kk.sort_values(by = 'date_time') # 根据时间先后顺序对文件名排序
        MWR_file_name = kk1['name'].tolist() # 排序后的文件名转为列表形式
        return(MWR_file_name) # 函数返回排序后的文件名列表


def read_comb_group_MWR_file(filenames):
    '''构造批量文件读取与数据拼接函数,输入参数批量文件名,按照时间顺序拼接数据文件,根据数据种
类进行分组'''
        data_MWR = pd.DataFrame() # 设置空白数据结构,存储 0 阶距数据
        for i in range(len(filenames)): # 按照排序后的批量文件名,循环处理绘图
            data_MWR_single = pd.read_csv(filenames[i], # 读取数据
                            skiprows = 3, # 跳过前 3 行无效数据
                            header = None) # 设置为数据无标题
            data_MWR = pd.concat([data_MWR,data_MWR_single],ignore_index = True) # 读取后的单个数据依
次追加到空白数据结构中


        data_MWR.columns = ['Record','date_time','code','Tamb(C)','Rh( % )','Pres(hPa)','Tir(℃)',
'Rain','Vint(cm)','Lqint(mm)','CloudBase(km)','0.000km','0.050km','0.100km','0.150km',
'0.200km','0.250km','0.300km','0.350km','0.400km','0.450km','0.500km','0.600km','0.700km',
'0.800km','0.900km','1.000km','1.100km','1.200km','1.300km','1.400km','1.500km','1.600km',
'1.700km','1.800km','1.900km','2.000km','2.250km','2.500km','2.750km','3.000km','3.250km',
'3.500km','3.750km','4.000km','4.250km','4.500km','4.750km','5.000km','5.250km','5.500km',
'5.750km','6.000km','6.250km','6.500km','6.750km','7.000km','7.250km','7.500km','7.750km',
'8.000km','8.250km','8.500km','8.750km','9.000km','9.250km','9.500km','9.750km','10.000km']
# 设置输入 96 列数据的文件名
        data_MWR['date_time'] = pd.to_datetime(data_MWR['date_time']) # 转为日期时间数据类型
        data_MWR['code'] = data_MWR['code'].apply(str)     # 代码列变为字符串格式,方便后续利用
groupby 函数分组处理
        data_MWR_group = data_MWR.groupby(['code']) # 进行分组
        return(data_MWR_group)


def plot_RH_psd_timeseries(data_MWR_group):
    '''构造湿度绘图函数,提取近地面相对湿度和廓线数据,绘制时间序列图并保存'''
        data_MWR_RH = data_MWR_group.get_group('13')          # 提取相对湿度廓线数据,单位为 %
        # 挑选廓线谱分布的列,放到单独的数据标里面
        headerpsd = ['0.000km','0.050km','0.100km','0.150km','0.200km','0.250km','0.300km',
'0.350km','0.400km','0.450km','0.500km','0.600km','0.700km','0.800km','0.900km','1.000km',
'1.100km','1.200km','1.300km','1.400km','1.500km','1.600km','1.700km','1.800km','1.900km',
```

'2.000km','2.250km','2.500km','2.750km','3.000km','3.250km','3.500km','3.750km','4.000km',
'4.250km','4.500km','4.750km','5.000km','5.250km','5.500km','5.750km','6.000km','6.250km',
'6.500km','6.750km','7.000km','7.250km','7.500km','7.750km','8.000km','8.250km','8.500km',
'8.750km','9.000km','9.250km','9.500km','9.750km','10.000km']#设置需要分析的廓线文件名列表

```
#相对湿度廓线数据提取处理
data_MWR_RH_psd = pd.DataFrame()#设置空数据表
for i in headerpsd:
    data_MWR_RH_psd[i] = data_MWR_RH[i]#依次提取不同高度的廓线数据,存放到空数据表
data_MWR_RH_psd.index = data_MWR_RH['date_time'] #设置索引,方便后续提取单独绘图谱
z_RH = data_MWR_RH_psd
Z_RH_psd = z_RH.T　　#转置为时间为 x 轴


#处理廓线数据矩阵
x = data_MWR_RH['date_time'].tolist()#设置 x 轴数据
y = [0.000,0.050,0.100,0.150,0.200,0.250,0.300,0.350,0.400,0.450,0.500,0.600,0.700,0.800,
0.900,1.000,1.100,1.200,1.300,1.400,1.500,1.600,1.700,1.800,1.900,2.000,2.250,2.500,2.750,
3.000,3.250,3.500,3.750,4.000,4.250,4.500,4.750,5.000,5.250,5.500,5.750,6.000,6.250,6.500,
6.750,7.000,7.250,7.500,7.750,8.000,8.250,8.500,8.750,9.000,9.250,9.500,9.750,10.000]#设置 y
轴坐标数据
X,Y = np.meshgrid(x,y)　　#生成矩阵


fig,(ax22,ax2) = plt.subplots(2,1,sharex = True)#图片分离为画布对象 fig 和 2 个绘图区对象 ax22
和 ax2,2 个子图排列方式为 2 行 1 列
fig.set_size_inches(8,5)　　#设置图片的尺寸,单位为英寸


gap_ax_RH = np.linspace(0,100,50,endpoint = True) #设置廓线图中相对湿度色条间隔
gap_cb_RH = np.linspace(0,100,6,endpoint = True) #设置相对湿度色标的标签


                          #绘制地面物理量参数
ax22.plot(data_MWR_RH['date_time'],
        data_MWR_RH['Rh(%)'], #地面湿度绘图
        c = 'k', #设置颜色为黑色
        ls = '', #设置折线图不显示
        lw = 1, 　#设置线条宽度
        marker = '.', #设置点的格式
        ms = 2, #设置数据点的尺寸
        alpha = 1, #设置透明度
```

```
        label = '相对湿度(%)')  #设置图例标签名称


    CS2 = ax2.contourf(X,Y,Z_RH_psd,gap_ax_RH,cmap = 'jet',origin = 'lower',extend = 'both') # 设置
湿度垂直扩线,方法同上


    #为廓线主图添加同样高度的色标
    box2 = ax2.get_position()  #获取廓线主图的位置
    pad, width = 0.01, 0.01     #设置间隔尺寸
    cax2 = fig.add_axes([box2.xmax + pad, box2.ymin, width, box2.height])   #添加一个子图,设置
尺寸
    cbar2 = fig.colorbar(CS2,ticks = gap_cb_RH,cax = cax2) #在添加的子图中绘图色标
    cbar2.set_label('湿度(%)',fontsize = 8) #设置色标图的标签和文字尺寸
    cax2.tick_params(labelsize = 8)   #设置刻度文字尺寸


    # 设置图片网格
    ax22.grid(True, #设置显示网格
            linestyle = ":", #设置网格线为虚线
            linewidth = 1, #设置网格线宽度
            alpha = 0.5) #设置网格线透明度


    #设置 y 轴标签
    ax2.set_ylabel('高度(km)')
    ax22.set_ylabel('湿度(%)')


    ax22.set_xlabel('时间',fontsize = 10)    # 设置 x 轴标签名称和字体尺寸
    ax2.xaxis.set_major_formatter(mdate.DateFormatter('%m/%d')) #设置 x 轴时间显示方式
    ax2.xaxis.set_major_locator(mdate.DayLocator(interval = 1)) #设置 x 轴最小时间间隔为 1 h
    ax2.xaxis.set_minor_locator(mdate.HourLocator(interval = 12)) #设置 x 轴最小时间间隔为 12 h


    fig.savefig('图12.2_相对湿度及廓线时间序列.png', #设置保存的图片名称和格式
            dpi = 300, #设置图片分辨率
            bbox_inches = 'tight',pad_inches = 0.1) #设置图片边框
    print('绘制完毕相对湿度时间序列图!!!')
    plt.close() #程序中不显示图片
    return()


def plot_RH_psd_mean(data_MWR_group,time_list,color_list):
    '''构造湿度平均廓线绘图函数,绘制多个时间段的平均谱到同一个图'''
```

```
data_MWR_RH = data_MWR_group.get_group('13')                    # 提取相对湿度廓线数据,单位为 %
```

```
#挑选廓线谱分布的列,放到单独的数据表里面
headerpsd = ['0.000km', '0.050km', '0.100km', '0.150km', '0.200km', '0.250km', '0.300km',
'0.350km', '0.400km', '0.450km', '0.500km', '0.600km', '0.700km', '0.800km', '0.900km', '1.000km',
'1.100km', '1.200km', '1.300km', '1.400km', '1.500km', '1.600km', '1.700km', '1.800km', '1.900km',
'2.000km', '2.250km', '2.500km', '2.750km', '3.000km', '3.250km', '3.500km', '3.750km', '4.000km',
'4.250km', '4.500km', '4.750km', '5.000km', '5.250km', '5.500km', '5.750km', '6.000km', '6.250km',
'6.500km', '6.750km', '7.000km', '7.250km', '7.500km', '7.750km', '8.000km', '8.250km', '8.500km',
'8.750km', '9.000km', '9.250km', '9.500km', '9.750km', '10.000km']#设置需要分析的廓线文件名列表
```

```
# 相对湿度廓线数据提取处理
data_MWR_RH_psd = pd.DataFrame() # 设置空数据表
for i in headerpsd:
    data_MWR_RH_psd[i] = data_MWR_RH[i]#依次提取不同高度的廓线数据,存放到空数据表
data_MWR_RH_psd.index = data_MWR_RH['date_time'] #设置索引,方便后续提取单独绘图谱
y = [0.000, 0.050, 0.100, 0.150, 0.200, 0.250, 0.300, 0.350, 0.400, 0.450, 0.500, 0.600, 0.700, 0.800,
0.900, 1.000, 1.100, 1.200, 1.300, 1.400, 1.500, 1.600, 1.700, 1.800, 1.900, 2.000, 2.250, 2.500, 2.750,
3.000, 3.250, 3.500, 3.750, 4.000, 4.250, 4.500, 4.750, 5.000, 5.250, 5.500, 5.750, 6.000, 6.250, 6.500,
6.750, 7.000, 7.250, 7.500, 7.750, 8.000, 8.250, 8.500, 8.750, 9.000, 9.250, 9.500, 9.750, 10.000] # 廓线间
隔
```

```
fig, ax = plt.subplots()    # 图片分离为画布对象 fig 和绘图区对象 ax
fig.set_size_inches(7,5)    # 设置图片尺寸,单位为英寸
```

```
for i in range(len(time_list)):    # 循环读入时间段数据
    RS_X_RH = data_MWR_RH_psd.loc[time_list[i][0]:time_list[i][1],:].mean()         # 计算该时
段的平均值
    RS_X_RH_std = data_MWR_RH_psd.loc[time_list[i][0]:time_list[i][1],:].std()         # 计算该
时段的标准差
    df = pd.DataFrame() # 设置空白数组
    df['RH'] = RS_X_RH.T # 转置为 x 轴格式
    df['RH_std'] = RS_X_RH_std.T # 转置为 x 轴格式

    # 误差棒图的绘图参数设置
    ax.errorbar(RS_X_RH, # 设置 x 轴数据
                y, # 设置 y 轴数据
                xerr = RS_X_RH_std, # 设置 x 轴方向标准差
```

```
                    color = color_list[i], #设置线图颜色
                    linestyle = ':', #设置连线为虚线
                    alpha = 1, #设置不透明度
                    fmt = '- o', #设置误差棒的形式
                    ms = 4, #设置误差棒中心点的尺寸
                    mec = color_list[i], #设置数据点边缘线条颜色
                    mfc = color_list[i], #设置数据点中心颜色
                    ecolor = color_list[i], #设置误差棒线条颜色
                    elinewidth = 1, #设置误差条的宽度
                    capsize = 3, #设置误差两端点的线段宽度
                    errorevery = 1, capthick = None,
                    label = time_list[i][0] + '——' + time_list[i][1]) #设置标签内容
        ax.grid(True, linestyle = ":", linewidth = 1, alpha = 0.5) #添加网格
        ax.legend(loc = 'best', fontsize = 6) #设置图例位置
        ax.set_xlabel('相对湿度(%)', fontsize = 15)   #设置 x 轴标签
        ax.set_ylabel('高度(km)', fontsize = 15)   #设置 y 轴标签
        ax.set_ylim(0, 10)    #设置 y 轴显示上下限
        ax.yaxis.set_major_locator(ticker.MultipleLocator(2))
        ax.yaxis.set_minor_locator(ticker.MultipleLocator(1))
        ax.set_xlim(0, 100)    #设置 x 轴显示上下限
        ax.xaxis.set_major_locator(ticker.MultipleLocator(20)) #设置 x 轴主刻度间隔
        ax.xaxis.set_minor_locator(ticker.MultipleLocator(10)) #设置 x 轴次刻度间隔
        ax.tick_params(labelsize = 15)        #设置坐标轴的字体尺寸

    fig.savefig('图 12.3_相对湿度廓线.png', #设置图片名称和格式
                dpi = 300, #设置图片分辨率
                bbox_inches = 'tight', pad_inches = 0.1) #设置图片边框
    print('绘制完毕相对湿度垂直廓线图!!!')
    plt.close()    #程序中不显示图片
    return()


    #主程序
if __name__ == '__main__':  #主程序部分
    batch_files = 'ZP * LV2.CSV' #设置批量文件名的共性特征

    filenames = batch_MWR_filenames(batch_files)    #调用函数,处理为排序后的批量文件名

    data_MWR_group = read_comb_group_MWR_file(filenames)    #调用函数拼接数据,并根据廓线种类对数
```

据进行分组

```
plot_RH_psd_timeseries(data_MWR_group)    #调用相对湿度时间序列绘图函数进行绘图

time_list = [['2019 - 02 - 21 11:00:00','2019 - 02 - 21 13:00:00'],
            ['2019 - 02 - 22 23:00:00','2019 - 02 - 23 01:00:00'],
            ['2019 - 02 - 24 18:00:00','2019 - 02 - 24 20:00:00']]    #输入 3 个不同的时间段,用于
```
绘制不同的湿度平均廓线
```
color_list = ['g','r','b',]    #输入 3 个时间段对应的颜色
plot_RH_psd_mean(data_MWR_group,time_list,color_list)    #调用程序绘制不同时间段的平均谱
```

```
end = time.clock()    #设置结束时间钟
print('>>> Total running time: % s Seconds' % (end - start))    #计算并显示程序运行时间
```

程序编写完毕后在 Spyder 的代码编辑框中运行。通过快捷键 F5 运行程序。在程序运行框(IPython console)中出现运行结果,如下显示:

绘制完毕相对湿度时间序列图!!!
绘制完毕相对湿度垂直廓线图!!!
Total running time：3.153430099999241 Seconds

同时,在数据文件夹下生成相对湿度及廓线的时间序列图和三个时段的平均垂直廓线((彩)图 14.2 和图 14.3)。

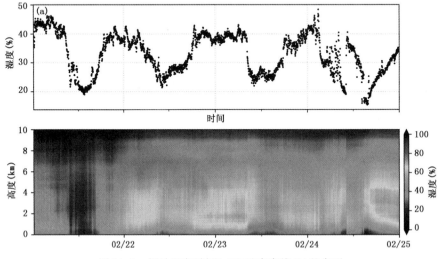

图 14.2　相对湿度时间(a)和垂直廓线(b)的序列

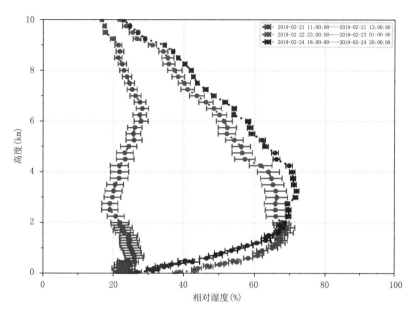

图 14.3　不同时段的相对湿度平均廓线

第15章 雾滴谱仪数据处理与应用

15.1 雾滴谱仪设备及数据介绍

雾滴谱仪(简称:FM-120),由美国粒子测量公司(DMT)生产,是国际上通用的用来观测地面云雾的特种设备,广泛用于云降水物理学研究中。FM-120 通过测量粒子穿过波长为 0.658 μm 的激光束时对光的前向散射特性来反演粒子性质,分 30 个通道测量 2~50 μm 的云雾滴。

FM-120 通过数据采集软件既保存有.csv 格式的单颗粒信息,同时又保存了.csv 格式的高时间分辨率(1 Hz)的时间序列数据。研究中通常采用的是时间序列数据,也是本章重点介绍的内容。数据采集软件中可以设置时间序列数据的保存方式,包括每日单独生成数据文件或者追加到现有数据文件。为了方便后期使用,往往设置为每日一个数据文件。

本章使用的数据为"00FM 12020190424002002.csv"和"00FM 12020190425000000.csv"。数据文件名第 9~16 个字符为日期,17~22 个字符为时间。数据文件中前 96 行为设备参数信息,第 97 行为时间序列数据的标题,从第 97 行开始记录观测数据,数据共 73 列,数据分辨率为 1 s。数据包括时间、数浓度、中值体积直径、有效直径、液态水含量、气流速度、参数设置、激光能量、30 个通道的测量值等等,具体数据名请查看数据文件。

15.2 编程目标和程序算法设计

15.2.1 编程目标

(1)熟练掌握编程的整体步骤,掌握利用函数对整体任务进行分解编程的思路;

(2)掌握时间序列数据的频度处理方法,掌握利用分档观测数据计算微观物理量的方法;

(3)熟练掌握快速查看设备通道信号测量值的时间序列图的方法;

(4)掌握数浓度谱的计算方法和粒子谱时间序列绘图方法;

(5)程序可在设置完成后一键操作,完成所有的处理,输出所有绘图信息;也可根据需要处理完毕数据后,仅仅输出用户指定的项目图形,输出指定的数据。

15.2.2　程序设计思路和算法步骤

针对 15.2.1 节的需求,程序的开发思路和算法如下:

(1)读取单个或批量 FM-120 的时间序列数据文件,合并文件;修改时间格式,对 1 Hz 数据进行分钟平均。

(2)绘制雾滴数浓度时间序列图,供用户初步查看有雾的大致时段。

(3)根据用户自定义的日期时间,绘制 FM-120 设备所有通道质控信息,供查看设备运行状态。

(4)根据 FM-120 的 30 个通道测量结果,质控后计算生成滴谱数据,绘图 $2\sim50~\mu m$ 雾滴数浓度谱的时间序列。根据用户定义的时间段,计算该时段的平均雾滴谱,并绘图。

(5)根据 30 个通道信息,质控并计算雾滴数浓度、液态水含量、雾滴有效粒径、平均直径、谱宽、散度等物理量,绘制图形,并保存数据文件。

15.3　雾滴谱仪程序代码解析

本章中的程序代码适用于 Python 3 及以上版本,支持包括 Windows、Linux 和 OS X 操作系统。为了方便调取查看程序处理过程中的数据,建议读者使用 Anoconda 编译环境中自带的 Spyder 编译器编译运行代码。

在编写程序之前,把本章的数据存放到目标文件夹 chap15(本例中为 E:\\BIKAI_books \\data\\chap15)。

15.3.1　批量数据读取并绘图

本部分批量读取 FM-120 的时间序列数据文件,按照时间先后顺序合并数据文件;修改时间格式,对数据进行频度转换,转为分钟平均数据,并保存为“雾滴谱仪.csv”的数据文件。程序文件为“chap15_exam_code_1.py”,完整代码及说明如下:

```
#!/usr/bin/env python3
# -*- coding: utf-8 -*-


import os  #导入系统模块
os.chdir("E:\\BIKAI_books\\data\\chap15")  #设置路径
os.getcwd()  #获取路径
import pandas as pd  #导入数据处理模块
import glob2  #导入批处理模块
import time  #导入时间模块
start = time.clock()  #设置初始时钟,用于最终显示程序处理时间
```

```
def batch_fm120_filenames(batch_files):
    '''构造批处理文件名函数,输入参数为批量文件名特征 batch_files,输出参数为排序后的文件名列表
fog_file_name.函数读取批量数据文件名,按照数据日期时间对文件名进行排序,并输出为 Python 列表'''
    filenames = glob2.glob(batch_files)    #批量读取原始文件名
    kk = pd.DataFrame(filenames)    #文件名存入二维的表格型数据结构
    kk.columns = ['name']    #添加文件名的名称
    kk['name'].to_string()    #文件名转为字符串格式
    kk['date_time'] = kk['name']    #复制另一个文件名列,存为日期时间

    for ii in range(len(kk['name'])):
        kk['date_time'].loc[ii] = kk['name'].iloc[ii][8:12] + '-' + kk['name'].iloc[ii][12:14] +
'-' + kk['name'].iloc[ii][14:16] + ' ' + kk['name'].iloc[ii][16:18] + ':' + kk['name'].iloc[ii]
[16:18] + ':' + kk['name'].iloc[ii][18:20]    #根据 FM-120 文件命令方式,改为日期时间的格式,循环替换
'date_time'列中的数据

    kk['date_time'] = pd.to_datetime(kk['date_time'])    #转为日期时间标准格式
    kk1 = kk.sort_values(by = 'date_time')    #根据时间先后顺序对文件名排序
    fog_file_name = kk1['name'].tolist()    #排序后的文件名转为列表形式
    return(fog_file_name)    #函数返回排序后的文件名列表


def load_data(fog_file):
    '''构造数据读取程序,输入参数为数据文件名 fog_file,输出为函数读取单个数据文件,添加标准格式
日期时间列,对 1HZ 的原始数据进行 1 min 平均,输出为二维的表格型数据结构.'''
    data_fog = pd.read_csv(fog_file,    #读取 csv 格式数据文件
                           skiprows = 96,    #跳过前 96 行的数据设置
                           header = 0)    #设置首行为数据标题行
    data_fog['Date'] = pd.to_datetime(data_fog['Date'])    #'Date'列转为日期数据类型
    data_fog['Time'] = pd.to_timedelta(data_fog['Time'])    #'Time'列转为时间偏移量
    data_fog['date_time'] = data_fog['Date'] + pd.to_timedelta(data_fog['Time'].astype(str))    #
添加日期时间列
    data_fog['date_time'] = pd.to_datetime(data_fog['date_time'],format = '%Y-%m-%d %H:%
M:%S')    #转为标准日期时间格式

    data_fog1 = data_fog.resample('60S',on = 'date_time').mean()    #根据'date_time'列对数据进行 1
min 平均,处理完毕后'date_time'列自动转为索引
    data_fog_1m_all = data_fog1.reset_index(['date_time'])    #释放索引恢复为'date_time'列数据
    return(data_fog_1m_all)    #函数返回处理后的数据
```

```
if __name__ = = '__main__':　＃主程序部分

    batch_files = '00FM * .csv' ＃设置批量文件名的共性特征,表示以"00FM"字符开头并以".csv"字符结
尾的数据文件

    fog_files_names = batch_fm120_filenames(batch_files) ＃调用函数,处理为按照日期时间顺序排列的
文件名列表

    data_fog_all = pd.DataFrame() ＃新建二维数据框,用于后面存储汇总数据

    for i in range(len(fog_files_names)):　＃循环读取排序后的文件名
        fog_file = fog_files_names[i]　＃依次读取文件名列表中的元素
        data_fog2 = load_data(fog_file) ＃调用函数读取处理数据文件
        data_fog_all =          pd.concat([data_fog_all,data_fog2],ignore_index = True) ＃拼接数据
文件
    data_fog_all.to_csv('雾滴谱.csv',　＃设置保存的数据文件名
                        index = False,　＃设置不显示索引
                        encoding = 'gbk') ＃设置编码格式为'gbk',这种编码格式可以编码中文字体
print('数据处理完毕,已经输出数据!!!')
end = time.clock() ＃设置结束时间钟
print('>>> Total running time: % s Seconds'%(end - start))＃计算并显示程序运行时间
```

　　程序编写完毕后在 Spyder 的代码编辑框中运行。通过快捷键 F5 运行程序。在程序运行框(IPython console)中出现运行结果,如下显示:

　　数据处理完毕,已经输出数据!!!
　　Total running time:7.95514539999931 Seconds

　　同时,在数据文件夹下生成名为"雾滴谱.csv"的数据文件。

15.3.2　绘图并初步查看云雾的时段

　　本部分读取 15.3.1 节输出的数据文件"雾滴谱.csv",提取云雾滴数浓度数据,并绘图,供用户初步查看有雾的大致时段。程序文件为"chap15_exam_code_2.py",完整代码及说明如下:

```
#!/usr/bin/env python3
# -*- coding: utf-8 -*-

import os　＃导入系统模块
os.chdir("E:\\BIKAI_books\\data\\chap15")　＃设置路径
```

```python
os.getcwd()    #获取路径
import pandas as pd
import matplotlib.pyplot as plt   #导入绘图库
import matplotlib.dates as mdate  #导入日期模块
import matplotlib
matplotlib.rcParams['font.sans-serif'] = ['FangSong']   #用仿宋字体显示中文
matplotlib.rcParams['axes.unicode_minus'] = False       #正常显示负号的设置
import time
start = time.clock()  #设置时间钟,用于计算程序耗时


def load_data(fog_file):
    '''构造读取数据函数,读取第一节程序生成的数据文件'''
    data_fog = pd.read_csv(fog_file,
                           header = 0, #设置首行为数据的标题名称
                           engine = 'python', #用来解决文件名中含有中文的问题
                           encoding = 'gbk') #设置编码格式
    data_fog['date_time'] = pd.to_datetime(data_fog['date_time'],format = '%Y-%m-%d %H:%
M:%S')  # 日期时间列转为标准日期时间类型
    return(data_fog) #函数返回数据


def fog_nc_plot(data_fog):
    '''
    构造雾滴数浓度绘图函数,生成时间序列图
    '''
    fig,ax = plt.subplots()  #图片分离为画布对象 fig 和绘图区对象 ax
    fig.set_size_inches(10,5) #设置图片的宽度和高度
    ax.plot(data_fog['date_time'], #x 轴数据来源
            data_fog['Number Conc (#/cm^3)'], #y 轴数据来源
                    c = 'k',   #设置图中线条为黑色
                    ls = '-', #设置折线类型为连续线
                    lw = 1,   #设置线条宽度
                    alpha = 0.7, #设置线条透明度
                    marker = 'o', #设置图中数据点的展示类型为圆点
                    ms = 1,    #设置数据点的尺寸
                    mfc = 'k', #设置数据点的颜色为黑色
                    mec = 'k') #设置数据点的轮廓颜色为黑色
    ax.grid(True,   #设置显示图中网格线
            linestyle = ":", #设置网格线类型为虚线
```

```
                linewidth = 1,  # 设置网格线线宽为 1
                alpha = 0.5)    # 设置透明度为 0.5


    ax.xaxis.set_major_formatter(mdate.DateFormatter('%m/%d %H:%M'))  # 设置 x 轴标签的格式
为"月/日"
    ax.set_xlabel('时间',fontsize = 15)    # 设置 x 轴的标签名称
    ax.set_ylabel('数浓度(个/cm$^{3}$)',fontsize = 15)  # 设置 y 轴的标签名称
    fig.savefig('图 15.1_雾滴数浓度时间序列图.png',  # 设置保存的图片名称和格式
                dpi = 300,  # 设置图片分辨率
                bbox_inches = 'tight',pad_inches = 0.1)  # 设置图片边框
    plt.close()  # 程序中不显示图片
    return()


if __name__ == '__main__':  # 主程序


    fog_file = '雾滴谱.csv'  # 输入上一节生成的文件名称
    data_fog = load_data(fog_file)  # 调用数据读取程序
    fog_nc_plot(data_fog)  # 调用绘图函数
print('图 15.1_雾滴数浓度时间序列图  绘制完毕!!!')
end = time.clock()  # 设置时间钟
print('>>> Total running time: %s Seconds'%(end - start))  # 计算并输出程序运行时间
```

　　程序编写完毕后在 Spyder 的代码编辑框中运行。通过快捷键 F5 运行程序。在程序运行框(IPython console)中出现运行结果,如下显示:

图 15.1_雾滴数浓度时间序列图　绘制完毕!!!
Total running time：0.6801652999999988 Seconds

　　同时,在数据文件夹下生成雾滴数浓度时间序列图,可以明显看出有雾的时间段,如图 15.1 所示。

15.3.3　绘图设备状态信号的时间序列

　　根据图 15.1 中有雾的时段,读取 15.3.1 节输出的数据文件"雾滴谱.csv",根据用户自定义的日期时间,绘制 FM-120 设备所有 73 通道数据信息,供查看设备运行状态。程序文件为"chap15_exam_code_3.py",完整代码及说明如下:

```
#!/usr/bin/env python3
# -*- coding: utf-8 -*-


import os    # 导入系统模块
```

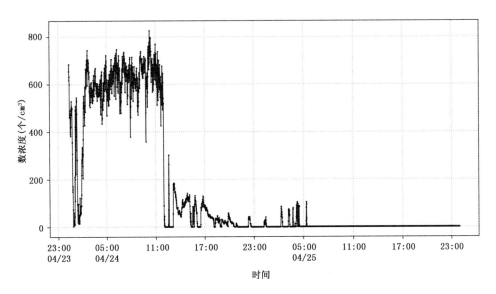

图 15.1　雾滴谱数浓度时间序列图

```
os.chdir("E:\\BIKAI_books\\data\\chap15")　 #设置路径
os.getcwd()　 #获取路径
import matplotlib.pyplot as plt #导入绘图库
import pandas as pd 　　 #导入数据处理模块
import time #导入时间模块
start = time.clock()　　 #设置初始时钟,用于最终显示程序处理时间


def load_data_select(fog_file,Xmin,Xmax):
    '''构造读取数据函数,读取第 15.3.1 节程序生成的数据文件,挑选定义的时间起止范围的数据,挑选
出与设备质控有关的 57 个信号通道信息,返回挑选后的新数据'''
    data_fog = pd.read_csv(fog_file,
                          header = 0,#设置首行为数据的标题名称
                          engine = 'python',#用来解决文件名中含有中文的问题
                          encoding = 'gbk') #设置编码格式
    data_fog['date_time'] = pd.to_datetime(data_fog['date_time'],format = '%Y - %m - %d %H:%
M:%S') #日期时间列转为标准日期时间类型
    data_fog = data_fog.set_index('date_time') #设置时间列为索引
    data_fog_select_time = data_fog.loc[Xmin:Xmax,:] #挑选起止时间范围内的数据
    headerlist = ['Status','DOF Reject Counts','Sizer Noise Bandwidth','Sizer Baseline Threshold','
Qualifier Noise Bandwidth','Qualifier Baseline Threshold','Over Range','Laser Current (mA)','Laser
Power','Laser Block Temp (C)','Window Temp (C)','Unused','Static Press (mbar)','Dynamic Press
```

(mbar)','Electronics Temp (C)','Power Supply Temp (C)','Top Plate Temp (C)','Recovery Temp (C)','Detector Temp (C)','Inlet Horn Temp (C)','T Ambient (C)','PAS (m/s)','Number Conc (#/cm^3)','LWC (g/m^3)','MVD (um)','ED (um)','Applied PAS (m/s)','Fog Monitor Bin 1','Fog Monitor Bin 2','Fog Monitor Bin 3','Fog Monitor Bin 4','Fog Monitor Bin 5','Fog Monitor Bin 6','Fog Monitor Bin 7','Fog Monitor Bin 8','Fog Monitor Bin 9','Fog Monitor Bin 10','Fog Monitor Bin 11','Fog Monitor Bin 12','Fog Monitor Bin 13','Fog Monitor Bin 14','Fog Monitor Bin 15','Fog Monitor Bin 16','Fog Monitor Bin 17','Fog Monitor Bin 18','Fog Monitor Bin 19','Fog Monitor Bin 20','Fog Monitor Bin 21','Fog Monitor Bin 22','Fog Monitor Bin 23','Fog Monitor Bin 24','Fog Monitor Bin 25','Fog Monitor Bin 26','Fog Monitor Bin 27','Fog Monitor Bin 28','Fog Monitor Bin 29','Fog Monitor Bin 30'] #设置需要输出的数据名称

```python
    data_result_log = pd.DataFrame()  #构造空的二维数据框
    for i in headerlist:
        data_result_log[i] = data_fog_select_time[i]     #依次存储需要的数据列
    data_result_log.index = data_fog_select_time.index    #设置新的数据列的索引
    return(data_result_log)   #返回挑选后的数据


def plot_log(data_result_log):
    '''构造绘图函数,读取数据,绘制所有变量的时间序列图子图'''
    fig,ax = plt.subplots() #图形分离为画布对象 fig 和绘图区对象 ax
    fig.set_size_inches(10,100) #设置图片尺寸,由于57种数据,因此图片的高度设置的较大

    data_result_log.plot(subplots = True,ax = ax) #绘制各参量的时间序列总体图,图形绘制在绘图区对象 ax 中

    fig.savefig('图 15.2_雾滴谱仪信号通道时间序列图.png', #保存图片
            dpi = 300,   #设置图片分辨率
            bbox_inches = 'tight',pad_inches = 0.1) #设置图片边框
    plt.close() #程序中不显示图片
    return()


if __name__ == '__main__': #主程序
    fog_file = '雾滴谱.csv'   #输入上一节生成的文件名称

    Xmin = '2019 - 04 - 24 00:00:00'    #设置绘图的初始时间
    Xmax = '2019 - 04 - 25 00:00:00'     #设置绘图的结束时间

    data_fog = load_data_select(fog_file,Xmin,Xmax) #调用自定义的函数读取数据

    plot_log(data_fog) #调用绘图函数
```

```
end = time.clock() #设置时间钟
print('>>> Total running time: % s Seconds'% (end - start)) #计算并输出程序运行时间
```

　　程序编写完毕后在 Spyder 的代码编辑框中运行。通过快捷键 F5 运行程序。在程序运行框(IPython console)中出现运行结果,如下显示:

　　Total running time:8.701218299999994 Seconds

　　同时,在数据文件夹下生成名为"图 15.2_雾滴谱仪信号通道时间序列图.png"的文件,图片有 57 种数据,见(彩)图 15.2a。图片输出为 300 分辨率,可以放大查看目标通道的数据,见(彩)图 15.2b。

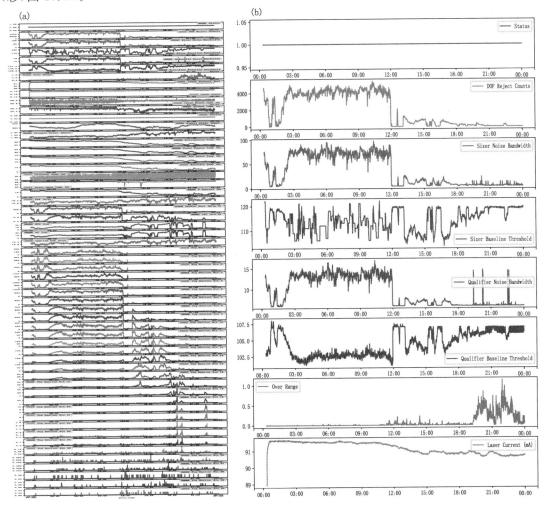

图 15.2　雾滴谱仪数据信号时间序列

(a 为 57 个参量整体图,b 为图片放大后部分参量图)

15.3.4 绘图云雾滴谱

根据 FM-120 的 30 个前向散射通道测量结果,质控后计算生成滴谱浓度分布数据,绘制雾滴数浓度谱的时间序列和用户定义的时间段的平均云雾滴谱。程序文件为"chap15_exam_code_4.py",完整代码及说明如下:

```python
#!/usr/bin/env python3
# -*- coding: utf-8 -*-

import os   # 导入系统模块
os.chdir("E:\\BIKAI_books\\data\\chap15")   # 设置路径
os.getcwd()   # 获取路径
import matplotlib.pyplot as plt      # 导入绘图模块
import matplotlib.colors as clr      # 导入颜色调整模块
import pandas as pd      # 导入数据处理模块
import numpy as np  # 导入数据处理模块
from numpy import ma   # 导入数据遮挡模块
from matplotlib import ticker   # 修改刻度
import matplotlib.dates as mdate  # 导入日期修改模块
import math  # 导入数学计算模块
import matplotlib
matplotlib.rcParams['font.sans-serif'] = ['FangSong']   # 用仿宋字体显示中文
matplotlib.rcParams['axes.unicode_minus'] = False      # 正常显示负号的设置
matplotlib.rcParams.update({'text.usetex': False,'mathtext.fontset': 'cm',}) # 修改字符显示,解决指数形式负号显示的问题
import time  # 导入时间模块
start = time.clock()  # 设置时间钟,用于计算程序耗时


def cbar_ticks(start,end):
    '''构造指数色标尺度函数,读取数据上下限,返回色标标签的指数形式上下限'''
    cbar_lib_list = [0.00000000001,0.0000000001,0.000000001,0.00000001,0.0000001,0.000001,0.00001,0.0001,0.001,0.01,0.1,1,10,100,1000,10000,100000,1000000,10000000] # 构造一个指数形式集合列表
    id_start = []
    id_end = []

    for i in range(len(cbar_lib_list)): # 依次比较数值在列表中的位置
        if cbar_lib_list[i] <= start:
            id_start = i
```

```python
        if cbar_lib_list[i]< = end :
            id_end = i + 1
    result_start = id_start
    result_end = id_end
    cbar_list = cbar_lib_list[result_start:result_end + 1]#获得色标列表
    return(cbar_list)


def load_data_select_to_dnddp(fog_file,Xmin,Xmax):
    '''构造读取数据函数,读取 15.3.1 节程序生成的数据文件,挑选定义的时间起止范围的数据,挑选出
与谱有关的 30 通道信息,计算并返回分档数浓度'''
    data_fog  = pd.read_csv(fog_file,
                            header = 0,#设置首行为数据的标题名称
                            engine = 'python', #用来解决文件名中含有中文的问题
                            encoding = 'gbk') #设置编码格式
    data_fog['date_time'] = pd.to_datetime(data_fog['date_time'],format = '% Y - % m - % d % H:%
M:% S') #日期时间列转为标准日期时间类型
    data_fog = data_fog.set_index('date_time') #设置时间列为索引
    data_fog_select_time = data_fog.loc[Xmin:Xmax,:] #挑选起止时间范围内的数据
    headerlist = ['Fog Monitor Bin 1','Fog Monitor Bin 2','Fog Monitor Bin 3','Fog Monitor Bin 4','Fog
Monitor Bin 5','Fog Monitor Bin 6','Fog Monitor Bin 7','Fog Monitor Bin 8','Fog Monitor Bin 9','Fog
Monitor Bin 10','Fog Monitor Bin 11','Fog Monitor Bin 12','Fog Monitor Bin 13','Fog Monitor Bin 14','
Fog Monitor Bin 15','Fog Monitor Bin 16','Fog Monitor Bin 17','Fog Monitor Bin 18','Fog Monitor Bin 19
','Fog Monitor Bin 20','Fog Monitor Bin 21','Fog Monitor Bin 22','Fog Monitor Bin 23','Fog Monitor
Bin 24','Fog Monitor Bin 25','Fog Monitor Bin 26','Fog Monitor Bin 27','Fog Monitor Bin 28','Fog Moni-
tor Bin 29','Fog Monitor Bin 30'] #设置需要输出的数据名称
    data_psd_N = pd.DataFrame() #构造空的二维数据框
    for i in headerlist:
        data_psd_N[i] = data_fog_select_time[i] #依次存储需要的数据列
    data_psd_N.index = data_fog_select_time.index #设置新的数据列的索引


    bin_list_low_upper = [3,4,5,6,7,8,9,10,11,12,13,14,16,18,20,22,24,26,28,30,32,34,36,38,40,
42,44,46,48,50] #雾滴谱仪分档直径
    dDp_list = []
    for kk in range(len(bin_list_low_upper)): #计算档宽
        c = bin_list_low_upper[kk] - bin_list_low_upper[kk - 1]
        dDp_list.append(c)
    dDp_list[0] = 1    #修正第一档宽
    data_fog_select_time['sample_volum'] = data_fog_select_time['Applied PAS (m/s)'].map(lambda
```

x: 0.388 * x) # 计算采样体积, V = Area(mm²) × speed(m/s) × time(s)

　　data_psd_CN = data_psd_N.div(data_fog_select_time['sample_volumn'], axis = 0) # 计算各档数浓度, axis = 0 表示在行上进行处理

　　dDp_df = pd.DataFrame(np.random.rand(data_psd_CN.shape[0], data_psd_CN.shape[1])) # 建立行列数量相同档随机数列

　　dDp_df1 = pd.DataFrame(dDp_list).T　# 转置

　　dDp_df.columns = data_psd_CN.columns　# 设置为同样的文件名

　　dDp_df.index = data_psd_CN.index　　# 设置为同样的索引

　　for iii in range(data_psd_CN.shape[0]):

　　　　dDp_df.iloc[iii] = dDp_df1.values　　　# 为了矩阵计算

　　data_fm_dn_ddp = data_psd_CN / dDp_df　　# 计算得到分档数浓度, 单位是个/cm³

　　print('分档数据计算完毕!!!')

　　return(data_fm_dn_ddp) # 返回挑选后的数据

def plot_psd_timeseries(data_fog):

　　'''构造绘图函数, 绘制分档数浓度谱的时间序列'''

　　x = data_fog.index.tolist() # x 轴为时间

　　y = [3,4,5,6,7,8,9,10,11,12,13,14,16,18,20,22,24,26,28,30,32,34,36,38,40,42,44,46,48,50] # y 轴为雾滴谱仪的尺度直径

　　X, Y = np.meshgrid(x, y)　　# 生成矩阵

　　z_tem = data_fog.values

　　z_tem = ma.masked_where(z_tem <= 0, z_tem)

　　start_list = z_tem.min()

　　end_list = z_tem.max()

　　cbar_ticks_list = cbar_ticks(start_list, end_list) # 调用函数找到色标的上下限范围

　　gap_ax = np.logspace(math.log10(start_list), math.log10(end_list), 30, endpoint = True) # 色标区分转为指数形式, 分为 30 个区间

　　z = data_fog.values # 矩阵的填充值

　　Z = z.T　# 转置与 x y 一致

　　fig, ax = plt.subplots() # 图片分离为 fig 画布对象和绘图区 ax 对象

　　fig.set_size_inches(7.2, 2) # 设置图片尺寸, 单位为英寸

　　im = ax.contourf(X, Y, Z, gap_ax, norm = clr.LogNorm(), cmap = 'jet', origin = 'lower', extend =

```
'both')  #使用绘图函数 contourf
    ax.yaxis.grid(False)  #设置不限时网格
    ax.set_xlabel('时间',fontsize = 10)  #设置 x 轴标签
    ax.set_ylabel('直径（μm)',fontsize = 10)  #设置 y 轴标签

    ymin = 3
    ymax = 50
    ax.set_ylim(ymin,ymax)  #设置 y 轴尺度
    ax.tick_params(labelsize = 12)  #设置标签大小
    ax.xaxis.set_major_formatter(mdate.DateFormatter('%H:%M'))  #设置 x 轴时间格式
    ax.xaxis.set_minor_locator(mdate.HourLocator(interval = 1))  #设置 x 轴最小时间间隔为 1 h
    ax.yaxis.set_minor_locator(ticker.MultipleLocator(5))  #设置 y 轴次刻度间隔
    ax.yaxis.set_major_locator(ticker.MultipleLocator(10))  #设置 y 轴次刻度间隔

    fig.subplots_adjust(left = 0.07, right = 0.87)  #调整图片尺寸
    box = ax.get_position()   #获得主图位置
    pad, width = 0.02, 0.02
    cax = fig.add_axes([box.xmax + pad, box.ymin, width, box.height])   #设置色标的位置
    cbar = fig.colorbar(im,cax = cax,extend = 'both',ticks = cbar_ticks_list) #色标的绘图函数
    cbar.set_label('(cm $^{-3}$ μm $^{-1}$ )',fontsize = 10)  #设置色标单位
    cbar.ax.tick_params(labelsize = 10)   #设置色标的标尺字体大小
    fig.savefig('图 15.3_云雾滴谱时间序列.png',  #数据保存名称
                dpi = 300,  #设置图片分辨率
                bbox_inches = 'tight',pad_inches = 0.1) #设置图片边框)
    plt.close()  #程序中不显示图片
    print('雾滴谱时间序列图绘制完毕!!!')
    return()


def plot_psd_mean(data_fog,time_list,color_c):
    '''构造绘图函数,绘制多个时间段的平均谱到同一个图'''
    x = [3,4,5,6,7,8,9,10,11,12,13,14,16,18,20,22,24,26,28,30,32,34,36,38,40,42,44,46,48,50]
    fig,ax = plt.subplots()   #图片分离为 fig 画布对象和绘图区 ax 对象
    fig.set_size_inches(7,5)    #设置图片尺寸,单位为英寸

    data_fog_mean_dp = pd.DataFrame()   #建立空数组
    for i in range(len(time_list)):    #循环读入时间段数据
        data_fog_mean_dp = data_fog.loc[time_list[i][0]:time_list[i][1],:].mean()     #计算该
时段的平均值
```

```
        df_ave_dNdDp_fog = pd.DataFrame()
        df_ave_dNdDp_fog['dp'] = x
        df_ave_dNdDp_fog['dN'] = data_fog_mean_dp.T.values

        ax.plot(df_ave_dNdDp_fog['dp'],df_ave_dNdDp_fog['dN'],color = color_c[i],label = time_list
[i][0][-8:-3] + '-' + time_list[i][1][-8:-3],linestyle = '-',lw = 1,alpha = 1,marker = 'o',ms
= 4,mec = color_c[i],mfc = color_c[i])          #绘图平均谱
        ax.set_xlabel('直径($\mu$m)',fontsize = 15) #设置 x 轴标签
        ax.set_ylabel('分档数浓度(cm$^{-3}$ $\mu$m$^{-1}$)',fontsize = 15) #设置 y 轴标签
        ax.set_yscale('log') #设置 y 轴为指数形式
        ax.grid(True,linestyle = ":",linewidth = 1,alpha = 0.5)#添加网格
        ax.set_xlim(2, 50) #设置 x 轴显示上下限
        ax.xaxis.set_major_locator(ticker.MultipleLocator(5)) #设置 x 轴主刻度间隔
        ax.xaxis.set_minor_locator(ticker.MultipleLocator(1)) #设置 x 轴次刻度间隔
        ax.legend(loc = 'best',fontsize = 10) #设置图例位置
        ax.tick_params(labelsize = 15)          #设置坐标轴的字体尺寸

    fig.savefig('图 15.4_多时段雾滴谱平均谱.png',#设置图片名称和格式
                dpi = 300, #设置图片分辨率
                bbox_inches = 'tight', pad_inches = 0.1) #设置图片边框
    plt.close()    #程序中不显示图片
    print('分段平均谱绘制完毕!!!')
    return()


if __name__ == '__main__': #主程序
    fog_file = '雾滴谱.csv'  #输入上一节生成的文件名称

    Xmin = '2019-04-24 00:00:00'    #设置绘图的初始时间
    Xmax = '2019-04-25 00:00:00'       #设置绘图的结束时间

    time_list = [['2019-04-24 01:00:00','2019-04-24 02:00:00'],
                ['2019-04-24 05:00:00','2019-04-24 06:00:00'],
                ['2019-04-24 14:00:00','2019-04-24 15:00:00']]#输入 3 个不同的时间段
    color_list = ['g','r','b',]  #输入 3 个时间段对应的颜色

    data_fog = load_data_select_to_dnddp(fog_file,Xmin,Xmax) #调用自定义函数读取数据

    plot_psd_timeseries(data_fog) #调用程序绘图谱的时间序列
```

```
    plot_psd_mean(data_fog,time_list,color_list)#调用程序绘制不同时间段的平均谱
```

```
end = time.clock()#设置时间钟
print('>>> Total running time: % s Seconds'% (end-start))#计算并输出程序运行时间
```

　　程序编写完毕后在 Spyder 的代码编辑框中运行。通过快捷键 F5 运行程序。在程序运行框(IPython console)中出现运行结果,如下显示:

分档数据计算完毕!!!
雾滴谱时间序列图绘制完毕!!!
分段平均谱绘制完毕!!!
Total running time:1.6017124999998487 Seconds

　　同时,在数据文件夹下生成云雾滴谱时间序列和多时段雾滴谱平均谱图,见(彩)图 15.3 和图 15.4。

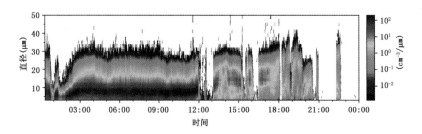

图 15.3　雾滴谱时间序列

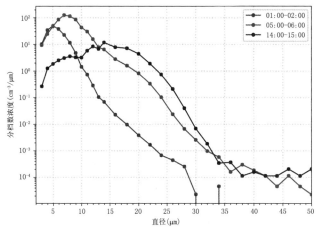

图 15.4　多时段雾滴谱平均谱

15.3.5　微物理量计算

本部分根据 FM-120 的 30 个通道分档测量结果,计算雾滴数浓度、液态水含量、雾滴有效粒径、平均直径、谱宽、散度等物理量,绘制物理量时间序列图,并保存数据文件。程序文件为"chap15_exam_code_5.py",完整代码及说明如下:

```
#!/usr/bin/env python3
# -*- coding: utf-8 -*-

import os    #导入系统模块
os.chdir("E:\\BIKAI_books\\data\\chap15")    #设置路径
os.getcwd()    #获取路径
import matplotlib.pyplot as plt #导入绘图模块
import pandas as pd #导入数据处理模块
import matplotlib.dates as mdate #导入日期处理模块
import math #导入计算模块
import matplotlib
matplotlib.rcParams['font.sans-serif'] = ['FangSong']    # 用仿宋字体显示中文
matplotlib.rcParams['axes.unicode_minus'] = False        # 正常显示负号的设置
import time
start = time.clock() #设置时间钟,用于计算程序耗时


def load_data_select_to_dnddp(fog_file,Xmin,Xmax):
    '''构造读取数据函数,读取第一节程序生成的数据文件,挑选定义的时间起止范围的数据,挑选出与谱
有关的30通道信息,计算并返回分档数浓度'''
    data_fog = pd.read_csv(fog_file,
                       header = 0, #设置首行为数据的标题名称
                       engine = 'python', #用来解决文件名中含有中文的问题
                       encoding = 'gbk') #设置编码格式
    data_fog['date_time'] = pd.to_datetime(data_fog['date_time'],format = '%Y-%m-%d %H:%M:%S') #日期时间列转为标准日期时间类型
    data_fog = data_fog.set_index('date_time') #设置时间列为索引
    data_fog_select_time = data_fog.loc[Xmin:Xmax,:] #挑选起止时间范围内的数据
    headerlist = ['Fog Monitor Bin 1','Fog Monitor Bin 2','Fog Monitor Bin 3','Fog Monitor Bin 4','Fog Monitor Bin 5','Fog Monitor Bin 6','Fog Monitor Bin 7','Fog Monitor Bin 8','Fog Monitor Bin 9','Fog Monitor Bin 10','Fog Monitor Bin 11','Fog Monitor Bin 12','Fog Monitor Bin 13','Fog Monitor Bin 14','Fog Monitor Bin 15','Fog Monitor Bin 16','Fog Monitor Bin 17','Fog Monitor Bin 18','Fog Monitor Bin 19','Fog Monitor Bin 20','Fog Monitor Bin 21','Fog Monitor Bin 22','Fog Monitor Bin 23','Fog Monitor Bin 24','Fog Monitor Bin 25','Fog Monitor Bin 26','Fog Monitor Bin 27','Fog Monitor Bin 28','Fog Moni-
```

```
tor Bin 29','Fog Monitor Bin 30'] #设置需要输出的数据名称
    data_psd_N = pd.DataFrame() #构造空的二维数据框
    for i in headerlist:
        data_psd_N[i] = data_fog_select_time[i] #依次存储需要的数据列
    data_psd_N.index = data_fog_select_time.index #设置新的数据列的索引

    data_fog_select_time['sample_volumn'] = data_fog_select_time['Applied PAS (m/s)'].map(lambda
x: 0.388 * x) #计算采样体积,V = Area(mm^2) * speed(m/s) * time(s)
    data_psd_CN = data_psd_N.div(data_fog_select_time['sample_volumn'],axis = 0) #计算分档数浓
度,axis = 0 表示在行上进行处理
    return(data_psd_CN)


def cal_para(data_psd_CN):
    '''构造微物理量计算函数,输入各档数浓度数据,计算数浓度、液态水含量、有效半径、平均半径、谱宽、
散度等物理量,保存到新的 csv 数据文件,绘制各物理量时间序列图.'''
    data_tot_con = data_psd_CN.sum(axis = 1) #计算总数浓度,单位为"个/cm³"
    data_tot_con_temp = pd.DataFrame(data_tot_con).reset_index() #释放索引
    data_tot_con_temp.columns = ['date_time','fm_conc'] #设置数据名称

    # 以下为根据分档谱计算液态水含量的方法,使用公式为 m = dn * pi/6 * dp3 * density
    FM_Bin = [3,4,5,6,7,8,9,10,11,12,13,14,16,18,20,22,24,26,28,30,32,34,36,38,40,42,44,46,48,
50] #分档直径
    headerlist = ['Fog Monitor Bin 1','Fog Monitor Bin 2','Fog Monitor Bin 3','Fog Monitor Bin 4','Fog
Monitor Bin 5','Fog Monitor Bin 6','Fog Monitor Bin 7','Fog Monitor Bin 8','Fog Monitor Bin 9','Fog
Monitor Bin 10','Fog Monitor Bin 11','Fog Monitor Bin 12','Fog Monitor Bin 13','Fog Monitor Bin 14','
Fog Monitor Bin 15','Fog Monitor Bin 16','Fog Monitor Bin 17','Fog Monitor Bin 18','Fog Monitor Bin 19
','Fog Monitor Bin 20','Fog Monitor Bin 21','Fog Monitor Bin 22','Fog Monitor Bin 23','Fog Monitor
Bin 24','Fog Monitor Bin 25','Fog Monitor Bin 26','Fog Monitor Bin 27','Fog Monitor Bin 28','Fog Moni-
tor Bin 29','Fog Monitor Bin 30'] #设置需要输出的数据名称
    data_fm_dm_psd = pd.DataFrame()    #设置空的二维数据结构
    for mm in range(len(headerlist)): #根据分档数据进行离散积分计算
        data_fm_dm_psd[headerlist[mm]] = data_psd_CN[headerlist[mm]] * (math.pi/6) * (FM_Bin[mm]) *
* 3 * (10 ** - 6) #计算分档液态水含量公式,注意单位的统一
    data_fm_lwc = data_fm_dm_psd.sum(axis = 1) #计算总液态水含量
    data_tot_lwc_temp = pd.DataFrame(data_fm_lwc).reset_index() #释放索引
    data_tot_lwc_temp.columns = ['date_time','fm_lwc'] #设置数据名称


# 以下为计算有效直径和平均直径的计算方法
```

```
data_fm_ed0_psd = pd.DataFrame()  # 设置空白数据结构,存储 0 阶距数据
data_fm_ed1_psd = pd.DataFrame()  # 设置空白数据结构,存储 1 阶距数据
data_fm_ed2_psd = pd.DataFrame()  # 设置空白数据结构,存储 2 阶距数据
data_fm_ed3_psd = pd.DataFrame()  # 设置空白数据结构,存储 3 阶距数据
for edi in range(len(headerlist)):  # 计算各阶距的分档值
    data_fm_ed3_psd[headerlist[edi]] = data_psd_CN[headerlist[edi]] * (FM_Bin[edi]) ** 3
    data_fm_ed2_psd[headerlist[edi]] = data_psd_CN[headerlist[edi]] * (FM_Bin[edi]) ** 2
    data_fm_ed1_psd[headerlist[edi]] = data_psd_CN[headerlist[edi]] * (FM_Bin[edi]) ** 1
    data_fm_ed0_psd[headerlist[edi]] = data_psd_CN[headerlist[edi]] * (FM_Bin[edi]) ** 0


data_fm_ed3 = data_fm_ed3_psd.sum(axis = 1)  # 计算 3 阶距值
data_fm_ed2 = data_fm_ed2_psd.sum(axis = 1)  # 计算 2 阶距值
data_fm_ed1 = data_fm_ed1_psd.sum(axis = 1)  # 计算 1 阶距值
data_fm_ed0 = data_fm_ed0_psd.sum(axis = 1)  # 计算 0 阶距值


data_ED_fm = data_fm_ed3/data_fm_ed2  # 计算有效直径
data_ED_fm = pd.DataFrame(data_ED_fm).reset_index()  # 释放索引
data_ED_fm.columns = ['date_time','ED']  # 设置数据名称


data_MD_fm = data_fm_ed1/data_fm_ed0  # 计算平均直径
data_MD_fm = pd.DataFrame(data_MD_fm).reset_index()  # 释放索引
data_MD_fm.columns = ['date_time','MD']  # 设置数据名称


# 以下为平均直径的散度方法
data_fm_MD_simga_psd = pd.DataFrame()  # 设置空白数据
for edi in range(len(headerlist)):
    data_fm_MD_simga_psd[headerlist[edi]] = data_psd_CN[headerlist[edi]] * (FM_Bin[edi] - data_
MD_fm['MD'].values) ** 2
data_fm_MD_simga_0 = data_fm_MD_simga_psd.sum(axis = 1)
data_fm_MD_simga = data_fm_MD_simga_0/data_fm_ed0
data_fm_MD_simga = pd.DataFrame(data_fm_MD_simga).reset_index()
data_fm_MD_simga.columns = ['日期时间','sigma2']

data_fm_MD_simga['谱宽(μm)'] = data_fm_MD_simga['sigma2'].map(lambda x: math.sqrt(x)/2)  # 计
算散度


# 以下为新数据合并的方法
data_fm_MD_simga.drop(['sigma2'],axis = 1,inplace = True)  # 去除中间过程无效数据
data_fm_MD_simga['平均半径(μm)'] = data_MD_fm['MD']/2  # 添加平均半径
```

```
    data_fm_MD_simga['有效半径(μm)'] = data_ED_fm['ED']/2 #添加有效半径
    data_fm_MD_simga['散度'] = data_fm_MD_simga['谱宽(μm)']/data_fm_MD_simga['平均半径(μm)'] #
添加散度数据
    data_fm_MD_simga['数浓度(#/cm^3)'] = data_tot_con_temp['fm_conc']#添加数浓度数据
    data_fm_MD_simga['液态水含量(g/m^3)'] = data_tot_lwc_temp['fm_lwc']#添加液态水含量数据

    data_fm_MD_simga.to_csv('雾滴谱微物理量.csv', #设置保存的数据文件名
                        index = False, #设置不显示索引
                        encoding = 'gbk') #设置编码格式为'gbk',这种编码格式可以编码中文字体

    print('微观物理参量计算并输出完毕!!!')
    return(data_fm_MD_simga)#返回挑选后的数据


def plot_para(data_fog):
    '''构造绘图函数,绘制各物理量时间序列图.物理量包括:'日期时间','谱宽(μm)','平均半径(μm)','
有效半径(μm)','散度','数浓度(个/cm^3)','液态水含量(g/m³)' '''
    fig,(ax1,ax2,ax3,ax4,ax5,ax6) = plt.subplots(6,1,sharex = True) #图片分离为画布对象 fig 和 6
个绘图区对象,子图的排列方式为 6 行 1 列
    fig.set_size_inches(8,10) #设置图片分辨率,单位为英寸


    # 子图绘图
    ax1.plot(data_fog['日期时间'], #x 轴数据来源
            data_fog['数浓度(#/cm^3)'], #y 轴数据来源
                c = 'k',   #设置图中线条为黑色
                ls = '-', #设置折线类型为连续线
                lw = 1,   #设置线条宽度
                alpha = 0.7, #设置线条透明度
                marker = 'o', #设置图中数据点的展示类型为圆点
                ms = 1,   #设置数据点的尺寸
                mfc = 'k', #设置数据点的颜色为黑色
                mec = 'k') #设置数据点的轮廓颜色为黑色
    ax2.plot(data_fog['日期时间'],data_fog['液态水含量(g/m^3)'],c = 'k',ls = '-',lw = 1,alpha =
0.7,marker = 'o',ms = 1,mfc = 'k',mec = 'k') #设置方式同上
    ax3.plot(data_fog['日期时间'],data_fog['平均半径(μm)'],c = 'k',ls = '-',lw = 1,alpha = 0.7,
marker = 'o',ms = 1,mfc = 'k',mec = 'k') #设置方式同上
    ax4.plot(data_fog['日期时间'],data_fog['有效半径(μm)'],c = 'k',ls = '-',lw = 1,alpha = 0.7,
marker = 'o',ms = 1,mfc = 'k',mec = 'k') #设置方式同上
```

```
    ax5.plot(data_fog['日期时间'],data_fog['谱宽(μm)'],c = 'k',ls = ' - ',lw = 1,alpha = 0.7,marker
= 'o',ms = 1,mfc = 'k',mec = 'k')#设置方式同上
    ax6.plot(data_fog['日期时间'],data_fog['散度'],c = 'k',ls = ' - ',lw = 1,alpha = 0.7,marker =
'o',ms = 1,mfc = 'k',mec = 'k')#设置方式同上


    #以下为设置子图网格格式
    ax1.grid(True,    #设置显示图中网格线
            linestyle = ":",#设置网格线类型为虚线
            linewidth = 1,  # 设置网格线线宽为1
            alpha = 0.5)    #设置透明度为 0.5
    ax2.grid(True,linestyle = ":",linewidth = 1,alpha = 0.5)    #设置网格,方法如上
    ax3.grid(True,linestyle = ":",linewidth = 1,alpha = 0.5)    #设置网格,方法如上
    ax4.grid(True,linestyle = ":",linewidth = 1,alpha = 0.5)    #设置网格,方法如上
    ax5.grid(True,linestyle = ":",linewidth = 1,alpha = 0.5)    #设置网格,方法如上
    ax6.grid(True,linestyle = ":",linewidth = 1,alpha = 0.5)    #设置网格,方法如上


    # 设置子图的 y 轴标签
    ax1.set_ylabel('数浓度(个/cm $ ^{3} $ )',fontsize = 10) #设置 y 轴的标签名称
    ax2.set_ylabel('液态水含量(g/m $ ^{3} $ )',fontsize = 10) #设置 y 轴的标签名称
    ax3.set_ylabel('平均半径(μm)',fontsize = 10) #设置 y 轴的标签名称
    ax4.set_ylabel('有效半径(μm)',fontsize = 10) #设置 y 轴的标签名称
    ax5.set_ylabel('谱宽(μm)',fontsize = 10) #设置 y 轴的标签名称
    ax6.set_ylabel('散度',fontsize = 10) #设置 y 轴的标签名称


    ax1.set_title('微物理量时间序列图',fontsize = 15) #设置图片标题名称
    ax6.xaxis.set_major_formatter(mdate.DateFormatter('%H:%M')) #设置 x 轴标签的格式为"月/日"
    ax6.set_xlabel('时间',fontsize = 10)    #设置 x 轴的标签名称
    fig.savefig('图 15.5_微物理参量时间序列图.png',#设置保存的图片名称和格式
                dpi = 300,  #设置图片分辨率
                bbox_inches = 'tight',pad_inches = 0.1) #设置图片边框
    print('微物理量时间序列图绘制完毕!!!')
    plt.close() #程序中不显示图片
    return()


if __name__ == '__main__': #主程序
    fog_file = '雾滴谱.csv'  # 输入上一节生成的文件名称

    Xmin = '2019 - 04 - 24 00:00:00'    #设置绘图的初始时间
```

```
Xmax = '2019 - 04 - 25 00:00:00'     #设置绘图的结束时间

data_fog = load_data_select_to_dnddp(fog_file,Xmin,Xmax) #调用自定义函数读取处理数据

data_result = cal_para(data_fog) #调用自定义函数计算微物理参量,并保存数据

plot_para(data_result) #调用绘图函数绘制微物理量时间序列

end = time.clock() #设置时间钟
print('>>> Total running time: % s Seconds' % (end - start)) #计算并输出程序运行时间
```

　　程序编写完毕后在 Spyder 的代码编辑框中运行。通过快捷键 F5 运行程序。在程序运行框(IPython console)中出现运行结果,如下显示:

微观物理参量计算并输出完毕!!!

微物理量时间序列图绘制完毕!!!

Total running time:1.575857199999973 Seconds

　　同时,在数据文件夹下生成微物理参量时间序列图和雾滴谱微物理量文件,数据包括时间、谱宽、半径、有效半径、散度、数浓度和液态水含量。如图 15.5 和图 15.6 所示。

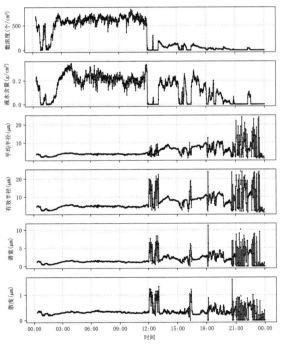

图 15.5　微物理参量时间序列图

	A	B	C	D	E	F	G
1	日期时间	谱宽(μm)	平均半径(μm)	有效半径(μm)	散度	数浓度(#/cm^3)	液水含量(g/m^3)
2	2019/4/24 00:20	1.172931491	3.785121224	4.592993384	0.3098795	654.0040096	0.197580922
3	2019/4/24 00:21	1.215153207	3.878389288	4.727171467	0.31331388	683.7860155	0.223656131
4	2019/4/24 00:22	1.280275319	3.972796282	4.891472578	0.3222605	616.0997538	0.219929072
5	2019/4/24 00:23	1.298427296	4.016954403	4.952579536	0.32323675	632.2318177	0.233748516
6	2019/4/24 00:24	1.334100544	4.083098347	5.049038426	0.3267373	598.4471083	0.23353669
7	2019/4/24 00:25	1.411818443	4.069054241	5.116919851	0.34696476	460.3351643	0.183031333
8	2019/4/24 00:26	1.450152663	3.915759218	5.052463767	0.37033755	463.3080552	0.170966627
9	2019/4/24 00:27	1.471669737	3.969411582	5.143408062	0.37075262	489.6004193	0.189046576
10	2019/4/24 00:28	1.471350644	4.058382082	5.21192432	0.36254611	471.9753938	0.192018617
11	2019/4/24 00:29	1.475817145	4.088825788	5.245972108	0.36093911	478.4317863	0.198662883
12	2019/4/24 00:30	1.465701753	3.961261192	5.137377828	0.37000886	400.6840843	0.153823943
13	2019/4/24 00:31	1.469984894	4.010567007	5.178285645	0.36652794	391.0405741	0.15475771
14	2019/4/24 00:32	1.516862782	3.973844683	5.231078134	0.38171164	417.6572045	0.165574677
15	2019/4/24 00:33	1.429837428	3.804448967	4.984669956	0.37583299	382.6866627	0.131987507
16	2019/4/24 00:34	1.262039707	3.585752059	4.569472796	0.35195956	462.5680278	0.127940795
17	2019/4/24 00:35	1.224834259	3.618836482	4.539814954	0.33846079	422.5236262	0.117278245
18	2019/4/24 00:36	1.266366422	3.753694109	4.706676995	0.33736538	496.7744228	0.153706844
19	2019/4/24 00:37	1.219744346	3.730049789	4.598728317	0.32700484	489.2309394	0.145141144
20	2019/4/24 00:38	1.211202729	3.677872097	4.545332134	0.3293216	500.5753906	0.14290063
21	2019/4/24 00:39	1.261215528	3.748394919	4.669059377	0.33646816	528.3321377	0.161619268
22	2019/4/24 00:40	1.292440014	3.691876673	4.676056954	0.3500767	507.056136	0.151958829
23	2019/4/24 00:41	1.258075807	3.506253536	4.505754749	0.35880914	471.5232334	0.123492716
24	2019/4/24 00:42	1.313384553	3.559945465	4.645898314	0.3689339	494.1492589	0.138460017
25	2019/4/24 00:43	1.389379275	3.691323618	4.868620103	0.37639054	500.6837953	0.158841069
26	2019/4/24 00:44	1.235902743	3.514487263	4.484007384	0.35165947	495.4604754	0.12915895
27	2019/4/24 00:45	1.043867013	3.119446591	3.895393579	0.33463212	355.5849272	0.062781958
28	2019/4/24 00:46	0.882157654	2.882591554	3.477129601	0.30602936	308.1882721	0.040791695
29	2019/4/24 00:47	0.773416816	2.734727699	3.215126405	0.2828131	147.5723737	0.016052287
30	2019/4/24 00:48	0.704635077	2.6790427	3.070094934	0.26301749	158.9944086	0.015690314
31	2019/4/24 00:49	0.675064283	2.634632469	2.996147018	0.25622712	171.4474903	0.015916167
32	2019/4/24 00:50	0.702952313	2.672571143	3.056540078	0.26302473	73.17722016	0.00715492
33	2019/4/24 00:51	0.491517776	2.286794355	2.510272237	0.21493746	2.798858752	0.000161012
34	2019/4/24 00:52	0.520267214	2.384754335	2.627721181	0.21816386	7.829990241	0.000513464
35	2019/4/24 00:53	0.595803969	2.509791062	2.818325507	0.23739186	30.26713566	0.002377585
36	2019/4/24 00:54	0.54395219	2.439594072	2.694955459	0.22296832	17.53768779	0.001236856
37	2019/4/24 00:55	0.514571221	2.378760529	2.615445172	0.21631905	9.400452016	0.000610022
38	2019/4/24 00:56	0.583485737	2.467015199	2.801074728	0.23651485	26.24229231	0.001978781
39	2019/4/24 00:57	0.616086125	2.542346802	2.856905089	0.24232969	21.17830926	0.001734315

图 15.6　生成的雾微物理量数据文件

参考文献

毕凯,黄梦宇,马新成,等,2020. 在线连续流量扩散云室对华北冬季大气冰核的观测分析[J]. 大气科学,doi：10.3878/j.issn.1006－9895.1911.19194.

杰弗里斯·罗恩,安德森·安,亨德里克森·切特,2002. 极限编程实施[M]. 袁国忠,译. 北京：人民邮电出版社.

杰奎·凯泽尔,凯瑟琳·贾缪尔,2017. Python 数据处理[M]. 张亮,吕家明,译. 北京：人民邮电出版社.

杰西·M·金德·菲利普·纳尔逊,2017. Python 物理建模初学者指南[M]. 盖磊,译. 北京：人民邮电出版社.

罗伯特·马丁,2020. 代码整洁之道[M]. 韩磊,译. 北京：人民邮电出版社.

马新成,黄梦宇,于潇洧,等,2012. 一次副热带高压后部层状云降水中山区层状云宏微物理结构探测分析[J]. 气候与环境研究,17(6)：711-718.

托马斯·哈斯尔万特,2019. Python 统计分析[M]. 李锐,译. 北京：人民邮电出版社.

张若愚,2016. Python 科学计算[M]. 北京：清华大学出版社.

BI K, CMEEKING M G, DING D, et al,2019. Measurements of ice nucleating particles in Beijing, China[J]. Journal of Geophysical Research：Atmospheres, 124, 8065-8075.

DELENE D J, 2011. Airborne data processing and analysis software package[J]. Earth Science Informatics,4 (1)：29-44.

GAGNÉ S,MACDONALD L P,LEAITCH W R,et al,2016. Software to analyze the relationship between aerosol,clouds,and precipitation：SAMAC[J]. Atmosphric Measurement Techniques,9：619-630.

HANSEN J E, TRAVIS L D,1974. Light scattering in planetary atmospheres[J]. Space Science. Reviews, 16, 527-610.

HELMUS J J , COLLIS S M,2016. The Python ARM Radar Toolkit (Py-ART), a library for working with weather radar data in the Python programming language[J]. Journal of Open Research Software, 4：e25, DOI：http://dx.doi.org/10.5334/jors.119.

LIU Q, LIU D, GAO Q, et al, 2020. Vertical characteristics of aerosol hygroscopicity and impacts on optical properties over the North China Plain during winter[J]. Atmospheric Chemistry Physics, 20, 3931-3944.

图 6.3 "rainbow"和"jet"类型颜色配色图

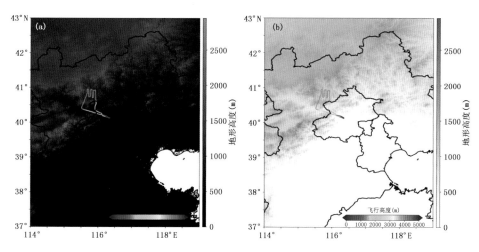

图 6.4 地形高度色图反转前后的对比图

（a 为颜色反转前，b 为颜色反转后）

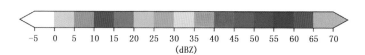

图 6.5 定制的雷达回波色标

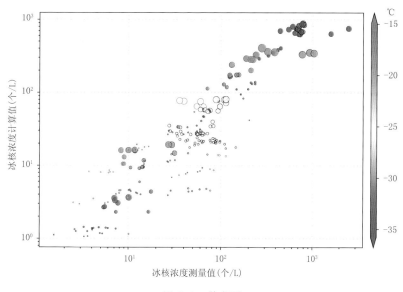

图 7.3 散点图

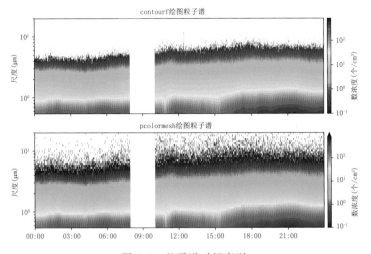

图 7.7　粒子谱时间序列

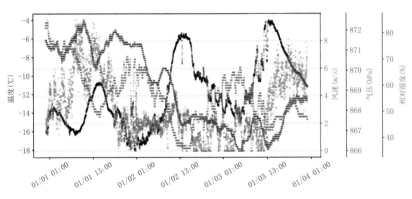

图 9.2　气象要素综合时间序列图

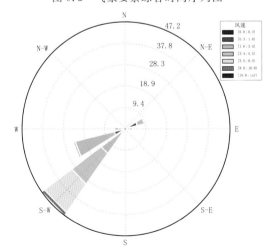

图 9.3　风玫瑰图

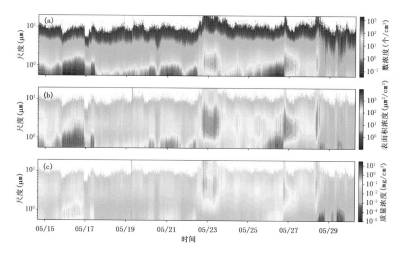

图 10.3　APS气溶胶气溶胶数浓度谱（a）、表面积浓度谱（b）和质量浓度谱（c）的时间序列图

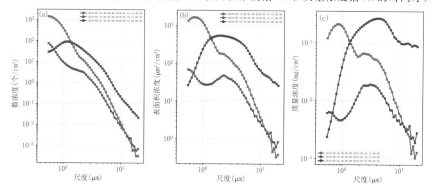

图 10.4　APS气溶胶气溶胶数浓度（a）、表面积浓度（b）和质量浓度（c）在不同时段的平均谱分布

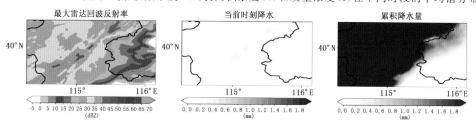

图 11.1　雷达回波和降水量分布图

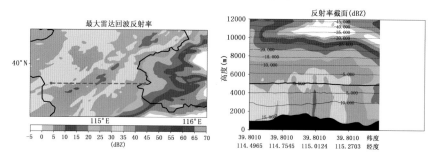

图 11.2　雷达回波切片剖面图与温度剖面图

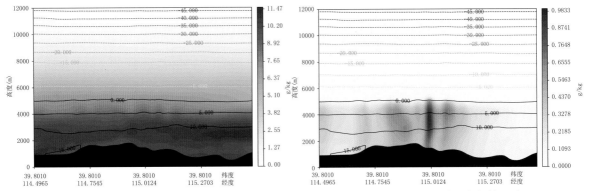

图 11.3 水汽混合比剖面图　　　　　　　图 11.4 雨水比质量浓度剖面图

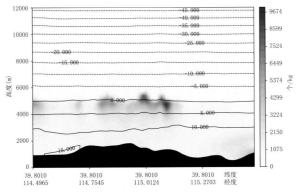

图 11.5 雨滴数浓度剖面图

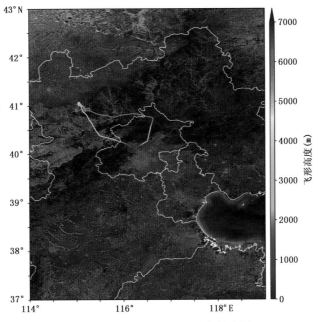

图 12.2 叠加卫星视图的飞行轨迹图

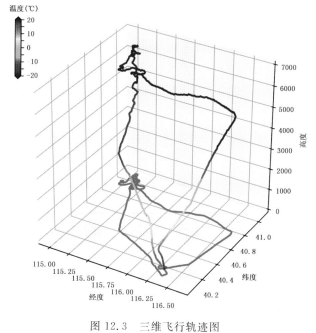

图 12.3　三维飞行轨迹图

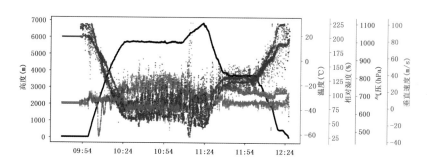

图 12.5　飞机气象要素的多 y 轴时间序列图

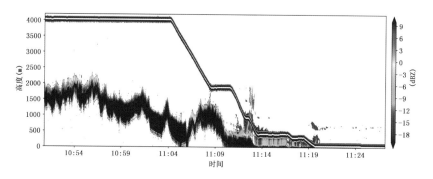

图 12.7　机载云雷达垂直回波廓线图

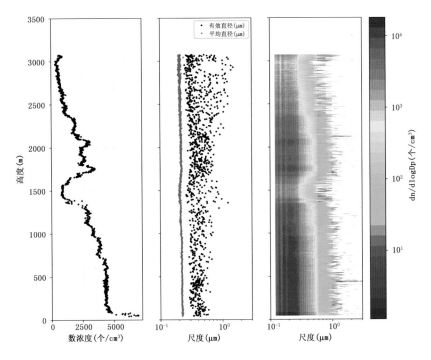

图 13.3　气溶胶数浓度、直径及谱的垂直分布图

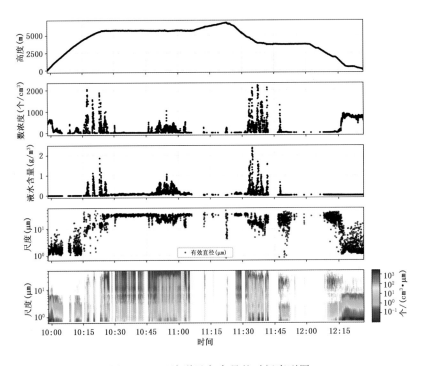

图 13.4　云滴谱及各参量的时间序列图

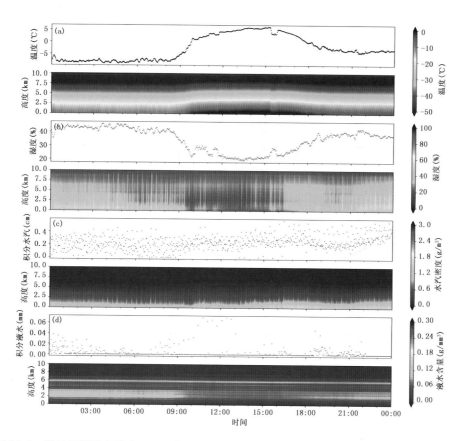

图 14.1　微波辐射计中温度(a)、湿度(b)、水汽(c)、液态水参量(d)及其廓线分布的时间序列图

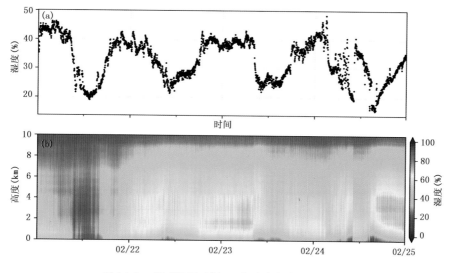

图 14.2　相对湿度时间(a)和垂直廓线(b)的序列

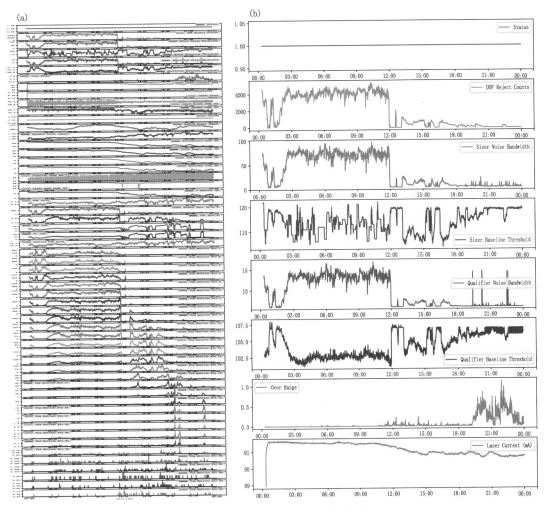

图 15.2 雾滴谱仪数据信号时间序列

（a 为 57 个参量整体图，b 为图片放大后部分参量图）

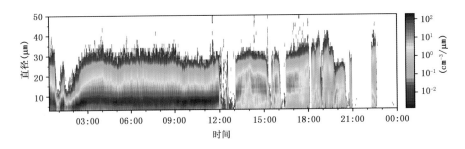

图 15.3 雾滴谱时间序列